金属挤压理论与技术

（第2版）

谢建新　刘静安　著

北　京

冶金工业出版社

2021

内 容 提 要

本书系统地论述了金属挤压理论、挤压技术及其应用，是作者多年教学、科研、技术开发和生产实践经验的积累和总结。

全书共分 10 章，包括：概论、挤压金属流动与产品组织性能、挤压力学理论、金属正挤压、金属反挤压、静液挤压、连续挤压、复合材料挤压、等温挤压、其他挤压新技术和新工艺等。

本书可供从事金属材料生产、研究、开发和应用的工程技术人员、科研人员、应用人员、管理人员及相关从业人员阅读，也可供大专院校有关专业师生参考。

图书在版编目 (CIP) 数据

金属挤压理论与技术/谢建新, 刘静安著. —2 版. —北京：冶金工业出版社，2012. 10（2021. 8 重印）

ISBN 978-7-5024-6066-2

Ⅰ. ①金… Ⅱ. ①谢… ②刘… Ⅲ. ①金属—挤压 Ⅳ. ①TG37

中国版本图书馆 CIP 数据核字（2012）第 242603 号

出 版 人 苏长永
地   址 北京市东城区嵩祝院北巷 39 号 邮编 100009 电话 (010)64027926
网   址 www. cnmip. com. cn 电子信箱 yjcbs@ cnmip. com. cn
责任编辑 张登科 美术编辑 彭子赫 版式设计 孙跃红
责任校对 卿文春 责任印制 李玉山
ISBN 978-7-5024-6066-2
冶金工业出版社出版发行；各地新华书店经销；北京建宏印刷有限公司印刷
2001 年 5 月第 1 版，2012 年 10 月第 2 版，2021 年 8 月第 2 次印刷
710mm×1000mm 1/16；21.5 印张；420 千字；328 页
66. 00 元
冶金工业出版社 投稿电话 (010)64027932 投稿信箱 tougao@ cnmip. com. cn
冶金工业出版社营销中心 电话 (010)64044283 传真 (010)64027893
冶金工业出版社天猫旗舰店 yjgycbs. tmall. com
（本书如有印装质量问题，本社营销中心负责退换）

第 2 版前言

《金属挤压理论与技术》初版自 2001 年出版以来，承蒙读者厚爱，出版后仅 1 年时间即重印。据 CNKI 不完全检索，该书初版被各种学术期刊、学位论文引用 400 次以上。除被学术期刊论文、会议论文和学位论文大量引用外，著者还收到不少来自生产一线的工程技术人员的信函和邮件，或讨论有关技术问题，或提出宝贵建议，使著者备受鼓舞。

近 10 余年来，金属挤压理论和技术又有了很大发展，从基础理论完善，工艺技术创新，到产品的高性能化与高质量化，生产的高效率化和低成本化，相关研究开发工作仍然非常活跃。实验研究与数值模拟相结合，在正确把握金属流动变形行为，分析缺陷形成原因，指导模具设计，进而精确控制产品的组织性能和形状尺寸精度等方面发挥了重要的作用。先进镁合金、高强度铝合金、各种高温合金、特殊结构层状复合材料、高性能粉末材料等新材料挤压技术与产品的开发，为航空航天、能源、高速交通、国防军工等高新技术的快速发展提供了重要支撑。等温挤压、固定垫片挤压等挤压新技术新工艺的发展和应用，在提高产品质量和生产效率，降低生产成本等方面发挥了很好的作用。

为了全面反映近十多年来金属挤压理论与技术的发展成果，本书在初版的基础上进行了较大篇幅修订，除新增"等温挤压"一章外，还新增了挤压延伸变形机制、镁合金挤压、小孔径空心材包芯挤压、连续铸挤工艺、W-Cu 梯度复合材料挤压、弧形型材挤压、挤压理论与技术的发展展望等方面的内容，并对初版中的一些内容和文字进行了删减和精炼，目的是保持该书内容的先进性，突出实用性，使其可读性更强。希望本书的出版，能为读者提供更多的参考和帮助。

　　本书新增内容中，引用了国内外有关专家、学者一些珍贵资料和研究成果，均在各章末参考文献中进行了明示，并在此表示深深的谢忱。有关著者本人的研究成果，是课题组同仁和研究生共同努力的结果，在此一并表示感谢。

　　由于著者水平所限，本书尽管在初版的基础上做了大量修订，但仍可能存在不妥之处，恳请读者批评指正。

著　者
2012 年 8 月

第1版序言

挤压技术具有理论性强、工艺技术性高等许多重要特点，它是金属材料工业生产、新材料制备与加工的重要方法之一。自1797年世界第一台铅管成形用机械式挤压机问世以来，经过200多年的发展，有了很大的进步，特别是自20世纪50年代以来，挤压技术和生产得到了迅速的发展。仅就铝合金挤压型材而言，据不完全统计，目前全球共有铝材挤压机5000台以上，挤压铝材品种4万种以上，年产量1000万吨以上。挤压型材应用领域越来越广，且不断地向小断面超精密化、大型或超大型化两个方向发展。等温挤压、水封挤压、冷却模挤压、高速挤压、静液挤压、无压余挤压等先进工艺技术得到迅速的发展与应用。Conform连续挤压新技术的开发成功与大规模工业化实用，使挤压生产由不连续变为连续，在节能降耗、简化生产工艺、提高成材率与生产效率等方面，新的挤压方法较传统挤压方法向前迈进了一大步。各种特殊挤压技术，如粉末挤压，铝包钢线和低温超导材料等层状复合材料（包覆材料）挤压技术得到广泛应用。同时，由于实验技术与数值模拟技术的进步和发展，有关挤压基础理论的研究也取得了许多重要的成果。

由北京科技大学材料科学与工程学院院长、教授谢建新博士，西南铝业（集团）有限责任公司副总工程师、教授级高工刘静安合著的《金属挤压理论与技术》，不但反映了国内外先进的挤压技术，而且是他们长期从事科学研究、生产技术开发与教学工作的经验积累和成果总结。该书是国内第一本既具深度、又有广度的挤压专著，系统地论述了有关挤压的基础理论、挤压技术的发展与现状、挤压技术的应用以及相关的最新研究成果。该书既是一本具有较高学术价值的专著，也是一本深入结合生产技术实际，包含许多有关金属材料工业生产、复合材料制备与加工的实用经验与数据资料的书籍。

　　总之，作为一本论述金属挤压基础理论与挤压工程技术的专著，也许还存在这样或那样的不足，但我相信该书仍然不失为目前国内乃至国际上的一本十分难得的专著。期望该书对从事材料科学与工程及先进制造学科的大学生、研究生及科技工作者有所裨益。

中 国 工 程 院 院 士
中国材料研究学会　副理事长
北京工业大学　校长、教授

2001 年 2 月

第 1 版前言

挤压是有色金属、钢铁材料生产与零件成形加工的主要方法之一，也是各种复合材料、粉末材料等先进材料制备与加工的重要方法。从大尺寸金属铸锭的热挤压开坯、大型与超大型管棒型材的热挤压加工至小型精密零件的冷挤压成形，从以粉末、颗粒料为原料的复合材料直接固化成形到金属间化合物、超导材料等难加工材料的加工，现代挤压技术得以广泛的应用。

虽然国内外已有几本有影响的有关挤压方面的专著，如 K. Laue、H. Stenger 著《EXTRUSION》，日本塑性加工学会编《押出し加工》，吴诗惇著《挤压理论》等，但尚没有一本较系统地论述挤压基础理论与现代挤压技术及其应用全貌的专著。基于这一认识，著者在多年教学、科学研究、技术开发和生产经验积累与总结的基础上，写成了本书。试图通过有限的篇幅，尽可能对有关挤压的基础理论，挤压技术的发展、现状与应用，以及有关最新研究成果中的主要内容，进行较系统的总结，以达到读者可以通过本书了解挤压理论与技术全貌的目的。

本书共由 9 章组成：第 1 章介绍了挤压技术的历史与发展现状，挤压成形加工的特点与应用；第 2 章和第 3 章是有关挤压的基础理论方面的内容，重点讨论了挤压的流动变形行为、挤压产品的组织性能与质量控制、挤压力学理论等问题；第 4 章至第 7 章分别介绍了工业生产中应用最为广泛的正挤压、反挤压、静液挤压、连续挤压的基本原理、技术特点、工艺实际与发展现状等；第 8 章介绍了挤压技术在复合材料制备与加工方面的应用；第 9 章介绍了有关挤压新技术、新工艺的发展与应用现状。

　　除著者本人的研究成果外，本书还参考或引用了国内外专家学者许多珍贵的资料和研究成果，均在引用之处用参考文献予以明示，在此向他（她）们表示深深的谢忱。著者衷心感谢我们的老师、材料加工界前辈、中国工程院院士、北京工业大学校长左铁镛教授，他对本书提出了许多宝贵的意见，并欣然为本书作序，给予本书极高的评价。此外，著者还要借此机会向长期以来与著者一起从事研究、开发、教学、生产技术工作的国内外恩师与同仁表示感谢，本书中许多内容，是著者与他（她）们共同钻研的成果。北京科技大学材料科学与工程学院李静媛女士对本书书稿的撰写给予了很大的帮助，在此深表谢意。

　　著者热切地希望，本书能为读者提供有益的启示与参考作用。但限于著者的学识与经验，书中难免存在一些不妥之处，真诚地欢迎读者批评指正。

著　者
2001 年 2 月

目　　录

1　概论 ··· 1

　1.1　挤压技术的发展 ··· 1

　1.2　挤压方法的分类 ··· 2

　　1.2.1　正向挤压（正挤压）······························· 4

　　1.2.2　反向挤压（反挤压）······························· 5

　　1.2.3　侧向挤压 ··· 5

　　1.2.4　玻璃润滑挤压 ······································· 5

　　1.2.5　静液挤压 ··· 5

　　1.2.6　连续挤压 ··· 6

　1.3　挤压加工的特点 ··· 6

　　1.3.1　挤压加工的优点 ····································· 6

　　1.3.2　挤压加工的缺点 ····································· 7

　1.4　挤压产品的种类及用途 ·································· 8

　　1.4.1　铝及铝合金 ··· 8

　　1.4.2　铜及铜合金 ··· 10

　　1.4.3　镁及镁合金 ··· 11

　　1.4.4　钛及钛合金 ··· 12

　　1.4.5　钢铁材料 ··· 12

　　1.4.6　复合材料 ··· 12

　　1.4.7　其他材料 ··· 13

　1.5　发展展望 ··· 13

　　1.5.1　金属流动变形行为 ·································· 13

　　1.5.2　焊合过程与焊缝质量 ······························ 14

　　1.5.3　组织性能演化与精确控制 ························· 14

　　1.5.4　模具数字化设计与制造 ··························· 15

　　1.5.5　高性能、难加工材料挤压 ························· 15

1.5.6 新工艺新技术开发 ·· 16

参考文献 ·· 16

2　挤压金属流动与产品组织性能 ································· 18

2.1　概述 ·· 18

2.2　填充挤压阶段金属流动行为 ··································· 18

2.2.1　金属流动与受力分析 ···································· 19

2.2.2　填充挤压阶段的主要缺陷 ································ 21

2.3　基本挤压阶段金属流动行为 ··································· 23

2.3.1　挤压延伸变形机制 ······································ 23

2.3.2　金属流动特点 ·· 24

2.3.3　影响金属流动的因素 ···································· 36

2.3.4　基本挤压阶段产品的主要缺陷 ···························· 41

2.4　终了挤压阶段金属流动行为 ··································· 50

2.4.1　金属流动特点 ·· 50

2.4.2　挤压缩尾 ·· 52

2.5　挤压产品的组织与性能 ······································· 54

2.5.1　挤压产品的组织 ·· 54

2.5.2　挤压产品的力学性能 ···································· 59

参考文献 ·· 62

3　挤压力学理论 ·· 64

3.1　概述 ·· 64

3.2　挤压受力状态分析 ··· 65

3.3　影响挤压力的因素 ··· 69

3.3.1　金属坯料的影响 ·· 69

3.3.2　工艺参数的影响 ·· 71

3.3.3　外摩擦条件的影响 ······································ 74

3.3.4　模子形状与结构尺寸的影响 ······························ 75

3.3.5　产品断面形状的影响 ···································· 78

3.3.6　挤压方法 ·· 78

　　　3.3.7　挤压操作 ……………………………………………………… 79

　3.4　挤压力计算 ……………………………………………………… 79

　　　3.4.1　各种挤压力算式 ………………………………………… 79

　　　3.4.2　挤压力算式中金属变形抗力的确定 ……………………… 90

　3.5　穿孔力计算 ……………………………………………………… 95

　参考文献 ……………………………………………………………… 98

4　金属正挤压 …………………………………………………………… 100

　4.1　正挤压方法及其工作原理 ……………………………………… 100

　　　4.1.1　棒型材挤压 ………………………………………………… 100

　　　4.1.2　管材挤压 …………………………………………………… 101

　　　4.1.3　空心产品组合模挤压 ……………………………………… 102

　　　4.1.4　变断面型材和管材挤压 …………………………………… 104

　4.2　铝及铝合金的挤压 ……………………………………………… 105

　　　4.2.1　可挤压性与挤压条件 ……………………………………… 107

　　　4.2.2　可挤压成形尺寸范围 ……………………………………… 109

　　　4.2.3　民用建筑型材挤压 ………………………………………… 111

　　　4.2.4　特种型材挤压 ……………………………………………… 116

　　　4.2.5　高速挤压与冷却模挤压 …………………………………… 120

　　　4.2.6　挤压产品组织性能均匀性控制 …………………………… 122

　4.3　铜及铜合金的挤压 ……………………………………………… 123

　　　4.3.1　可挤压性与挤压条件 ……………………………………… 124

　　　4.3.2　棒材挤压 …………………………………………………… 126

　　　4.3.3　管材挤压 …………………………………………………… 127

　　　4.3.4　型材挤压 …………………………………………………… 128

　4.4　镁合金挤压 ……………………………………………………… 129

　　　4.4.1　镁合金的可挤压性 ………………………………………… 129

　　　4.4.2　镁合金挤压工艺 …………………………………………… 133

　　　4.4.3　镁合金挤压模具 …………………………………………… 136

　　　4.4.4　镁合金挤压材料的各向异性 ……………………………… 138

　4.5　钛合金挤压 ……………………………………………………… 139

　　　　4.5.1　钛合金热挤压的特点 ……………………………………… 139

　　　　4.5.2　钛合金型材挤压 ………………………………………… 140

　　　　4.5.3　钛合金管材挤压 ………………………………………… 145

　　　4.6　钢铁材料挤压 ………………………………………………… 148

　　　　4.6.1　冷挤压 …………………………………………………… 149

　　　　4.6.2　温挤压 …………………………………………………… 155

　　　　4.6.3　热挤压 …………………………………………………… 159

　　　　4.6.4　空心材包芯挤压 ………………………………………… 164

　　　参考文献 …………………………………………………………… 166

5　金属反挤压 ………………………………………………………… 169

　　　5.1　概述 …………………………………………………………… 169

　　　5.2　反挤压方法及其特点 ………………………………………… 170

　　　　5.2.1　反挤压方法 ……………………………………………… 171

　　　　5.2.2　反挤压金属的变形行为 ………………………………… 173

　　　　5.2.3　反挤压的优缺点和选择原则 …………………………… 176

　　　5.3　反挤压工艺 …………………………………………………… 178

　　　　5.3.1　坯料与脱皮 ……………………………………………… 178

　　　　5.3.2　挤压工模具 ……………………………………………… 179

　　　　5.3.3　坯料梯度加热与镦粗排气 ……………………………… 180

　　　　5.3.4　闷车处理方法 …………………………………………… 181

　　　　5.3.5　压余分离方法 …………………………………………… 182

　　　　5.3.6　工艺参数选择 …………………………………………… 183

　　　5.4　反挤压的应用 ………………………………………………… 186

　　　　5.4.1　铝及铝合金的反挤压 …………………………………… 186

　　　　5.4.2　铜及铜合金的反挤压 …………………………………… 191

　　　　5.4.3　钢铁材料的反挤压 ……………………………………… 196

　　　参考文献 …………………………………………………………… 197

6　静液挤压 …………………………………………………………… 199

　　　6.1　概述 …………………………………………………………… 199

　　　6.1.1　静液挤压方法 …………………………………………… 199

　　　6.1.2　静液挤压的特点 …………………………………………… 200

　6.2　静液挤压用坯料 …………………………………………………… 201

　6.3　挤压力 ……………………………………………………………… 202

　6.4　挤压工艺 …………………………………………………………… 204

　　　6.4.1　挤压温度 ………………………………………………… 204

　　　6.4.2　挤压比 …………………………………………………… 204

　　　6.4.3　挤压速度 ………………………………………………… 205

　　　6.4.4　高压介质 ………………………………………………… 206

　　　6.4.5　润滑 ……………………………………………………… 206

　6.5　静液挤压的应用 …………………………………………………… 208

　　　6.5.1　异型材挤压 ……………………………………………… 208

　　　6.5.2　难加工材料挤压 ………………………………………… 209

　　　6.5.3　粉末材料挤压 …………………………………………… 211

　　　6.5.4　包覆材料挤压 …………………………………………… 212

　　　6.5.5　产品组织性能与缺陷 …………………………………… 213

　6.6　挤压设备与工模具 ………………………………………………… 214

　　　6.6.1　静液挤压设备 …………………………………………… 214

　　　6.6.2　挤压工模具 ……………………………………………… 215

　参考文献 ………………………………………………………………… 218

7　连续挤压 ………………………………………………………………… 219

　7.1　概述 ………………………………………………………………… 219

　7.2　Conform 连续挤压 ………………………………………………… 220

　　　7.2.1　Conform 连续挤压原理 ………………………………… 220

　　　7.2.2　Conform 连续挤压金属变形行为 ……………………… 221

　　　7.2.3　Conform 连续挤压特点 ………………………………… 224

　　　7.2.4　Conform 连续挤压的应用 ……………………………… 226

　　　7.2.5　Conform 连续挤压工艺 ………………………………… 227

　　　7.2.6　Conform 连续挤压设备 ………………………………… 229

　7.3　连续铸挤 …………………………………………………………… 233

7.3.1　连续铸挤原理 ·· 233

7.3.2　连续铸挤工艺 ·· 234

7.3.3　连续铸挤设备 ·· 236

7.4　其他连续挤压法 ·· 238

7.4.1　链带式连续挤压法 ·· 238

7.4.2　轧挤法 ··· 239

参考文献 ··· 240

8　复合材料挤压 ·· 242

8.1　概述 ·· 242

8.1.1　分散型复合材料 ·· 242

8.1.2　层状复合材料 ·· 243

8.2　金属基复合材料的挤压 ·· 245

8.3　双金属管挤压 ··· 249

8.3.1　复合坯料挤压法 ·· 249

8.3.2　多坯料挤压法 ·· 251

8.4　包覆材料挤压 ··· 253

8.4.1　单芯包覆材料 ·· 254

8.4.2　低温超导复合线材 ·· 265

8.5　其他层状复合材料的挤压 ·· 268

参考文献 ··· 270

9　等温挤压 ·· 271

9.1　概述 ·· 271

9.2　挤压过程中的温度变化 ·· 272

9.2.1　实测法 ·· 272

9.2.2　理论预测法 ··· 275

9.3　等温挤压的实现方法 ·· 278

9.4　坯料梯温挤压 ··· 280

9.4.1　坯料梯温加热 ·· 281

9.4.2　坯料梯温冷却 ·· 283

9.5　工模具控温挤压 ································ 285

9.5.1　挤压筒控温挤压 ························ 285

9.5.2　挤压模控温挤压 ························ 287

9.5.3　垫片控温挤压 ·························· 292

9.6　工艺参数优化控制等温挤压 ···················· 293

9.6.1　难加工铝合金等温挤压特点 ················ 293

9.6.2　工艺参数优化控制法 ····················· 294

9.7　速度控制等温挤压 ···························· 300

9.7.1　温度-速度闭环控制法 ···················· 300

9.7.2　温度-速度模型控制法 ···················· 302

参考文献 ···································· 304

10　其他挤压新技术和新工艺 ······················ 306

10.1　无压余挤压和固定垫片挤压 ··················· 306

10.1.1　无压余挤压 ·························· 306

10.1.2　固定垫片挤压 ························ 307

10.2　半固态挤压 ······························· 313

10.3　多坯料挤压 ······························· 317

10.3.1　基本原理 ···························· 317

10.3.2　高强度合金空心型材 ··················· 318

10.3.3　层状复合材料 ························ 320

10.3.4　W-Cu 梯度复合材料 ··················· 321

10.4　弧形型材挤压 ····························· 324

10.4.1　不等长定径带挤压法 ··················· 324

10.4.2　附加弯曲挤压法 ······················ 325

参考文献 ···································· 327

1 概　　论

1.1　挤压技术的发展[1,2]

挤压是对放在容器（挤压筒）内的金属坯料施加外力，使之从挤压模的模孔中流出，获得与模孔具有相同断面形状和尺寸的产品（制品）的一种塑性加工方法，如图 1-1 所示，具有基础理论性强、工艺技术性高、品种多样性好、生产灵活性大等许多重要的特点，广泛应用于金属材料（管棒线型材）工业生产和各种复合材料、粉末材料、高性能难加工材料等新材料和新产品的制备加工。

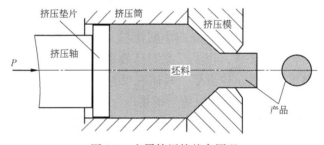

图 1-1　金属挤压的基本原理

与其他金属塑性加工方法（如轧制、锻压）相比，挤压法出现较晚。约在 1797 年，英国人布拉曼（S. Braman）设计了世界上第一台用于铅挤压的机械式挤压机，并取得了专利。1820 年英国人托马斯（B. Thomas）首先设计制造了液压式铅管挤压机，这台挤压机具有现代管材挤压机的基本组成部分：挤压筒、可更换挤压模、装有垫片的挤压轴和通过螺纹连接在轴上的随动挤压针。从此，管材挤压得到了较快的发展。著名的 Tresca 屈服准则就是法国人 Tresca 在 1864 年通过铅管的挤压实验建立起来的。1870 年，英国人 Haines 发明了铅管反向挤压法，即挤压筒的一端封闭，将挤压模固定在空心挤压轴上实现挤压。1879 年法国的 Borel、德国的 Wesslau 先后开发了铅包覆电缆生产工艺，成为世界上采用挤压法制备复合材料的历史开端。大约在 1893 年，英国人 J. Robertson 发明了静液挤压法，但当时没有发现这种方法有何工业应用价值，直到 20 世纪 50 年代（1955 年）才开始得以实用化。1894 年英国人 G. A. Dick 设计了第一台可挤压熔点和硬度较高的黄铜及其他铜合金的挤压机，其操作原理与现代的挤压机基本相同。1903 年和 1906 年美国人 G. W. Lee 申请并公布了铝、黄铜的冷挤压专利。1910 年出现了铝材挤压机，1923 年 Duraaluminum 最先报道了采用复合坯料成形包覆材料的方法。1927 年出现了可移动挤压筒，并采用了电感应加热技术。1930 年欧洲出现了钢的热挤压，但由于当时采用油脂、石墨等作润滑剂，其润滑性能差，存在挤压产品缺陷多、工模具寿命短等致命的弱点。钢的挤压真正得到较大发展并被用于工业生产，是在 1942 年发明了玻璃润滑剂之后。1941 年美国人 H. H. Stout 报道了铜粉末直接挤压的实验结果。1965 年，德国人 R. Schnerder 发表了等温挤压实验研究结果，英国的 J. M. Sabroff 等人申请并公布了半连续静液挤压专利。1971 年英国人 D. Green 申请了 Conform 连续挤压专利之后，挤压生产的连续化受到极大重视，于 20 世纪 80 年代初实现了工业化应用。

　　由上述可知，挤压技术的前期发展过程是从软金属到硬金属，从手工到机械化、半连续化，进一步发展到连续化的过程。而从 1950 年代后期至 1980 年代初期，欧美、日本等先进国家对建筑、运输、电力、电子电器用铝合金挤压型材需要量的急剧增长，20 世纪后 20 年高速发展的工业技术对挤压产品断面形状复杂化、尺寸大范围化（向小型化与大型化两个方向发展）与高精度化、性能均匀化等的要求，以及厂家对高效率化生产和高剩余价值产品的追求，促进了挤压技术的迅速发展，具体表现为：（1）小断面超精密型材与大型或超大型型材（如大型整体壁板）的挤压、等温挤压、水封挤压、冷却模挤压、高速挤压等正向挤压技术的发展与进步；（2）反向挤压、静液挤压技术应用范围的扩大；（3）以 Conform 为代表的连续挤压技术的实用化；（4）各种特殊挤压技术，如粉末挤压，以铝包钢线和低温超电导材料为代表的层状复合材料挤压技术的广泛应用；（5）半固态金属挤压、多坯料挤压等新方法的开发研究等。从应用范围看，从大尺寸金属铸锭的热挤压开坯至小型精密零件的冷挤压成形，从以粉末、颗粒料为原料的直接挤压成形到金属间化合物、超导材料等难加工材料的挤压加工，现代挤压技术得到了广泛的开发与应用。

1.2　挤压方法的分类

　　根据挤压筒内金属的应力应变状态、挤压方向、润滑状态、挤压温度、挤压速度、工模具的种类或结构、坯料的形状或数目、产品的形状或数目等的不同，挤压的分类方法也不同，各种分类方法如图 1-2 所示。这些分类方法并非一成不变，许多分类方法可以作为另一种分类方法的细分。例如，当按照挤压方向来分时，一般认为有正向挤压（正挤压）、反向挤压（反挤压）、侧向挤压等三种，而正向挤压、反向挤压又可按照变形特征进一步分为平面

变形挤压、轴对称变形挤压、一般三维变形挤压等。图1-3所示为工业上广泛
应用的几种主要挤压方法，即正挤压法、反挤压法、侧向挤压法、玻璃润滑
挤压法、静液挤压法、连续挤压法的示意图。这几种方法的主要特征如下。

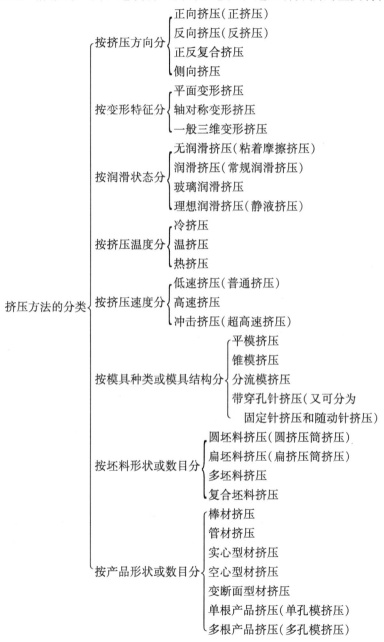

图1-2　挤压方法的分类

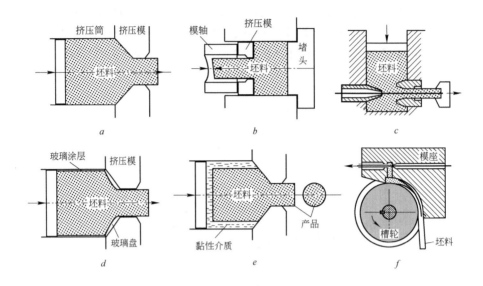

图 1-3　工业上常用挤压方法

a—普通正挤压；*b*—反挤压；*c*—侧向挤压；*d*—玻璃润滑挤压；*e*—静液挤压；*f*—连续挤压

1. 2. 1　正向挤压（正挤压）

　　通常将挤压时金属产品的流出方向与挤压轴运动方向相同的挤压，称为正向挤压或简称正挤压（见图 1-1）。正挤压是最基本的挤压方法，以其技术最成熟、工艺操作简单、生产灵活性大等特点，成为以铝及铝合金、铜及铜合金、镁合金、钛合金、钢铁材料等为代表的许多工业与建筑材料成形加工中最广泛使用的方法之一。正挤压又可按照图 1-2 所示的其他分类方法进一步分类，如分为平面变形挤压、轴对称变形挤压和一般三维变形挤压，或分为冷挤压、温挤压和热挤压等。

　　正挤压的基本特征是，挤压时坯料与挤压筒内壁之间产生相对滑动，存在有很大的外摩擦，且在大多数情况下，这种摩擦是有害的●，它使金属流动不均匀，从而给挤压产品的质量带来不利影响，导致挤压产品头部与尾部、表层部与中心部的组织性能不均匀；使挤压能耗增加，一般情况下挤压筒内表面上的摩擦能耗占挤压能耗的 30% ~ 40%，甚至更高；强烈的摩擦发热作用，限制了铝及铝合金等中低熔点合金挤压速度的提高，加快了挤压模具的磨损和失效。

　　● 按照定义，挤压筒驱动的有效摩擦挤压也是一种正挤压，而此时坯料与挤压筒壁之间的摩擦是有益的。

1.2.2 反向挤压（反挤压）

金属挤压时产品流出方向与挤压轴运动方向相反的挤压，称为反向挤压或简称反挤压，如图 1-3b 所示。反挤压法主要用于铝及铝合金（其中以高强度铝合金的应用相对较多）、铜及铜合金管材与型材的热挤压成形，以及各种铝合金、铜合金、钛合金、钢铁材料零部件的冷挤压成形。反挤压时金属坯料与挤压筒壁之间无相对滑动，挤压能耗较低（所需挤压力小），因而在同样能力（吨位）的设备上，反挤压法可以实现更大变形程度的挤压变形，或挤压变形抗力更高的合金。与正挤压不同，反挤压时金属流动主要集中在模孔附近的领域，因而沿产品长度方向金属的变形是均匀的。但是，迄今为止反挤压技术仍不完善，主要体现在挤压操作较为复杂，间隙时间较正挤压长，挤压产品质量的稳定性仍需进一步提高等方面[2]。

1.2.3 侧向挤压

金属挤压时产品流出方向与挤压轴运动方向垂直的挤压，称为侧向挤压，如图 1-3c 所示。由于其设备结构和金属流动特点，侧向挤压主要用于电线电缆行业各种复合导线的成形[1]，以及一些特殊的包覆材料成形。但近年来，有关通过高能高速变形来细化晶粒、提高材料力学性能的研究受到重视，因而利用可以附加强烈剪切变形的侧向挤压法制备高性能新材料的尝试成为研究热点之一，如侧向摩擦挤压、等通道侧向挤压[3]等。

1.2.4 玻璃润滑挤压

玻璃润滑挤压主要用于钢铁材料以及钛合金、钼金属等高熔点材料的管棒材和简单型材的成形，如图 1-3d 所示。其主要特征是变形材料与工具之间隔有一层处于高黏性状态的熔融玻璃，以减轻坯料与工具间的摩擦，并起到隔热作用。根据所用玻璃润滑剂的种类不同，其使用温度范围一般为 600 ~ 1200℃。由于施加润滑剂、挤压后脱润滑剂等操作的缘故，玻璃润滑挤压工艺通常较为繁杂，对生产率的影响较大。

1.2.5 静液挤压

与正挤压、反挤压等方法不同，静液挤压时金属坯料不直接与挤压筒内表面产生接触，二者之间介以高压介质，施加于挤压轴上的挤压力通过高压介质传递到坯料上而实现挤压，如图 1-3e 所示。因此，静液挤压时，坯料与挤压筒内表面之间几乎没有摩擦存在，接近于理想润滑状态，金属流动均匀。同时，由于坯料周围存在较高的静水压力，有利于提高坯料的变形能力。由于这些特点，静液挤压主要用于各种包覆材料成形、低温超导材料成形、难加工材料成形、精密型材成形等方面。但是，由于使用了高压介质，需要进行坯料预加工、介质充填与排放等操作，降低了挤压生产成材率，增加了挤压循环周期时间，静液挤压的应用受到了很大限制。

1.2.6　连续挤压

以上所述各种方法的一个共同特点是挤压生产的不连续性，前后坯料的挤压之间需要进行分离压余、充填坯料等一系列辅助操作，影响了挤压生产的效率，不利于生产连续长尺寸的产品。为此，实现挤压生产的连续化是近40年来挤压技术研究开发的重要方向之一。挤压生产真正实现连续化，并获得较好的实际应用，是在英国原子能局的 D. Green 于 1971 年发明了 Conform 连续挤压法之后[4,5]。如图 1-3f 所示，Conform 连续挤压法是利用变形金属与工具之间的摩擦力而实现挤压的。由旋转槽轮上的矩形断面槽和固定模座所组成的环形通道起到普通挤压法中挤压筒的作用，当槽轮旋转时，借助于槽壁上的摩擦力不断地将杆状坯料送入而实现连续挤压。

Conform 连续挤压时坯料与工具表面的摩擦发热较为显著。因此，对于低熔点的铝及铝合金，不需进行外部加热即可使变形区的温度上升至 400～500℃ 而实现热挤压。而对于铜及铜合金等较高熔点的材料，单靠摩擦发热很难达到变形金属的热挤压温度，一般需要对槽轮、模座进行辅助加热才能实现稳定挤压。

Conform 连续挤压适合于铝包钢电线等包覆材料、小断面尺寸的铝及铝合金线材、管材、型材的成形。采用扩展模挤压技术，也可用于较大断面型材的生产，如各种铜排、铜带的生产等。

1.3　挤压加工的特点

挤压加工具有许多特点，主要表现在挤压变形过程的应力应变状态、金属流动行为、产品的综合质量、生产的灵活性与多样性、生产效率与成本等方面[6,7]。

1.3.1　挤压加工的优点

挤压加工的优点如下：

（1）提高金属的变形能力。金属在挤压变形区中处于强烈的三向压应力状态，可以充分发挥其塑性，获得大变形量。例如，纯铝的挤压比（挤压筒断面积与产品断面积之比）可以达到 500，纯铜的挤压比可达 400，钢的挤压比可达 40～50。对于一些采用轧制、锻压等其他方法加工困难乃至不能加工的低塑性难变形金属和合金，甚至有如铸铁一类脆性材料，也可采用挤压法进行加工。

（2）产品综合质量高。挤压变形可以改善金属材料的组织，提高其力学性能，特别是对于一些具有挤压效应的铝合金，其挤压产品在淬火时效后，纵向（挤压方向）力学性能远高于其他加工方法生产的同类产品。对于某些需要采用轧制、锻造进行加工的材料，例如钛合金、5A06（LF6）、7A04（LC4）、MB15锻件，挤压法还常被用于铸锭的开坯，以改善材料的组织，提高其塑性。

与轧制、锻造等加工方法相比，挤压产品的尺寸精度高、表面质量好。随着挤压技术的进步、工艺水平的提高和模具设计与制造技术的进步，现已可以生产壁厚0.3~0.5mm、尺寸精度达±0.05~0.1mm的超小型高精密空心型材。

（3）产品范围广。挤压加工不但可以生产断面形状简单的管、棒、线材，而且还可以生产断面形状非常复杂的实心和空心型材、产品断面沿长度方向分阶段变化的和逐渐变化的变断面型材，其中许多断面形状的产品是采用其他塑性加工方法所无法成形的。挤压产品的尺寸范围也非常广，从断面外接圆直径达500~1000mm的超大型管材和型材，到断面和外形尺寸有如火柴棒大小的超小型精密型材。

（4）生产灵活性大。挤压加工具有很大的灵活性，只需更换模具就可以在同一台设备上生产形状、尺寸规格和品种不同的产品，且更换工模具的操作简单方便。

（5）工艺流程简单、设备投资少。相对于穿孔轧制、带芯轧制、孔型轧制等管材与型材生产工艺，挤压生产具有工艺流程短、设备数量与投资少等优点。

1.3.2 挤压加工的缺点

虽然挤压加工具有上述许多优点，但由于其变形方式与设备结构的特点，也存在一些缺点：

（1）产品组织性能不均匀。由于挤压时金属的流动不均匀（在无润滑正向挤压时尤为严重），致使挤压产品存在表层与中心、头部与尾部的组织性能不均匀现象。特别是6A02（LD2）、2A50（LD5）、2A70（LD7）等合金的挤压产品，在热处理后表层晶粒显著粗化，形成一定厚度的粗晶环，严重影响产品的使用性能。

（2）挤压工模具的工作条件恶劣、工模具耗损大。挤压时坯料处于近似密闭状态，三向压力高，因而模具需要承受很高的压力作用。同时，热挤压时工模具通常还要受到高温、高摩擦作用，从而大大影响模具的强度和使用寿命。

（3）生产效率较低。除近年来发展的连续挤压法外，常规的各种挤压方法均不能实现连续生产。一般情况下，挤压速度（这里指产品的流出速度）远远低于轧制速度，且挤压生产的几何废料损失大、成品率较低。

1.4　挤压产品的种类及用途

从原理上讲，几乎所有的金属材料均可以采用挤压的方法进行加工，但由于挤压加工的能耗、模具消耗大，对设备能力要求高等特点，挤压加工应用最多的材料是低熔点有色合金，如铝及铝合金的挤压，较高熔点的有色合金如铜及铜合金、钛及钛合金次之，钢铁材料则相对较少。从挤压温度来看，以挤压温度在被加工材料的再结晶温度以上的热挤压居大多数，而用于各种零部件成形的温挤压与冷挤压相对较少。关于各种材料挤压产品种类与用途的详细情况将在相应章节讨论，这里概要介绍几类主要的挤压材料的特性及挤压产品的用途[2,8~10]。

1.4.1　铝及铝合金

进入 20 世纪 90 年代以来，可持续发展问题受到普遍重视，各个领域对于节能、轻量化的要求越来越高。铝合金由于具有比强度高、耐腐蚀、加工性好、易于回收等特点，是现代社会所追求的、最有希望的金属材料。铝合金挤压产品种类多、用途广。图 1-4 所示为铝合金挤压型材断面形状举例[11]。

100mm

图 1-4　铝合金挤压型材断面形状举例

据有关资料统计，2008 年全球铝材挤压机已超过 6000 台，铝材品种达 4 万种。2008 年国内铝材挤压机达到 3800 多台，占全球的 60% 以上；挤压铝材实际产量约为 750 万吨，而生产能力已达到 850 万吨。同期日本的实际年产量约为 150 万吨，美国的实际产量则达 350 万吨，欧洲国家的实际产量约为 200 万吨，中国的实际年产量占全球的 50% 以上。

国际上通常将变形铝合金按主要合金元素的种类分为 8 大类，分别为 1000 系，2000 系，…，7000 系和 8000 系。国内过去按照变形铝合金的性能与使用要求分为工业纯铝（L 系）、防锈铝（LF 系）、锻铝（LD 系）、硬铝（LY 系）、超硬铝（LC 系）、特殊铝（LT 系）、硬钎焊铝（LQ 系），近年参考国际命名法，重新建立了一套由数字与字母组成的 4 位牌号体系。不同合金系的材料特征与挤压产品用途如下：

（1）1000 系纯铝，工业纯铝，具有优良的可加工性、耐腐蚀性、表面处理性和导电性，但强度较低。主要用于对于强度要求不高的家庭用品、电气产品、医药与食品包装、输电与配电材料等。

（2）2000 系合金，Al-Cu 系合金，对应于国内的硬铝和部分锻铝，如 2017（LY11）、2024（LY12）、2117（LY1）、2014（LD10）、2618（LD7）等。该系列具有可和钢材相匹敌的强度，多用于飞机结构材料。但由于 Cu 含量较高，耐蚀性较差，用于腐蚀环境时需要进行防蚀处理。

（3）3000 系合金，Al-Mn 系合金，热处理不可强化，含 1% ~ 1.5% Mn（质量分数）的 3003 合金（3A21，即 LF21）为其典型代表，可加工性、耐蚀性与纯铝相当，强度有较大提高，焊接性能良好。广泛用于日用品、建筑材料、器件等方面。

（4）4000 系合金，Al-Si 系合金，对应于国内的特种铝合金系列，如含 5% Si（质量分数）的 4043 合金（LT1）专门用作焊接材料，具有熔点低（575 ~ 630℃）、流动性好、耐蚀性好等特点。

（5）5000 系合金，Al-Mg 系合金，热处理不可强化，耐蚀性、焊接性、表面光泽性优良，通过控制 Mg 的含量，可以获得不同强度级别的合金，如 5052（LF2）、5083（LF4）、5056（LF6）等。含 Mg 量少的合金主要用于装饰材料、高级器件，含 Mg 量中等的合金主要用于船舶、车辆、建筑材料，含 Mg 量高的合金主要用于船舶、车辆、化学工厂的焊接构件。

（6）6000 系合金，Al-Mg-Si 系合金，Mg_2Si 析出硬化型热处理可强化合金，耐蚀性良好，具有较高强度（在铝合金中属于中等），且热加工性优良，因而大量用作挤压材料。据统计，6000 系挤压加工材料的使用量占全世界挤压材料的使用量的 80% 以上，在日本甚至高达 90%[2]。尤其是 6063 铝合金除具有优良的挤压成形性外，还具有良好的淬火性能，大量用于建筑型材挤压生产。

（7）7000 系合金，包括 Al-Zn-Mg-Cu 高强度铝合金和 Al-Zn-Mg 焊接构件用合金两大类，前者如 7075（LC9），后者如 7003、7N01 等。7075 在铝合金中强度最高，主要用于飞机与体育用品；7003、7N01 为日本开发的合金，具有强度高、焊接性与淬火性优良等特点，主要用于铁道车辆用焊接结构材料。7000 系合金的主要缺点是耐应力腐蚀裂纹性能较差，需要采用合适的热处理予以改善。

（8）8000 系合金，8090 是典型的 8000 系挤压铝合金（Al-Li 合金），其最大特点是密度低、高刚性、高强度，是世界各国竞相开发的材料。例如，美国空军的开发目标是强度等其他性能指标与 7075T6 相当，而刚性比其提高30%；美国铝业公司的开发目标是，力学性能与 7075T6 或 6061T6 相当，而密度降低 8% ~ 9%。

1.4.2 铜及铜合金

铜及铜合金的强度较低，价格贵，很少将其用作结构材料，但由于其导电、导热性能优良，多用作电器、导体和热交换材料。除冷挤压的情形外，铜及铜合金挤压材料（管棒线材）很少直接使用，一般需要经过拉拔、轧制、锻造等二次加工后使用。各种铜合金的特性及产品的用途如下：

（1）工业纯铜，加工纯铜主要分为含氧铜（韧铜、反射炉精炼铜，T1、T2、T3）、磷脱氧铜（TP1、TP2）、无氧铜（TU1、TU2）三大类，此外还有少量低合金化铜（TAg0.1）。含氧铜（氧的质量分数为 0.02% ~ 0.04%）具有优良的导电性，主要用作导电材料和装饰材料。纯铜中含少量的氧可以与微量杂质形成氧化物，以防止杂质的固溶而导致导电性的降低。但含氧铜在含氢气氛中容易产生氢脆现象。

磷脱氧铜由于含氧量低，不容易产生氢脆现象，且加工性、焊接性、耐蚀性优良，以棒材、管材等用于热交换器材料、配管、装饰用材等方面。但由于含磷，导电性下降。

无氧铜（氧含量在 0.001% 以下）具有优良的加工性、耐蚀性、导电性，用于真空管等电子材料、低温超导材料的稳定材料等方面。

（2）黄铜，Cu-Zn 系合金，是应用最广的典型变形铜合金。与纯铜相比，力学性能与加工性能良好，但导电导热性能、耐蚀性能大为降低。锌含量（质量分数）为 5% ~ 20% 的黄铜由于具有黄金色，主要用于建筑与装饰材料；锌含量（质量分数）为 25% ~ 35% 的黄铜强度较纯铜大幅度提高，且富有延展性，冷锻性能与滚轧性能良好，被广泛应用于各种机械、电子零部件；锌含量（质量分数）为 35% ~ 45% 的黄铜具有廉价、高强度、热加工与机加工性能优良的特点，广泛用于机械与电子零部件、锻造部件，是黄铜中应用最广的合金。此外，在黄铜中加入 Mn、Pb、Sn 等合金元素，所得高强度黄铜（Cu-Zn-Mn 系）、易切削黄铜（Cu-Zn-Pb 系）、海军黄铜（Cu-Zn-Sn 系）等特殊黄铜，主要用于船舶、冷凝管、医疗器械等方面。

（3）青铜，最具代表性的是 Cu-Sn 系合金，是人类历史最悠久的铜合金，其耐蚀性与耐磨性优良，切削性能与焊接性能良好，广泛用作汽车、机械制造部门的各种承受摩擦的零部件。

除锡青铜外，青铜还包括锡磷青铜、铝青铜、铍青铜等多种合金系[10]。锡磷青铜用于制造各种弹性元件、仪器仪表耐磨零件；铝青铜主要用于齿轮、轴套轴承等要求高强度和高耐磨的结构件；铍青铜弹性性能好，尤其适合于用作弹簧、开关部件、紧固件、电插接件等。

（4）白铜[10]，以镍为主要合金元素的 Cu-Ni 系合金，在其中加入第三元素如锌、铁、铝、锰等元素，分别称为锌白铜、铁白铜、铝白铜、锰白铜等。实用锌白铜中锌含量（10%～30%）一般高于镍含量（5%～18%），因而锌白铜也被视为是特殊黄铜的一种。锌白铜以其较高的强度和弹性，以及良好的耐蚀性能、电镀性能和成形加工性能，广泛应用于精密仪表、电子元器件的弹性元件、插接件、精密零件，以及眼镜框架等装饰材料。

典型的铁白铜 BFe10-1-1、BFe30-1-1 分别为在白铜 B10、B30 基体中加入 1% 左右的铁和 1% 左右的锰，其强度和耐腐蚀性能得到显著提高，广泛用于火力发电机组、海水淡化、船舶舰艇、石油化工的冷凝管、热交换器管等。

铝白铜以其高强度和高耐蚀性，较多用于舰船材料；锰白铜主要用于精密电阻、热电偶材料。

1.4.3　镁及镁合金

镁及镁合金是实用中密度最小（最轻）的金属结构材料，具有比强度和比刚度高、阻尼减振性能和电磁屏蔽性能好、可回收等特点，被视为是继钢铁、铝、铜、钛之后具有重要发展前景的金属材料。

镁合金分为铸造镁合金和变形镁合金两大类。简单而言，变形镁合金是指可以采用锻造、轧制、挤压、冲压等方法进行塑性加工的镁合金。主要的变形镁合金包括[12]：Mg-Li 系合金（美国开发的迄今最轻的金属结构材料）、Mg-Mn 系合金（MB1、MB8 等）、Mg-Al-Zn-Mn 系合金（AZ31、AZ61、AZ63、AZ80 等）、Mg-Zn-Zr 系合金（ZK60、ZK61 等）。由于大部分变形镁合金为密排六方结构，其室温塑性指标较低，塑性加工性能较差，因而镁合金的塑性加工宜采用温加工或热加工。

近年来，镁合金挤压技术迅速发展，挤压品种规格、产量和用途不断扩大。镁棒线材以及包覆铁芯棒材等广泛用作牺牲阳极，利用纯镁的高活性，可对浸泡在海洋中的各种钢结构、埋于地下的石油天然气管线和城市管网、热水槽与热水器内胆等形成有效保护。作为结构材料，镁合金挤压棒材、板材、管材、型材等的用途越来越广，如用于航空航天、交通运输、武器装备等的轻量化与防噪减振结构材料。用于 3C 产品，可满足其轻、薄、短、小的发展要求，获得轻量化、美观、触摸质感以及减振、抗电磁干扰、散热等多种效果。

1.4.4　钛及钛合金

挤压钛及钛合金是石油化工、船舶、能源、海洋工程、航空航天等领域重要的结构材料。在某些情况下，钛合金是唯一能用来制造工作性能良好的结构件材料。

钛合金可用来制造航空发动机压气机盘和叶片、空气收集器的零件、壳体件和紧固件、燃烧室外壳、尾喷口、排气管等。飞机在 20km 高度以 3 倍音速飞行时，蒙皮各部位的温度可达 250 ~ 320℃。当飞行速度更大时，蒙皮温度更高。在这种条件下，采用钛合金最合理。为了减轻飞行器的结构重量，需要尽可能用钛合金零件代替钢零件。

在化学和石油工业中，钛可以在 130 余种腐蚀性介质中工作。在潮湿氯气、含氯水溶液和酸溶液中，钛是唯一的抗腐蚀金属材料，所以用钛来制造制氯工业的设备以及在腐蚀性强的介质中（如在不发烟硝酸中）工作的热交换器。

钛及钛合金在海水中有很高的抗腐蚀能力。在舰船制造中用来制造螺旋桨推进器、海水船只和潜水艇的外壳。在钛和钛合金上不会粘结贝壳。

钛合金还广泛用于制造医疗器械。TA6、TC3 和 TC4 等合金具有良好的抗蚀性、生物学惰性、硬度和塑性综合性能。

1.4.5　钢铁材料

钢铁挤压产品包括挤压材料和挤压零件。挤压材料有工业纯铁（碳的质量分数在 0.02% 以下）、碳素钢（碳的质量分数为 0.02% ~ 2.1%）、合金钢；挤压材料种类有棒材、管材（如各种不锈钢管、热交换器管、轴承座圈用管坯）和较为简单的型材（零部件制造用型材、建筑用型材）等。

挤压零件一般采用冷挤压或温挤压成形，也有一部分采用热挤压成形，如高强度合金、高温合金、粉末冶金零件等。挤压零件包括各种饼类、管类、轴类零件，各种齿轮齿柱、蜗轮蜗杆、接头、联结件等。

1.4.6　复合材料

由于对结构材料与机械部件性能的多样性要求越来越高，采用挤压的方法将异种金属复合在一起，以获得新的性能或功能的复合材料（称为包覆材料或层状复合材料，参见第 8 章）获得迅速发展。常用的挤压层状复合材料有低温超导线材（通常为铜基体中复合有数百根至数千根具有超导性能的纤维），复合电车导线、铝包钢、铜包铝、钛包铜等导电材料，以及一些特殊用途的耐磨耐蚀材料。其中，主要采用连续挤压法（Conform 挤压法）成形的铝包钢导线，已成为重要的长距离高压输电用电线，其使用量越来越大。

1.4.7 其他材料

高新技术的不断发展，对新材料的需要量越来越大。例如，燃气轮机涡轮盘、超高温热交换器用 Ni 基耐热合金，磁头、磁铁用磁性材料等，越来越多的新材料获得广泛的应用。这些新材料中，许多是通过挤压进行加工成形的。此外，某些用于原子反应堆结构件的锆、铍、铌、铪等特殊合金也采用挤压法进行成形。

1.5 发展展望

与锻造、轧制等其他传统的塑性加工方法一样，从基础理论研究、工艺技术开发，到产品的高性能化与高质量化、生产的高效率化和低成本化，金属挤压理论与技术仍处在不断发展之中。第九届（美国佛罗里达州奥兰多市，2008）和第十届（美国佛罗里达州迈阿密市，2012）国际铝挤压技术研讨会，欧洲挤压及标准国际会议（德国多特蒙德，2009），参会人员踊跃，学术交流热烈，表明金属挤压加工仍是国际上研究比较活跃的领域。

金属挤压领域未来的主要发展方向，可以概括为三个方面：

（1）挤压产品组织性能与形状尺寸的精确控制；

（2）高性能、难加工材料挤压工艺技术开发；

（3）挤压生产的高效率化和低成本化。

与上述三个主要发展方向相应的研发重点，主要包括以下几个方面。

1.5.1 金属流动变形行为

深入研究、正确把握金属在挤压过程中的流动变形行为，是正确设计模具，精确控制产品的组织性能和形状尺寸，预防缺陷的产生，提高挤压成材率和生产效率的前提。

迄今为止，关于金属挤压流动变形行为的研究已取得大量的成果，但由于挤压时金属流动在近似于全密闭的空间内进行，且该密闭空间常常伴有高温、高压、高摩擦等严酷的环境条件，正确把握真实的金属流动行为，其技术难度非常大，也一直是挤压科技工作者坚持不懈的努力方向。

数值模拟技术的快速发展和计算速度的迅速提高，促进了模拟分析在挤压过程金属流动变形行为研究中的应用[13,14]，在解决金属流动变形可视化、分析缺陷形成原因、指导模具设计等方面发挥了非常重要的作用。目前，数值模拟技术存在的主要问题包括两个方面：一是模拟精度；二是计算速度（模拟所需时间）。

模拟精度主要取决于建模的正确性和边界条件的精确性，而正确建模和精确地确定边界条件，往往需要足够的实验研究为基础。因此，模拟与实验相结合，是研究挤压过程金属流动变形最有效、最可靠的方法。在挤压新产品、新技术和新工艺的开发中，金属流动变形的实验研究仍然十分重要。

非对称断面实心和空心型材挤压时金属的流动十分复杂，导致模拟所需时间长，是制约数值模拟技术生产应用的主要因素之一。解决措施主要依赖于计算机性能的提高与数值分析技术（包括建模技术）的进步。

1.5.2   焊合过程与焊缝质量

分流模挤压是铝合金管材和空心型材的最主要的加工方式，对于精密和复杂断面空心型材，甚至是唯一可行的加工方式。焊合是分流模挤压过程中的最复杂的过程。焊合过程和焊缝质量是影响挤压产品质量和生产效率的关键因素，近年来成为金属挤压领域备受关注的研究重点之一[15]。

金属坯料经分流孔进入焊合腔后相互焊合并流出模孔的过程，受分流模的结构（如分流孔的形状、数目和布置等）和关键尺寸的显著影响，是影响挤压产品质量（包括平直、扭转、表面、焊缝）的关键因素。分析焊合过程金属流动特点，预测焊缝的形状与位置，可为模具设计的正确与否提供重要判据。

大多数空心型材断面复杂、对称性差，当焊合面和对称面位置不一致时，采用有限元方法模拟金属在焊合腔内的焊合过程所遇到的最大技术难题，是由于发生网格的分离或相互穿透现象，导致模拟计算自动终止。解决这一技术难题，是实现复杂断面空心型材分流模挤压从焊合开始到挤出模孔过程的有效模拟的关键[14]。

1.5.3   组织性能演化与精确控制

沿产品断面和长度方向变形分布不均匀，以及由于变形热、坯料和工模具之间温差等原因导致的挤压过程中温度变化，是挤压加工的两个重要特点，直接影响产品组织性能的均匀性。因此，产品组织性能均匀性和一致性控制是各种高性能铝合金、铜合金和钢铁材料挤压生产的关键技术之一。研究挤压过程中的变形、温度变化特点与组织性能演化规律，建立过程模型，是实现组织性能精确控制的基础。

通过模具结构与尺寸优化设计、工艺方案与参数综合优化，改善金属流动均匀性，是改善挤压产品组织性能均匀性，预防和抑制产品缺陷的重要措施之一。

等温挤压通过模具冷却、坯料梯温加热或梯温冷却、挤压速度控制等措施，控制挤压产品流出模孔时的温度基本不变，获得沿长度方向组织性能均匀的挤压产品，近年来受到广泛重视，是未来挤压技术的重要发展方向之一[16]。然而，对于大型、复杂断面的型材，由于流动速度、应变速度和温度分布的不均匀，导致横断面内组织性能不均匀现象较为严重，尚没有得到足够的重视，未见相关研究报道。

1.5.4 模具数字化设计与制造

模具是挤压生产的核心技术，模具成本可占挤压生产成本的 30%~40%，对于某些钛合金、高温合金和特殊钢挤压，模具成本可达生产成本的 50% 以上。

传统的模具设计制造方法是典型的"试错法"。这种方法的特点可以概括为：经验设计—制造—试模（试挤压）—修模。根据设计者的知识水平与工作经验不同，修模的程度与"试模—修模"次数可能会有很大的差别。平均而言，一次试模合格率国外先进水平约为 60%~70%，国内为 40%~50%。

近年来，模具数字化设计与制造技术受到高度重视，是未来的重要发展方向。通过综合利用三维建模、数值模拟、过程仿真、数控加工等技术，实现模具结构、尺寸的优化设计和无纸化精确制造，即不需通过试模、修模等过程（"零试模"），直接制造出能生产合格型材产品的模具。发展"零试模"技术，有赖于以下三个方面的进步和完善：

（1）数字化设计。数字化设计的优点主要包括两个方面：一是可采用三维设计软件进行可视化建模，直观、准确地分析模具结构尺寸—金属流动—产品质量之间的关系，校验模具强度条件，最终确定合理的模具结构与尺寸；二是可将设计结果直接转化为 CAM/CAE 所需的数字信息。

（2）数字化制造。直接应用数字化三维建模与设计结果，编制加工程序，采用基于 CAM/CAE 的数控加工系统，自动实现模具的"无纸化"、完全遵照数字化设计结果的精确制造。

（3）虚拟挤压技术。基于过程模型和系统仿真，模拟挤压生产过程，研究工艺参数和边界条件的非线性、时变性特点对金属流动和产品质量的影响，进一步优化模具设计，为"零试模"提供可靠性保障。

1.5.5 高性能、难加工材料挤压

型材断面的大型复杂化与小型精密化，是 1980 年代以来金属挤压向高技

术含量，产品向高性能化和高附加值化发展的两个主要特点。大型复杂化是结构整体化、高性能化、轻量化的重要措施；小型精密化则是仪器仪表多功能、高性能的重要需求。在今后较长时期内，大型复杂化与小型精密化仍然是挤压加工技术的重要发展方向。

除此之外，航空航天、能源、高速交通、国防军工等高新技术的快速发展，将对高强度铝合金（如 7050、7075）、各种高温合金、特殊结构层状（包覆材料）复合材料、高性能粉末冶金材料等难加工材料的挤压加工提出更大的需要和更高的要求。

上述所有高性能、难加工材料的高效、低成本挤压生产，除需要开发、完善相应的工艺技术外，与相关模具技术的进步也密不可分。

1.5.6　新工艺新技术开发

正挤压是金属材料挤压生产的主要方式，为了克服挤压过程中温度变化导致的产品组织性能变化，提高挤压速度，等温挤压工艺越来越受到重视。实现等温挤压的方法有工模具冷却、坯料梯温加热或冷却、基于热力模型的速度控制、温度在线检测闭环控制等。其中，温度在线检测闭环控制效果最好，是等温挤压工艺的理想发展方向，但其实现难度较大。

固定垫片挤压、无压余挤压是提高挤压生产效率和成材率的重要途径，其应用将越来越广泛。

半固态挤压作为高性能、难加工（可挤压性差）材料高效成形加工技术，多坯料挤压作为特种层状复合材料成形新技术，具有良好的发展前景。

此外，1980 年代后期以来，日本、美国、德国等国家先后开始了弧形型材挤压加工技术的开发研究。通过对挤出模孔的产品的流出方向施加强制控制，直接获得具有平面 C 形曲线或其他曲线，甚至是三维曲线而非平直的产品[17,18]，即实现挤压成形与后加工（如冷弯）一体化的技术，是一个受到关注的研究方向，具有潜在的发展前景。

参 考 文 献

[1] Laue K, Stenger H. Extrusion[M]. ASM, 1981.

[2] 日本塑性加工学会. 押出し加工—基础から先端技术まで—[M]. 东京：コロナ社, 1992.

[3] Iwahashi Y, Wang J, Horita Z, et al. Scripta Materialia[J]. 1987, 35(2)：142~146.

[4] Green D. British, 1370894[P]; 1289482[P].

[5] Green D. Inst J Metals[J]. 1972, 100：295.

[6] 刘静安，匡永祥，梁世斌，凌云. 铝合金型材生产实用技术[M]. 重庆：重庆国际信

息咨询中心，1994.

[7] 温景林. 金属挤压与拉拔工艺学[M]. 沈阳：东北大学印刷厂，1985.

[8] 杨长顺. 冷挤压工艺实践[M]. 北京：国防工业出版社，1984.

[9] 王祝堂，田荣璋. 铝合金及其加工手册[M]. 长沙：中南工业大学出版社，1989.

[10] 钟卫佳，马可定，吴维治，等. 铜加工实用技术手册[M]. 北京：冶金工业出版社，2007.

[11] 疋田达也，佐野秀男，毛利英一，安保满夫. 住友轻金属技报[J]. 1995，36（1-2）：60.

[12] 陈振华. 变形镁合金[M]. 北京：化学工业出版社，2005.

[13] Biba N, Stebunov S, Lishnij A, et al. Application of QForm Program for Improvement of the Die Design and Profile Extrusion Technology[J]. In：Proc 9th Inter Aluminum Extrusion Technology Seminar, Orlando, USA, Florida, 2008.

[14] Huang D N, Zhang Z H, Li J Y, Xie J X. FEM Analysis of Metal Flowing Behaviors in Porthole Die Extrusion Based on the Mesh Reconstruction Technology of the Welding Process [J]. Int J Minerals, Metallurgy and Materials, 2010, 17(6)：763～769.

[15] Bakker A J D, Werkhoven R J, Sillekens W H, Katgerman L. Towards Predictive Control of Extrusion Weld Seams：An Integrated Approach[J]. Key Engineering Materials, 2010, 424：9～17.

[16] 谢建新，李静媛，胡水平，等. 一种实现挤压坯料温度梯度分布的装置与控制系统：中国，ZL200910237523.7[P]. 2011-03-30.

[17] Klaus A, Kleiner M. Developments in the Manufacture of Curved Extruded Profiles-Past, Present, and Future[J]. Light Metal Age, 2004, 62(7)：22～32.

[18] Becker D, Schikorra M, Tekkaya A E. Flexible Extrusion of 3-D Curved Profiles for Structural Components[J]. In：Proc Inter Aluminum Extrusion Technology Seminar, Orlando, USA, Florida, 2008.

2 挤压金属流动与产品组织性能

2.1 概述

研究金属在挤压变形过程中的流动行为具有极为重要的实际意义。挤压产品的组织、性能、表面质量、外形尺寸和形状精度、成材率、挤压模具的正确设计、挤压生产效率等，均与金属流动有着十分密切的关系。

挤压变形过程中金属流动行为的研究方法，可以分为解析法和实验法两大类。解析法有初等解析法（也称主应力法或平板假设法）[1]、滑移线法[2]、以上限法为代表的能量法[3]、有限单元法[4]等；实验法有坐标网格法[2]、视塑性法[5]、高低倍组织法[2]、云纹法[6]、光塑性法[7]等。这些方法各自具有其他方法所没有的一些特点，适用于不同的具体研究对象。

根据金属在挤压过程中的流动特点，为了研究问题方便，通常把挤压变形过程划分为三个阶段：填充挤压阶段、基本挤压阶段和终了挤压阶段（也称缩尾挤压阶段）。这三个阶段分别对应于挤压力行程曲线上的Ⅰ、Ⅱ、Ⅲ区，如图 2-1 所示[2,8]。

由于挤压工模具组成和金属流动变形特点，沿挤压产品横断面和长度方向组织性能不均匀现象总是存在的，但可以通过工模具优化设计和工艺控制予以改善。

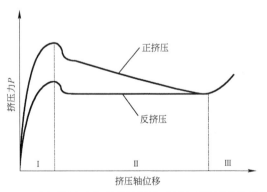

图 2-1　正、反向挤压时典型的挤压力-行程（挤压轴位移）曲线

2.2 填充挤压阶段金属流动行为

挤压时，为了便于将坯料装入挤压筒内，一般根据挤压筒内径大小不同，

坯料直径应比挤压筒内径小 0.5 ~ 10mm（其中小挤压筒取下限，大挤压筒取上限）。理论上用填充系数 R_f 来表示这一差值：

$$R_f = F_t/F_0 \tag{2-1}$$

式中，F_t 为挤压筒面积；F_0 为坯料原始断面积。通常 $R_f = 1.04 ~ 1.15$，其中小挤压筒取上限，大挤压筒取下限。

由于挤压坯料直径小于挤压筒内径，因此在挤压轴压力的作用下，根据最小阻力定律，金属首先向间隙流动，产生镦粗，直至金属充满挤压筒。这一过程一般称为填充挤压过程或填充挤压阶段。

2.2.1 金属流动与受力分析

填充挤压时，金属的流动方式与挤压机的形式（立式或卧式）和挤压模的形状与结构（平模或锥模、单孔模或多孔模等）有关。图 2-2 是采用平模和圆锥模挤压时金属填充流动模型。该图的模型适合于坯料装入挤压筒后周围存在均匀间隙的情形，例如在立式挤压机上挤压时可以认为基本上是属于这类情形。在卧式挤压机上挤压时的金属填充流动行为基本上与图 2-2 所示的情形相同，但由于坯料装入挤压筒后必然在下部与挤压筒产生部分接触，故在包含挤压轴线的铅垂截面上看，填充金属的流动与坯料周围存在均匀间隙时的情形有所不同，如图 2-3 所示。

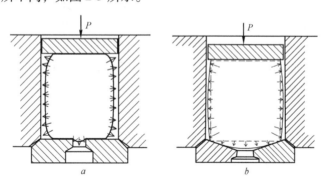

图 2-2 填充挤压时金属的流动模型
a—平模挤压；b—锥模挤压

当坯料原始长度与直径之比在 3 ~ 4 以下时，填充时坯料在挤压筒内首先会产生单鼓形，金属向与挤压筒壁之间的空隙流动，同时一小部分金属流入模孔。当采用平模挤压时，会产生与圆柱体自由镦粗相同的情形——侧面翻平[9]，即一部分侧表面的金属转移到与模面或垫片端面相接触的表面上来。

当采用锥模挤压（图 2-2b）时，随着填充的进行，前端面外圆并不是沿着模锥面均匀压缩，而是端面上外周围的金属逐渐转移到与模子锥面相接触

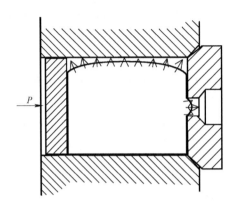

图 2-3　卧式挤压机上填充时铅垂截面上的金属流动

的表面上，形成与圆柱体自由镦粗时侧面翻平相反的流动行为[10]，可将其称为端面侧翻。在进入基本挤压阶段后，侧翻的坯料端面转移成为产品头部的侧表面。由于这种变形行为，导致填充阶段坯料前端面的金属受到径向附加拉应力的作用，由此可以解释采用圆锥模挤压塑性较差的材料，当挤压比较小时，产品前端面上容易产生裂纹的原因（参见图 2-8）。

　　由于工具形状的约束作用，填充挤压阶段坯料的受力情况比一般的圆柱体自由镦粗更为复杂。以图 2-2a 为例，假设填充进行到一定阶段，坯料侧面部分金属与挤压筒壁产生了接触，此时的受力情况如图 2-4 所示。由于模孔的影响，坯料前端面上摩擦力的分布情况不同于与垫片接触的后端面，分为摩擦力方向互不相同的两个环形区域，即靠近模孔处摩擦阻力与靠近模子与挤压筒交角处的摩擦阻力方向相反，如图 2-4a 所示。随着填充的进行，外侧

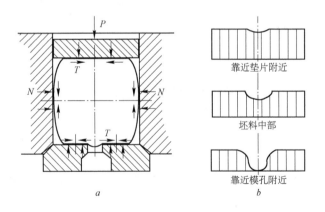

图 2-4　填充挤压阶段坯料的受力状态

a—表面受力状态；*b*—轴向应力分布

环形区逐渐变小，至填充完了（坯料全部充满挤压筒）时消失。此外，填充挤压阶段坯料内部的轴向应力分布也与圆柱体镦粗时的情形相反，如图 2-4b 所示，为中间小边部大，这也是由于中心部位的金属正对着挤压模模孔的缘故。

由于坯料在填充过程中直径逐渐增大，单位压力也逐渐上升，特别是当一部分金属与挤压筒壁接触后，接触摩擦及内部静水压力增大，导致填充变形所需的力迅速增加，因而对应于挤压力-行程曲线上的 I 区，挤压力近似于直线上升（图 2-1）。

对于采用分流模挤压空心型材的情形，如是新模第一次挤压，或是模具经过修模、氮化处理后的第一次挤压，填充包括两个阶段。第一阶段为以上所述的挤压筒内坯料的填充过程，第二阶段为焊合腔内的填充过程。第二阶段的过程可以认为与多坯料挤压时的焊合腔充满过程相同，如图 2-5[11] 所示。

图 2-5 分流模挤压焊合腔内金属的填充[11]

a—填充之中；b—将要充满

2.2.2 填充挤压阶段的主要缺陷

当坯料的长度过大（长度与直径比大于 4~5）时，与圆柱体镦粗类似，填充时会产生双鼓形变形，如图 2-6 所示，在挤压筒的中部产生一个封闭空间。随着填充的进行，此空间体积减小，气体压力增加，继而进入坯料表面

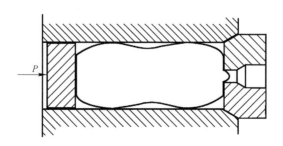

图 2-6 长坯料填充时的双鼓变形

的微裂纹中，这些裂纹通过模子时被焊合，则在产品表面形成气泡，或者未能焊合出模孔后形成起皮（见图2-33）。

即使坯料的长径比小于3~4，在填充时产生单鼓形，也可能会在模子与筒壁交界部位形成密封空间（图2-4），同样可给挤压产品带来气泡、起皮等缺陷，且坯料和挤压筒间隙越大，即填充系数越大，产生缺陷的可能性越大，所形成的缺陷越严重。因此，在一般情况下希望填充系数尽可能小，以坯料能顺利装入挤压筒为原则。

解决上述问题的另一措施是采用坯料梯温加热法，即使坯料头部温度高、尾部温度低，填充时头部先变形，而筒内的气体通过垫片与挤压筒壁之间的间隙逐渐排出，如图2-7所示。

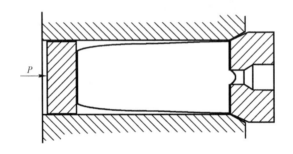

图2-7　梯温加热后坯料的填充变形

对于大多数铝及铝合金挤压的情形，坯料头部温度高、尾部温度低的梯温加热方式还有利于实现等温挤压，提高产品组织性能的均匀性，提高挤压速度（参见9.4节）。

由于填充挤压时坯料头部的一部分金属未经变形或变形很小即流入模孔（参见图2-10），导致挤压产品头部的组织性能较差，一般的挤压产品均需切除头部。填充系数越大或挤压比越小，所需切头量就越大。

填充挤压阶段容易形成的另一种主要缺陷是挤压棒材产品头部开裂，如图2-8所示。这种缺陷与填充挤压时金属的流动和受力特点密切相关。如前所

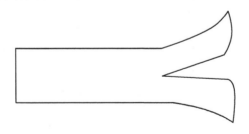

图2-8　挤压产品头部开裂示意图

述，锥模挤压时坯料前端面质点流向模面（图 2-2*b*），从而在端面中心形成一个径向附加拉应力，此拉应力超过挤压温度下金属的强度时，即形成了头部开裂。平模挤压时，由于模孔附近摩擦阻力的作用（图 2-2*a*），也会在端面中心产生径向附加拉应力，导致头部开裂。因此，难变形材料挤压时（例如钛），常将坯料头部车成与锥模模腔相一致的锥体形，以减少头部开裂的产生。当然这样做还有另一个目的，即改善流动均匀性。

2.3 基本挤压阶段金属流动行为

基本挤压阶段是从金属开始流出模孔到正常挤压过程即将结束时为止。在此阶段，当挤压工艺参数与边界条件（如坯料的温度、挤压速度、坯料与挤压筒壁之间的摩擦条件）无变化时，如图 2-1 所示，随着挤压的进行，正挤压的挤压力逐渐减少，而反挤压的挤压力则基本保持不变。这是因为正挤压时坯料与挤压筒壁之间存在摩擦阻力，随着挤压过程的进行，坯料长度减少，与挤压筒壁之间的接触摩擦面积减少，因而挤压力下降；而反挤压时，由于坯料与挤压筒之间无相对滑动，因而摩擦阻力无变化。

2.3.1 挤压延伸变形机制

挤压是对处于挤压筒内的金属施加高压作用，迫使其从设定的模孔中流出，获得所需断面形状与尺寸的过程。一般而言，挤压后金属的断面积减小而长度增加。从金属流动的角度考虑，由于模孔的面积比挤压筒的横断面积小，金属从模孔流出成挤压产品（制品）后断面积变小而长度增加是很自然的现象。然而，从变形的角度考虑，金属在流经变形区的过程中，其变形状态如何，金属是如何伸长的，是一个令人产生兴趣的问题。

以实心圆棒的挤压成形为例分析金属在变形区内的变形状态和延伸变形机制。

在理想状态下，一般假定变形区侧面为锥形，变形区入口和出口为球面。

采用圆锥模的光塑性模型实验结果发现[7]，稳定挤压阶段存在轴向压缩、径向延伸变形区，如图 2-9 所示。在轴向压缩变形区内，金属承受轴向和周向压缩变形，沿径向向轴线方向流动，产生径向延伸变形；而在轴向延伸变形区内，金属承受径向和周向压缩变形，沿轴向向模孔方向流动，产生轴向延伸变形。根据上述变形特点，可以将挤压延伸变形机制解释为：挤压总体延伸变形是通过坯料的外周层材料的轴向压缩而产生径向流动，对坯料的中心部分形成径向"旋压"作用，最终产生轴向伸长变形。

迄今为止认为，挤压变形区内，所有各处均为轴向延伸、径向与周向压缩变形状态。事实上，由于挤压是在挤压力的作用下实现变形的，因而挤压

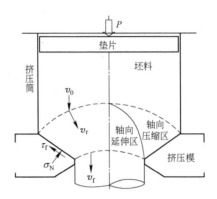

图 2-9　圆棒挤压时变形区内的轴向压缩区和轴向延伸区

变形区内全部为轴向延伸变形是不可思议的。

　　上述变形机制纠正了这一认识误区，并能很好地说明低塑性材料或模具设计不合理、挤压比过小时容易产生产品中心裂纹的原因。

2.3.2　金属流动特点

2.3.2.1　圆棒正挤压时金属的流动特点

　　金属在基本挤压阶段的流动特点因挤压条件不同而异。图 2-10 所示为一

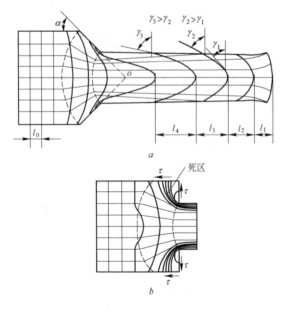

图 2-10　一般情况下圆棒正挤压时金属的流动特征图
a—锥模挤压；*b*—平模挤压

般情况下圆棒正挤压时金属的流动特征示意图。

由图 2-10a 可知，平行于挤压轴线的纵向网格线在进出模孔时发生了方向相反的两次弯曲，其弯曲角度由中心层向外逐渐增加，表明金属内外层变形具有不均匀性。将每一纵向线两次弯曲的弯折点分别连接起来可得两个曲面，这两个曲面所包围的体积称为变形区，而两个曲面分别称为变形区入口界面和出口界面。在理想情况下，变形区入口界面和出口界面为同心球面，球心位于变形区锥面构成的圆锥体之顶点，如图 2-10a 所示。但是，如后所述，实际的变形区界面既非球面也非平面，其形状主要取决于外摩擦条件和模具的形状（包括模孔的大小），甚至变形区可以扩展到挤压筒内的整个坯料体积（见图 2-27）。

横向网格线在进入变形区后发生弯曲，变形前位于同一网格线上的金属质点，变形后靠近中心部位的质点比边部的质点超前许多，即在挤压变形过程中，金属质点的流动速度是不均匀的。产生这种流动不均匀的主要原因有两个方面，第一，中心部位正对着模孔，其流动阻力比边部要小；第二，金属坯料的外表面受到挤压筒壁和挤压模表面的摩擦作用，使外层金属的流动进一步受到阻碍而滞后。图 2-11 为 MB2 镁合金挤压时轴向流动速度分布图[12]。

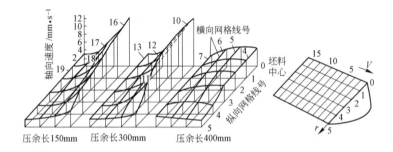

图 2-11 基本挤压阶段轴向流速的分布与变化[12]

观察挤出棒材子午面上的网格变化（图 2-10），可以发现：沿产品的长度方向，变形是不均匀的。首先是横向网格线之间的距离由前端向后端逐渐增加，即：

$$l_1 < l_2 < l_3 < l_4 < \cdots \qquad (2-2)$$

从而

$$\mu_1 < \mu_2 < \mu_3 < \mu_4 < \cdots \qquad (2-3)$$
$$\mu_i = l_i/l_0$$

其次，横向网格线与纵向网格线的夹角（即剪切应变 γ）是变化的，亦由前端向后端逐渐增加，例如 $\gamma_3 > \gamma_2$。

　　沿产品横断面上，变形也是不均匀的。如图2-10所示，在挤出产品的子午面上，靠近中心的网格由原来的正方形变为近似于长方形，表明主要产生了延伸变形。而外层的网格变为近似平行四边形，说明除了延伸变形外，尚发生了较大剪切变形。剪切变形的程度由外层向内层逐渐减少，例如$\gamma_2 > \gamma_1$。

　　以上是锥模挤压时的流动情况。当采用平模挤压，或者虽是锥模，但模角α较大时，位于模子与挤压筒交角处的金属受到模面和筒壁上的外摩擦作用，使得金属沿接触表面流动需要较大的外力。根据最小阻力定律，金属将选择一条较易流动的路径流动，从而形成了如图2-12所示的死区。理论上认为死区的边界为直线，如图2-12中虚线所示，且死区不参与流动和变形，死区形成后构成一个锥形腔，相当于锥模的作用。因此可以认为，在基本挤压阶段，平模挤压时的金属流动特征与锥模挤压时的基本相同。

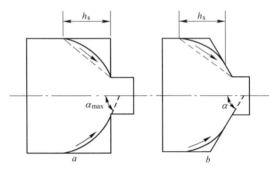

图2-12　挤压死区形状示意图
a—平模挤压；b—锥模挤压

　　但是，实际挤压时死区的边界形状并非为直线，一般呈圆弧状，如图2-12中实线所示。而且由于在死区和塑性区的边界存在着剧烈滑移区，导致死区也缓慢地参与流动，死区的体积逐渐减少，如图2-13所示。

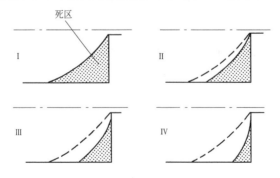

图2-13　挤压过程中死区的变化
Ⅰ—挤压前期；Ⅱ，Ⅲ—挤压中期；Ⅳ—挤压后期

影响死区形状和大小的因素如下：

（1）模角 α。实验表明模角增加将使死区增大，如图 2-12 所示，锥模的死区比平模小。在一定的挤压条件下（例如一定的挤压比和外摩擦条件），存在一个不产生死区的最大模角 α_{cr}。B. Avitzur 用上限法分析的结果表明[3]，α_{cr} 与挤压变形程度和外摩擦条件有关，如图 2-14 所示（λ 为挤压比）。对应于不同的摩擦因子 m（定义 $m = \tau/k$，τ 为摩擦应力，k 为材料在变形条件下的临界剪切应力），采用图中相应曲线上方区域内的模角挤压时均会产生死区。

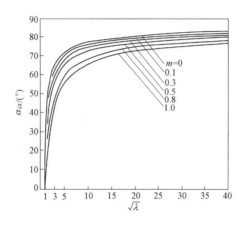

图 2-14　无死区最大模角 α_{cr} 与挤压变形程度和外摩擦条件的关系[3]

（2）摩擦条件。由图 2-14 可知，外摩擦（m 值）越大，越容易产生死区，即在同一变形程度下，m 越大无死区最大模角越小。因而在同一模角和变形程度条件下，外摩擦越大，死区越大。

（3）挤压比。挤压比 λ❶ 增大时，无死区最大模角增加，如图 2-14 所示。当润滑充分时，挤压比大到一定程度后，甚至采用平模挤压也不会产生死区。在同一润滑条件（例如 $m = 1.0$）和模角（例如平模）条件下，死区的体积随挤压比的增加而减小。这是因为当挤压比 λ 增加时，α_{max} 增加（图 2-12），此时死区边界附近滑移变形更为剧烈，死区边界向死区内凹进，尽管此时的死区高度 h_s 可能增加，但死区的体积是减小的。

（4）挤压温度。挤压温度越高，死区越大，热挤压死区大于冷挤压。因为挤压温度越高，金属越软，外摩擦的作用相对增加。

---

　❶　本书将挤压比定义为挤压筒断面积与产品总断面积之比。而对于带穿孔针挤压管材的情形，挤压比可定义为垫片面积与产品总面积之比。

2.3.2.2 反挤压时金属流动特点

与正挤压不同，反挤压时，除位于死区附近的金属与挤压筒内壁表面有相对滑动外，其他部分的金属与挤压筒壁并不发生相对滑动，变形区仅集中在模孔附近处。变形区的高度视摩擦系数的大小及挤压温度而定，实验表明其最大值约为挤压筒直径的一半，而死区的高度约为挤压筒直径的 1/8 ~ 1/4[13]。正挤压与反挤压时金属流动特征的比较见图 2-15。反挤压时，由于变形区较小，流动较均匀，因此挤压缩尾和所需留压余少，产品的力学性能沿长度方向较均匀。此外，反向挤压所需的挤压力较小。

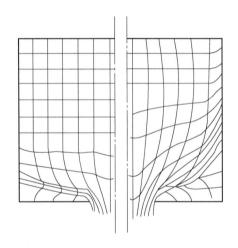

图 2-15 反挤压（左）与正挤压（右）网格变形特征的比较

但是，模拟实验结果表明，由于反挤压时的死区体积较小且比较容易参与流动，使得坯料表面层容易流入挤出产品的表皮之下[8]，如图 2-16 所示。这种流动行为将形成起皮、起泡等缺陷，严重影响产品的表面质量。因此，反挤压时对坯料的表面质量要求较高，通常需要对坯料进行车皮或热剥皮。

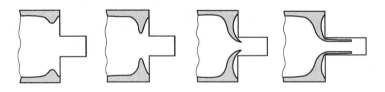

图 2-16 反挤压时坯料表层流入产品皮下示意图[8]

2.3.2.3 实心型材挤压时金属流动特点

由于对表面质量要求高，型材一般用平模挤压。实心型材挤压时，金属的流动除具有圆棒挤压时的基本特征外，还有其本身的特点：

（1）型材和坯料之间缺乏相似性，金属的流动失去了圆棒挤压时的完全对称性；

（2）型材各部分的金属流动受比周长的影响显著。所谓比周长是指把型材断面假想分为几部分后，每部分面积上的外周长 L 与该部分面积 F 的比值 L/F。例如，圆形断面的比周长为：

$$L/F = \pi D/(\pi D^2/4) = \frac{4}{D} \tag{2-4}$$

上述两个原因，将使型材各部分所得到的金属的供给量不同，同时型材各部分受模子定径带的摩擦阻力也不同，因而造成挤压时金属流动不均匀。型材出模孔后往往发生弯曲、扭拧等变形。

图 2-17、图 2-18 分别为槽形型材挤压时，包含挤压轴线的对称面和平行于挤压模（平模）模面的各横截面上的金属流动景象[14]。实验用挤压筒的直径为 30mm，挤压材料为 1070 纯铝，挤压温度 400℃，型材各边的长度均为 10mm，壁厚 1mm（挤压比 $\lambda = 25.2$），E 表示型材底边至模孔中心的距离，z 表示各横断面距模面的距离。图 2-18 各横断面上中央部颜色较深的区域表示塑性变形区，边部颜色较浅的区域表示金属流动死区。由图 2-17 和图 2-18 可知，金属的流动模样、塑性区的形状与大小随模孔在模面上的位置（E 值）以及各横截面的位置（z 值）的不同而异。挤压筒内塑性区的断面形状由圆形向椭圆形（$z > 5mm$ 的情形），然后再向与模孔形状较为接近的异形变化。在实验结果的基础上，采用理论分析方法获得的金属沿半径方向的流动行为如图 2-19 所示[15]。

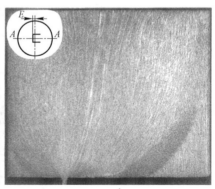

a b

图 2-17　槽形型材挤压时轴向对称面（A—A 面）上
金属流动景象（1070 纯铝，400℃）[14]

a—$E = 1mm$；b—$E = 7mm$

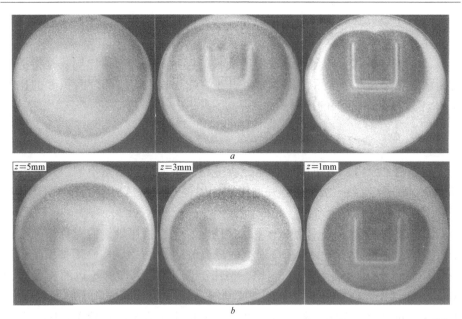

图 2-18　槽形型材挤压时塑性区横截面上金属流动景象(z 为横截面距模面的距离)[14]

a—$E = 1mm$；b—$E = 7mm$

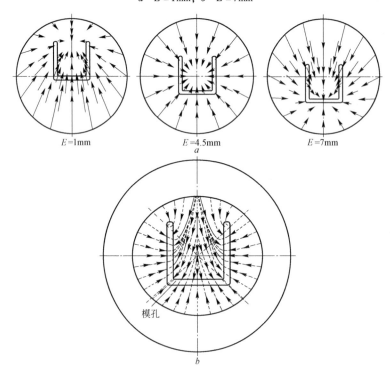

图 2-19　槽形型材挤压时金属流动模型[15]

a—距模面较远的横截面；b—靠近模面的横截面

为了减少由于不均匀变形而产生的型材弯曲，应尽量避免型材各部分金属流出模孔速度不等的现象，这主要需要通过合理设计挤压模（包括模孔的位置、定径带的尺寸等）来解决。此外，实际生产中还经常采用设置型材导路、实行牵引挤压等强制措施来防止产生弯曲。

2.3.2.4 多孔模挤压棒材或实心型材的金属流动特点

以上所述是单孔模挤压棒材或实心型材时的金属流动特点。从挤压筒内金属流动的角度来看，采用多孔模挤压棒材或实心型材比单孔模挤压时的金属流动更为均匀，变形区高度显著减小，不容易出现如后所述的挤压后期缩尾现象。

采用多孔模挤压时容易产生的问题是产品从各模孔中流出的速度不相等。影响产品流动速度主要有以下一些基本因素：模孔在模面上的相对位置（包括模孔的布置方式），模孔尺寸与形状精度的一致性（这一问题在经过修模后更加突出）；当各模孔形状与尺寸不同时，各型材断面形状和尺寸的差异性、定径带的长度等也是导致产品流出速度不相等的重要因素。

多孔模挤压时变形区内的金属流动特点，可以认为与后述的分流模挤压时坯料的分流过程基本相同或相似（参见2.3.2.6节）。

2.3.2.5 管材挤压金属流动特点

管材挤压方法一般分为穿孔针挤压法与分流模挤压法两种。采用穿孔针法挤压时，坯料可以采用穿孔法或其他方法制成空心的，以便放入穿孔针。挤压时金属流动不只是受到挤压筒与模面的摩擦阻力，而且也受到穿孔针的摩擦阻力，从而使金属的流动比圆棒挤压时较为均匀。

2.3.2.6 分流模挤压金属流动特点

与上述各种方法相比，分流模挤压时的金属流动更为复杂，研究金属流动变形行为也更为困难。近年来，为了满足对挤压产品的高质量、高成材率等方面的要求，采用实验[16~18]与数值模拟[19,20]的方法研究分流模挤压变形过程的课题受到重视。图2-20所示为采用具有4个圆形分流孔的分流模挤压圆管时的金属流动景象（挤压金属A1050，挤压温度450℃）[16]。由图2-20c、图2-20d可见，采用圆形焊合腔时，形成很大的金属流动死区，塑性区与死区的立体模型如图2-21所示。因此，实际生产中焊合腔的形状一般设计为叶形（也称蝶形），叶的数目和形状按照分流孔的数目、形状以及模孔形状等不同而异。例如对于采用圆形分流孔挤压圆管（图2-20）的情形，可以将焊合腔设计成与塑性区形状相似的4叶形，如图2-22所示。这样既可以减少焊合腔内金属死区的体积、降低挤压阻力，又可减少分流桥悬空的长度，提高模具的强度。当然，实际设计焊合腔的尺寸时 W 也不能选得过小，否则将影响挤压产品的焊缝质量。一般认为，W 的大小以相当于同一位置型材壁厚 t 的 6 ~ 8 倍比较合适[21]，即

$$W = (6 ~ 8)t \qquad (2\text{-}5)$$

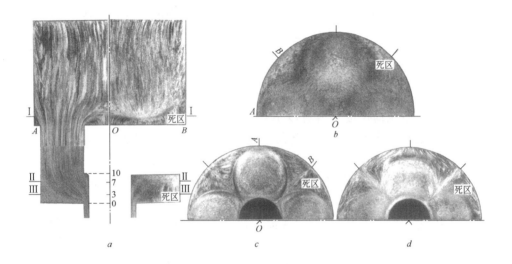

图 2-20　分流模挤压圆管时的金属流动景象（1050 纯铝，450℃）[16]
a—轴向截面；b—Ⅰ—Ⅰ截面；c—Ⅱ—Ⅱ截面；d—Ⅲ—Ⅲ截面

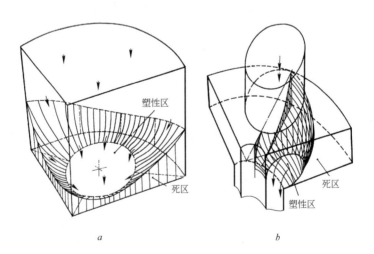

图 2-21　分流模挤压时挤压筒与焊合腔内的塑性区与死区形状[16]
a—挤压筒内；b—焊合腔内

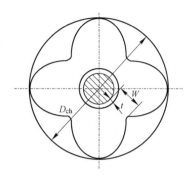

图 2-22　采用圆形分流孔时焊合腔形状

　　由于模具强度上的考虑，分流桥的厚度一般都比较大。因此，可以将分流模的挤压变形过程视为由两个部分组成，即挤压筒内的分流过程和焊合腔内的焊合过程。如果认为金属在分流孔内的流动为刚性流动，且忽略焊合腔内的静水压力通过分流孔对坯料分流形成背压所产生的影响，则可认为这两个过程的变形互不影响，相互独立。基于上述假设，对分流模挤压过程中（稳定流动阶段）金属流动速度分布进行模拟实验，所得结果如图 2-23 所示[16]。

　　影响分流模挤压金属流动和型材质量的另一个重要因素是焊合腔的深度。当焊合腔深度过小时，金属在焊合腔内的流动容易产生所谓"流动过冲"现象（overshoot flow），导致型材在模孔处产生非接触变形，如图 2-24 所示，严重影响型材的尺寸精度与焊合质量。产生"流动过冲"现象的原因在于，靠近模面的金属在流入模孔时要发生将近 90°角的急转弯，如若焊合腔内不具有足够高的静水压力，或焊合腔的深度过浅时，则由于"流动惯性"的作用而在模孔定径带处产生非接触变形。这种"流动过冲"现象在普通的平模或锥模挤压时也可能出现（表现为定径带处局部非接触变形），且挤压速度越大，挤压比越小，越易发生[12]。"流动过冲"现象除严重影响产品的形状与尺寸精度外，还容易在产品表面形成粗糙、条纹、金属粘结等缺陷。

　　焊合腔的深度过小还会造成金属在焊合腔内的焊合时间短，由于焊合腔内不能建立足够的静水压力而使焊合压力低，严重影响型材的焊合质量。有关研究结果[11,16~21]表明，焊合腔的深度 h 的选择应考虑以下原则：

$$h > t_{\max} \tag{2-6}$$

$$h \geqslant (6 \sim 8)t_{\min} \tag{2-7}$$

$$h = (0.1 \sim 0.2)D_{ch} \tag{2-8}$$

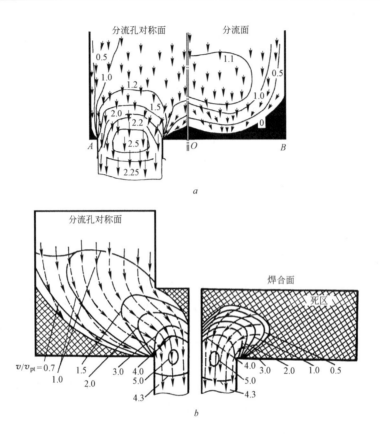

图 2-23　分流模挤压时流动对称面上的流速分布[16]

（图 a、b 分别为用挤压轴速度和分流孔内刚性流动速度无量纲化后的值）

a—分流过程（挤压筒内）；b—焊合过程（焊合腔内）

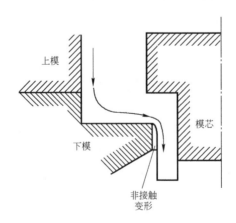

图 2-24　"流动过冲"与非接触变形示意图

式中，t_{max}、t_{min} 分别为型材断面的最大和最小壁厚；D_{ch} 为焊合腔横断面的外接圆直径。式(2-6)和式(2-7)是为了保证型材的形状与尺寸精度、焊缝质量所必须满足的原则；式(2-8)是为了获得较为均匀的金属流动、使挤压力达到最小需要考虑的原则，其中大挤压筒取下限，小挤压筒取上限。

分流模挤压时，除坯料经分流桥分流进入焊合腔后分流金属之间的重新焊合外，还有另一种形式的焊合，即前后两个坯料之间的焊合[17]，如图 2-25 所示，本书将其称为头尾焊合（也称充填焊合：charge welding），而将前一种焊合称为分流焊合（strands welding）。头尾焊合质量的好坏直接影响型材的质量和挤压生产成材率。著者等人采用实验法详细研究了头尾焊合面（从截面上看为焊缝，因而简单称其为头尾焊缝：charge welding seam）随挤压行程的变化情况，如图 2-26 所示。实验用挤压筒直径50mm，分别采用具有 3 个腰形分流孔和 4 个圆形分流孔的分流模（挤压筒断面积与分流孔总面积之比为 $\lambda_d = 2.15 \sim 2.78$）挤压外径 16mm 和 17mm、壁厚 1.5mm 和 2mm 的圆管（对应挤压比的范围为 $\lambda = 20.8 \sim 28.7$），圆形焊合腔深度为 $h = 5 \sim 10$mm。实验结果表明：

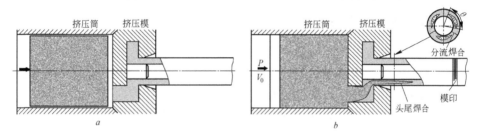

图 2-25　头尾焊合示意图[17]

a—坯料装入；b—头尾焊合

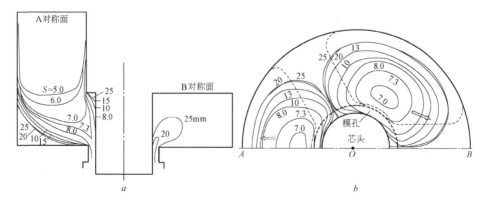

图 2-26　头尾焊缝在焊合腔内轴向对称面与横截面上的形状[17]

（图中数字表示挤压行程，虚线分别表示分流孔形状与模孔形状）

a—轴向对称面；b—$\frac{1}{2}$ 深度处横截面

（1）沿产品长度方向，从模印（die mark，对应于下一次挤压的开始）至头尾焊缝开始出现的位置为止，其长度 l_b 所对应的挤压行程相当于（0.1 ~ 0.15）D_c，D_c 为挤压筒的直径；

（2）沿产品长度方向，从模印位置至头尾焊缝完全消失的位置为止，其长度 l_e 所对应的挤压行程相当于（0.2 ~ 0.4）D_c；

（3）焊合腔的深度 h 增加，l_b、l_e 的值增加；

（4）当焊合腔深度较浅，且挤压比较小时，将引起头尾焊合质量的下降。

结果（1）、（2）表明，实际生产中通常所切除的产品头部的长度，其上真正构成缺陷的只有模印，内部甚至根本不存在头尾焊缝，而如要将内部有头尾焊缝的产品头部全部切除，将大大地影响挤压生产的成材率，实际上是不可行的。因此，为了提高挤压成材率，在确定产品切头部分的长度时，只需考虑能将模印包括在内的最短长度即可。

有关实验结果[17,18]表明，只要焊合腔的深度选择得符合式（2-6）~ 式（2-8），一般可以保证头尾焊合的质量。

2.3.3　影响金属流动的因素

影响挤压时金属流动的因素有很多，例如挤压方法、产品断面的形状与尺寸、合金种类、模具结构与尺寸、工艺参数、润滑条件等。由于变形方式与工模具结构等固有特点，挤压时金属流动与变形不均匀是绝对的，均匀是相对的。一般地说，较好的流动均匀性对应于较好的变形均匀性，但即使是静液挤压时的情形，虽然金属流动均匀性是各种挤压方法中最好的，而沿着产品的长度方向和半径方向，变形仍然是不均匀的。下面从金属流动均匀性的观点出发，简述各种因素对金属流动的影响。

2.3.3.1　产品的形状与尺寸

一般而言，当其他条件相同时，棒材挤压比型材挤压时金属流动均匀，而采用穿孔针挤压管材时的金属流动比挤压棒材时的金属流动均匀。断面对称度越低、宽高比越大、壁厚越不均匀、比周长越大（断面越复杂）的型材，挤压时金属流动的均匀性越差。

2.3.3.2　挤压方法

挤压方法对金属流动均匀性的影响，有通过外摩擦的大小不同而产生影响的，也有些则是不同挤压方法金属流动方式不同所致。例如，静液挤压是所有挤压方法中金属流动最均匀的，冷挤压比热挤压金属流动均匀，反挤压比正挤压金属流动均匀等，都是因为挤压筒内坯料表面上所受摩擦作用的大小不同所致；而正挤压比侧向挤压金属流动均匀，多孔模挤压比单孔模挤压金属流动均匀（假设不考虑有可能由于模孔排列不当、模具加工精度等因素而带来的产品流出速度不等的问题），脱皮挤压比普通挤压金属流动均匀，零部件成形时经常采用的正反向联合挤压比单一的正挤压或反挤压金属流动均匀，则是因为挤压筒内金属流动方式不同所致。

2.3.3.3 金属与合金种类的影响

金属与合金种类的影响主要体现在两个方面：一是金属或合金的强度，二是变形条件下坯料的表面状态。但如下所述，其实质都是通过坯料所受外摩擦影响的大小来起作用的。

一般来说，强度高的金属比强度低的金属挤压流动均匀，合金比纯金属挤压流动均匀。这是因为在其他条件相同的情况下，强度较高（变形抗力较大）的合金，与工模具之间的摩擦系数较低，摩擦的不利影响相对减少。

在热挤压条件下，不同金属坯料的表面状态不同，金属流动均匀性不同。例如，纯铜表面的氧化皮具有较好的润滑作用，所以纯铜挤压时的金属流动均匀性比 α 黄铜（H80、H62、HSn70-1 等）的好，而 α + β 黄铜（H62、HPb59-1）、铝青铜、钛合金等挤压时金属流动均匀性最差。

2.3.3.4 摩擦条件的影响

如前所述，挤压方法、合金的种类对金属流动均匀性的影响，主要是通过外摩擦的变化而产生的。平模挤压时金属的流动可以分为如图 2-27 所示的四种类型[2]，它们主要取决于坯料与工模具之间的摩擦的大小。

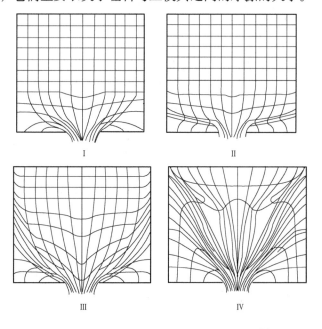

图 2-27 平模挤压时金属的典型流动类型[2]

　　Ⅰ型流动是一种理想的流动类型，几乎不存在金属流动死区。这一类型只有坯料与挤压筒壁和模面之间完全不存在摩擦（理想润滑状态）的时候才能获得，实际生产中很难实现。模面处于良好润滑状态的反挤压、钢的玻璃润滑挤压接近这一流动类型。虽然静液挤压接近于理想润滑状态，但由于所用挤压模一般为锥模，其流动与Ⅰ型流动有较大差别（参见2.3.3.7节）。

　　Ⅱ型流动为处于良好润滑状态挤压时的流动类型，金属流动比较均匀。处于较好润滑状态的热挤压、各种金属与合金的冷挤压大体上属于这一流动类型。

　　实际的有色金属热反挤压时的金属流动类型，接近于Ⅱ型流动，或者介于Ⅰ型和Ⅱ型之间。

　　Ⅲ型流动主要为发生在低熔点合金无润滑热挤压时的流动类型，例如铝及铝合金的热挤压。此时金属与挤压筒壁之间的摩擦接近于粘着摩擦状态，随着挤压的进行，塑性区逐渐扩展到整个坯料体积，挤压后期易形成缩尾缺陷（参见2.4节）。

　　Ⅳ型流动为最不均匀的流动类型，当坯料与挤压筒壁之间为完全的粘着摩擦状态，且坯料内外温差较大时出现。较高熔点金属（例如 $\alpha + \beta$ 黄铜）无润滑热挤压且挤压速度较慢时，容易出现这种流动行为。此时坯料表面存在较大摩擦，且由于挤压筒温度远低于坯料的加热温度，使得坯料表面温度大幅度降低，表层金属沿筒壁流动更为困难而向中心流动，导致在挤压的较早阶段便产生缩尾现象。

2.3.3.5　挤压温度的影响

　　挤压温度主要通过以下几个方面对金属流动产生影响[12]：（1）坯料的强度与表面状态，如2.3.3.3节中所述，其本质是坯料外表面所受摩擦影响的大小不同；（2）坯料内部温度的分布，即如上所述，当坯料温度高于挤压筒温度较多而挤压速度较慢时，容易使处于挤压中的坯料中心温度高、表面温度低，加剧流动不均匀性；（3）合金相的变化，例如 β 相的 HPb59-1 黄铜（720℃以下，摩擦系数0.15）比 $\alpha + \beta$ 相的 HPb59-1 黄铜（720℃以上，摩擦系数0.24）挤压流动均匀性好，α 相钛合金比 $\alpha + \beta$ 相钛合金的挤压流动均匀性好。

2.3.3.6　变形程度的影响

　　从网格实验的结果看，一般来说，当挤压比（变形程度）增加时，坯料中心与表层金属流动速度差增加，金属流动均匀性下降。但是，如前所述，金属流动均匀性与变形均匀性并不是一个等同的概念。由于挤压过程中剪切变形主要存在于坯料（或产品）的外周层，使得挤压产品表层部与中心部的实际变形程度（或称等效变形程度）相差较远。只有当挤压比大到一定程度时，剪切变形才可能深入到产品中心部，使产品横断面上的力学性能趋于均匀，如图 2-28[12] 所示。由图不难理解，为了获得性能均匀性较好的产品，实际生产中要求挤压比达到 5 ~ 7（相当于变形程度 $\varepsilon > 80\% \sim 85\%$）以上，对于棒材挤压的情形尤其是这样。

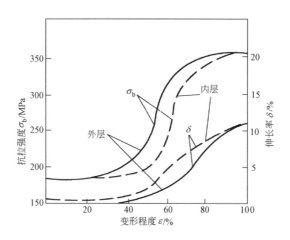

图 2-28 挤压产品力学性能与变形程度的关系

2.3.3.7 工模具结构与形状的影响

A 挤压模

挤压模的类型、结构、形状与尺寸是影响金属流动的显著因素。从挤压筒内金属流动的角度来看，分流模挤压比普通的实心型材模挤压金属流动均匀，多孔模挤压比单孔模挤压金属流动均匀。采用分流模或多孔模挤压时，挤压筒内不容易产生棒材单孔模挤压时容易出现的缩尾现象。需要附带说明的是，当只考虑挤压筒内的金属流动时，分流模挤压实际上也是一种多孔模挤压。

挤压模角（模面与挤压轴线的夹角）是影响金属流动均匀性的一个很重要的因素。图 2-29 所示为不同模角时的网格变形示意图，表明模角越大，金属流动越不均匀。需要指出的是，图 2-29 的规律只对挤压比较小或润滑状态良好时的情形成立。对于大变形无润滑热挤压的情形，实验结果[22] 表明，获得较为均匀流动的最佳模角随挤压比的大小而变化（参见 3.3 节）。

型材挤压时，模孔定径带长度对金属流动均匀性（尤其是模孔各位置金属流速均匀性）具有重要影响，以至实际生产中不等长定径带设计成为调节金属流动的十分重要而常用的手段，也成为型材模具设计的重要技术诀窍之一[23]。

B 挤压筒

实际生产中除采用圆形挤压筒外，还可根据需要采用内孔为椭圆等异型

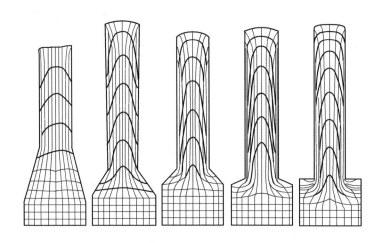

图 2-29　挤压比较小时模角对金属流动的影响示意图

形状的扁挤压筒。在挤压断面宽高比很大的铝合金整体壁板一类型材时，采用圆形挤压筒不仅金属流动极不均匀，而且由于所需挤压力大，大大增加挤压所需设备吨位。而采用扁挤压筒挤压时，如图 2-30 所示，由于断面形状较为相似，有利于金属的均匀流动，同时由于挤压筒面积比相应圆挤压筒（图中虚线）面积小得多，挤压所需设备吨位大为减小。换言之，采用扁挤压筒挤压，可以在较小吨位的设备上挤压具有较大外接圆直径的扁平型材[23,24]。

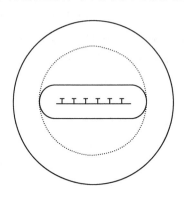

图 2-30　铝合金整体壁板用扁挤压筒内孔形状
（虚线表示用圆挤压筒挤压同一型材时所需内孔大小）

C　挤压垫片

挤压垫片与坯料接触的工作面可以是平面、凸面或凹面。凸面用于采用穿孔针的管材挤压，此时挤压模一般为锥模，在挤压过程中不容易产生死区，凸面垫片可以减少压余体积，提高成材率。凹面垫片用于无压余挤压（即坯料接坯料挤压，参见 10.1.1 节），对于易形成中心缩尾的棒材挤压，采用凹面垫片可以防止过早产生缩尾缺陷。显然，除了凸面垫片和凹面垫片各自特殊的用途外，若将它们用于普通的棒材或实心型材挤压，则凸面垫片促进金属的不均匀流动，凹面垫片可以减少不均匀流动，平面垫片介于二者之间。由于凹面垫片加工较困难，且使压余体积增加，因而普通挤压中几乎都使用平面垫片。

2.3.4 基本挤压阶段产品的主要缺陷

2.3.4.1 裂纹

挤压棒材的裂纹分表面裂纹和中心裂纹两种，如图 2-31a、c 所示；型材挤压时，常在宽高比较大的型材的边部产生裂纹（即通常所说的裂边），如图 2-31b 所示。这种表面和中心裂纹大多形状相同，间距相等（或近似相等），呈周期性分布，故通常称之为周期性裂纹。

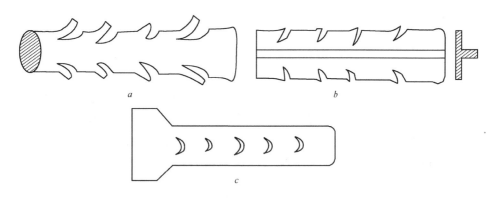

图 2-31 挤压产品的表面和中心周期性裂纹示意图

a—棒材表面周期性裂纹；b—型材边部周期性裂纹；c—中心裂纹

裂纹的产生与金属在挤压过程中的受力和流动情况有关。以棒材表面周期性裂纹为例，由于模子形状的约束和接触摩擦的作用而使坯料表面的流动受到了阻碍，使棒材中心部位的流速大于外层金属流速，从而使外层金属受到了拉附应力作用，中心受到了压附应力作用，如图 2-32 所示。附加应力的产生改变了变形区内的基本应力状态，使表面层轴向工作应力（基本应力与附加应力的叠加）有可能成为拉应力。而当这种拉应力达到金属的实际断裂强度极限时，在表面就会出现向内扩展的裂纹，其形状与金属通过变形区域的速度有关。裂纹的产生使得局部拉附应力降低，当裂纹扩展到位置 K 时，裂纹顶点处的工作应力降低到断裂强度极限以下，第一个裂纹不再向内部扩展。随着金属变形不断地进行，棒材又会由于拉附应力的增长，其表面层工作应力超过金属的断裂强度极限，从而出现第二个裂纹。如此周而复始，在产品表面就会形成周期性裂纹[13,25]。

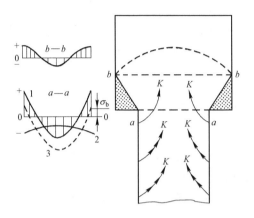

图 2-32　附加应力分布与裂纹形成
1—附加应力；2—基本应力；3—工作应力

由于越接近模子出口内外层金属的流速差越大，附加拉应力的数值也就越大，因此，表面周期性裂纹通常在模子出口处形成。

在生产中最易出现表面周期性裂纹的合金有硬铝、锡磷青铜、铍青铜、锡黄铜 HSn70-1 等，这些合金在高温下的塑性温度范围较窄（100℃左右），挤压速度稍快，变形热来不及逸散而使变形区内的温度急剧升高，超出了合金的塑性温度范围，在晶界处低熔点物质就要溶化，所以在拉应力的作用下容易产生断裂。

有些合金在高温下易粘结工具出现裂纹、毛刺，这类裂纹有韧性断裂的特征，例如铝青铜 QAl10-3-1.5、硅黄铜 HSi80-3、铅黄铜 HPb59-1、铍青铜 QBe2.0 等，在挤压产品的头部常可出现裂纹。

与表面周期裂纹的形成原因相反，中心周期性裂纹的产生是由于挤压时中心流动慢表层流动快，而在中心形成了附加拉应力。当附加拉应力使中心工作应力成为拉应力且达到了金属的实际断裂强度时，便形成了裂纹。实际生产时，由于加热不透形成内生外熟，或者因为挤压比太小（例如钢、钛等的挤压），变形不深入，都可能会使金属的中心流速小于表面流速，而产生中心周期裂纹。

防止和消除裂纹的产生主要有如下一些措施：

（1）在允许的条件下采用润滑挤压、锥模挤压等措施来减少不均匀变形；

（2）采取合理的温度-速度规程，使金属在变形区内具有较高的塑性。一般来说挤压温度高，则挤压速度要慢；挤压温度低，则挤压速度可适当增大。

如锡磷青铜，根据现场的经验将其加热温度降至650℃左右，并用慢速挤压，则很少出现裂纹。如硬铝为提高挤压速度，保证产品质量而采用等温挤压、冷挤压和润滑挤压等；

（3）增加变形区内基本压应力数值。例如，适当增大模子定径带长度，增大挤压比，降低铸锭温度以及采用带反压力挤压等。

总之，一切有利于改善金属流动均匀性的措施，均能有效地防止裂纹的产生。

2.3.4.2 气泡与起皮

气泡与起皮是挤压产品的常见缺陷，图2-33所示为挤压产品表面气泡与起皮形貌示意图。气泡破裂则成为起皮。此外，起皮还可由挤压筒壁上残留金属粘结在铸锭表面而形成。

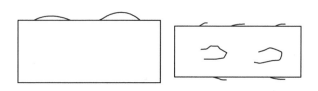

图2-33 挤压产品表面的气泡与起皮示意图

形成起皮与气泡的原因大致可有三个方面：

（1）铸锭方面的原因：铸锭内部有夹杂、气孔、砂眼、裂纹等缺陷，挤压时不能焊合和压实。

（2）工艺操作方面的原因：润滑剂过量，形成大量的气体，压入铸锭表面微裂纹内；或者填充挤压速度太快、填充变形量太大，使大量气体来不及排出而压入铸锭表面。这些压入铸锭表面的气体在通过模子时被焊合而形成气泡，或未被焊合而形成起皮。

（3）工具方面的原因：挤压筒和穿孔针表面不光滑，或穿孔针上有裂纹，将气体带入而形成气泡或起皮。垫片与挤压筒尺寸配合不好，挤压时在筒内表面残留有金属皮，下一次挤压时，粘在铸锭表面被挤出模孔而形成起皮。

2.3.4.3 粘结、条纹与显微条纹

粘结（pick-up）与条纹（或称模纹，die lines）是挤压产品的主要表面缺陷之一，对于冷挤压或温挤压成形的零部件，以及以6063为代表的铝合金建筑型材，粘结与条纹甚至是最主要的、最难以克服的缺陷。

冷挤压和温挤压时，容易在挤压产品的表面产生粗大条纹、金属粘结现象。一般认为，润滑膜破裂导致变形金属与工模具表面产生直接接触是其主要原因。但是，模具设计不合理时，金属流动不均匀性增加，难以形成良好

润滑状态，往往也是导致粘结与条纹的重要原因。

在热挤压时，特别是铝合金型材无润滑热挤压时，粘结与条纹的产生与金属流动行为，尤其是模孔定径带（生产现场习惯于称作工作带）附近的金属流动与变形密切相关[26,27]。研究发现，挤压时模具定径带上往往粘附有一层很薄的金属膜，粘附薄膜的形态与变形行为决定了粘结与条纹的形成与否和严重程度。

当采用具有较长定径带的模具挤压 6063 铝合金型材时，在模孔出口侧的定径带上，粘附膜由破碎的屑块组成。这些屑块来源于产品表面与定径带之间的剧烈摩擦作用，但与定径带表面的结合强度很低，在定径带上沿挤压方向延伸变形并产生滑动，然后又粘附到产品表面，在形成粘结的同时使挤压条纹加剧。

而在模孔入口侧的定径带上，存在着不同于出口侧粘附膜形貌的区域。在该区域内，金属粘附膜形状完整，与定径带之间的结合较牢固，金属膜对流出模孔的产品表面产生刷洗作用而形成挤压条纹。

影响粘结与条纹的主要因素是挤压温度与定径带的长度。图 2-34 所示为不同挤压温度对产品表面条纹粗细的影响[26]。由图 2-34 可知，当挤压温度为450℃时，条纹最细，表面精度最高。而当挤压温度低于 400℃或高于 500℃时，条纹深度迅速增加，表面精度下降。对定径带表面形貌的观察结果表明，当挤压温度过高（550℃）时，由于模具的冷却作用，在定径带上形成完整而坚硬（相对于处于 550℃下流动金属的变形抗力而言）的金属膜，加剧了条纹的程度。而在 450℃下挤压时，定径带上粘附的金属膜非常薄，以至用肉眼

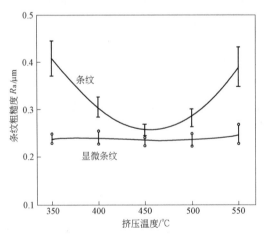

图 2-34　挤压温度对产品表面精度的影响

（定径带粗糙度 $R_a = 0.5\mu m$，产品流出速度为 1m/s）

只能观察到许多的金属细点，即粘附的金属恰好处在定径带表面的微细凹陷处，实际上增加了定径带的光滑度，因而挤压产品表面的条纹最细。而当挤压温度过低（350℃）时，一方面不排除 Mg_2Si 等粗大析出颗粒粘附在定径带表面而使产品表面产生条纹；另一方面，挤压温度低时金属变形抗力上升，模孔变形大，有利于条纹的形成。观察结果表明，此时定径带上粘附层仍很薄（比450℃时有所增加），但粘附颗粒粗大。

　　定径带长度对于产品表面粘结和条纹也具有重要影响。图2-35 所示为6063 铝合金型材挤压时定径带长度对产品表面条纹粗细（深度）的影响。由图2-35 可知，定径带的长度为 2～3mm 时，条纹最细。这一结果与下述试验结果是一致的。即当定径带的长度发生变化（大于3mm）时，模孔入口侧定径带上形成的薄而稳定的粘附膜的长度却基本保持不变，约为 2～3mm。因此可以认为，匀薄而稳定的粘附膜对于获得高质量的产品表面有利。

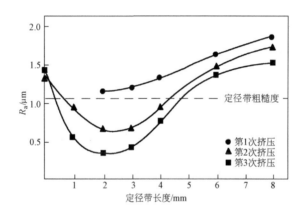

图 2-35　定径带长度对产品表面精度的影响
（挤压温度为450℃，挤压比 $R=20$，定径带粗糙度 $R_a=1.0\mu m$，产品流出速度为1m/s）

　　从防止粘结和产生条纹的观点来看，似乎定径带的长度越短越好，但图2-35 的结果表明，当定径带的长度小于2mm 时，产品表面粗糙度增加、条纹加剧。一般认为，当定径带过短时，模孔易产生变形，对流经模孔的金属变形的规整作用消失，表面粗糙度增加。

　　图2-35 还表明，定径带长度的选择合理时，只要经过一次挤压后，即可获得表面比模具定径带表面还光滑的挤压产品。其原因是所粘附的匀薄而稳定的金属膜实际上起到了提高定径带光滑度的作用。

　　由上所述可知，通常意义上的条纹实际上与粘结密切相关，二者属于同一类型的形成机制。除此之外，还存在着另一类型的条纹，即所谓的"显微条纹（micro die lines）"。在6063 一类铝合金无润滑热挤压时，即使采用定径带经充分抛光而达到镜面的模具，也会在产品表面产生非常细小的条纹。即显微条纹的产生与模具定径带的长度和表面精度无关。如图 2-34 所示，这类条纹也基本上不受挤压温度等条件的影响。显微条纹呈带状出现，不太显眼，用手触摸几乎无感觉，但在后续的化学处理（例如阳极氧化）时明显地显露出来，严重影响产品的外观。M. P. Clode、T. Sheppard 等人对 6063 铝合金型材挤压的深入细致的研究结果表明[26]，显微条纹的出现与死区附近剧烈的剪切变形和粗大析出颗粒的存在密切相关。6063 铝合金挤压时，坯料中粗大的含铁相颗粒（AlFeSi 等）、Mg_2Si 颗粒在通过死区附近的剧烈剪切变形区时遭受破碎，积聚在模孔附近的死区之内。如 2.3.2.1 节所述，死区金属并非完全不参与流动，只是流动速度相对很慢而已，挤压产品的表面层往往就是这些流动缓慢的死区金属形成的。积聚于模孔附近死区的颗粒碎屑随着死区金属逐渐流入产品表面，而相邻颗粒碎屑之间由于延伸变形易形成微细空洞乃至沟痕。这些微细颗粒碎屑与空洞（沟痕）易沿挤压方向连成一串，而整体上呈现出特有的带状条纹。

由以上讨论可知，消除或减少显微条纹产生的方法主要包括两个方面：一是在模具设计上下功夫，尽量避免死区的形成；二是采用均匀化及随后快冷等措施，消除坯料中的粗大析出颗粒。

2.3.4.4　扭拧、弯曲与波浪

图 2-36 所示为挤压型材常见的扭拧、弯曲与波浪缺陷。这一类缺陷的产生是由于模孔排列、模子定径带设计不当，模子加工精度差，模孔磨损以及模孔润滑不均匀等原因，造成产品断面上各处金属流速不均匀。当这些缺陷较轻微时，可在随后的矫直工艺中消除而得到合格的产品；而当这种扭拧、弯曲与波浪较严重时，即使进行矫直也不能获得平直的产品，成为废品。

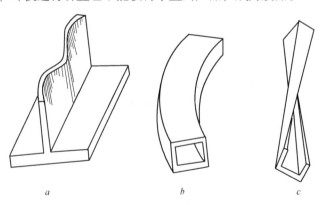

a　　　　　　　　　*b*　　　　　　　　　*c*

图 2-36　挤压型材的扭拧、弯曲、波浪缺陷

a—波浪；*b*—弯曲；*c*—扭拧

2.3.4.5 挤压产品的尺寸偏差

A 挤压产品尺寸的不均匀性

一般而言，挤压产品的实际断面尺寸与模子和穿孔针的尺寸是不一致的，且沿产品长度方向也往往是不均匀的。其原因主要有如下几个方面。

（1）挤压时很高的静水压力使模子产生弹性变形，在挤压温度高、变形抗力大的合金如白铜、镍合金以及钨、钼等产品挤压时，模子甚至可能产生塑性变形，使模孔变小，从而造成产品断面尺寸超差。

（2）产品出模孔后的冷却收缩，其线收缩量与产品的断面尺寸和合金的性能以及挤压温度有关。

（3）由于弹性恢复使产品出模口后的断面尺寸增大。

（4）由于非接触变形（流动过冲，参见图2-24）和金属流动不均匀使产品断面尺寸减小和外形不规整。

对于一般挤压产品和毛料，尺寸超差或不均匀将会给随后的加工带来困难。而对于型材来说就更为重要，因挤压后一般不再进行拉拔等后续加工，其尺寸与较复杂的外形不能进一步通过塑性变形矫正，故要求很好地控制挤压条件和正确地设计模具。

与一般正挤压的情形不同，反挤压的铝合金产品在长度上的断面尺寸波动很小（图2-37）。这是由于在反挤压过程中金属流动沿产品长度方向基本保持均匀，变形区温度和模具工作温度基本保持不变，因而模孔的变形也基本保持不变。

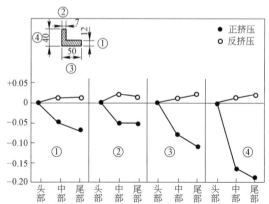

图2-37 正挤压与反挤压2A12（LY12）型材时断面尺寸沿长度上的变化
（挤压温度390℃，挤压筒直径200mm，坯料长500mm，产品长度18m）

B 穿孔针法挤压管材的壁厚不均匀性

a 壁差率及其沿管材长度上的分布

在卧式挤压机上采用穿孔针法挤压管材最主要的质量问题之一，就是管材断面上的壁厚不均匀或称偏心。管材允许的壁厚偏差，根据其壁厚的不同在产品标准中皆有规定，一般为其名义尺寸的 ±10% 以内。管材的壁厚不均匀程度可用壁差率表示。管材的平均壁厚即名义壁厚 $t_均$ 为

$$t_均 = \frac{t_{max} + t_{min}}{2} \tag{2-9}$$

式中　　t_{max}——最大壁厚；

　　　　t_{min}——最小壁厚。

管材的壁差率 r 由下式确定

$$r = \frac{t_均 - t_{min}}{t_均} \times 100\% \tag{2-10}$$

将式（2-9）代入式（2-10）中，得

$$r = \frac{t_{max} - t_{min}}{t_{max} + t_{min}} \times 100\% \tag{2-11}$$

挤压管材沿长度上的典型壁差率分布如图 2-38 所示。由图 2-38 可以看出，管材的前端段具有较大的壁差率，这是由于穿孔系统不可能完全与挤压中心线相重合而存在某些偏斜，在穿孔结束时，针的前端偏移量大，因而造成管材前端的壁厚偏差大。随着挤压过程的进行，壁差率急剧减小。这是由于以下几个方面的作用所致：

（1）穿孔针的自动调整中心作用。穿孔针的自动调整中心作用表现在两个方面：一是当穿孔针偏离模孔中心时，管壁薄的部分变形量大，具有较大的流体静压力；二是管壁厚的部分流出速度慢，薄的部分流出速度快，由于刚端的作用，有使管材断面上的流速趋于一致的作用，从而使流速快的部分受到附加的压应力，它使得径向应力增大，迫使针向壁厚一边移动。以上两个因素的作用其结果使偏心可得到一定程度的纠正。

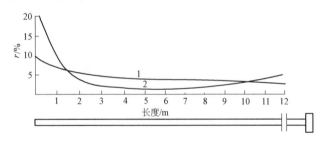

图 2-38　穿孔针挤压时壁差率沿管材长度上的分布

1—固定针；2—随动针

穿孔针的自动调整中心作用与其刚度有关：针径越小，则自动调整中心的作用越显著。当自动调整中心的作用不能实现时，硬合金管材的偏心表现为在长度上的弯曲；某些薄壁管材则表现为单侧（壁薄的一侧）波浪。

（2）挤压垫片对穿孔针的控制作用。垫片的外径与内径分别与挤压筒和穿孔针的直径相配合，相互之间有不大的间隙。挤压时，垫片的中心线在很大程度上取决于挤压筒。固定针挤压时，随着垫片的推进，其内孔将强制针前端从偏移位置恢复到挤压中心线的位置上，垫片对针的控制作用在挤压过程中是不断增大的，至挤压末期作用最大。

b 管材偏心的原因及消除方法

造成管材偏心的原因主要有坯料、挤压操作、工模具的磨损、设备对心不良等几个方面，如图 2-39 所示。

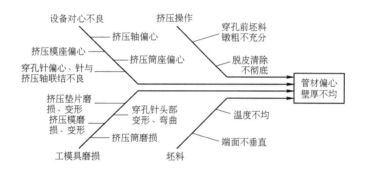

图 2-39 管材偏心原因图

管材的偏心有两种形式：断面上的偏心在方向上变化的不定向偏心和断面上的偏心在方向上不变的定向偏心。

（1）不定向偏心。其原因包括工模具的影响和坯料准备的影响两个方面。

垫片尺寸不合适，外径过小或内孔过大会减小垫片对针的控制作用；穿孔针弯曲或头部压塌，由于受力不均也会偏离中心位置；模子加工不正确，本身带有偏心。

坯料加热不均，金属各部分的变形抗力不同，穿孔针将向温度高的一侧偏移；当坯料端面切斜度太大时，若对实心坯料不进行填充挤压操作而直接穿孔，或为空心坯料挤压的情形，均会影响针的位置；空心坯料的孔偏心也会影响管材壁厚不均匀。

所有的坯料准备方面的因素对于管材壁厚的影响一般反映在产品前段。这种影响往往在用细针挤压，以及挤压硬合金时才会明显地表现出来。

（2）定向偏心。产生定向偏心的主要因素是挤压筒、挤压轴与挤压设备。

挤压筒内套靠近模子的一端磨损较快，直径变大，从而使垫片对针的控制作用减小，内套与模支承贴合锥体变形不均匀使内套与模支承中心不对正，模座下面的滑块磨损下沉，内套锥形体下部变形大，均可导致管材偏心。

挤压筒偏离中心线（一般是由于挤压筒的滑板磨损所引起的），垫片将带动针偏移。

挤压轴的端面与轴线不严格垂直，挤压轴变形也是导致管材产生偏心的原因。挤压轴变形有镦粗与弯曲两种形式。不论哪种形式都可能使轴的工作面偏斜。

设备的影响主要可以考虑以下因素：张力柱的预张紧度和长度应一样，否则会使前机架与中心线不垂直；设备本身安装不正或者因受力和温度的影响产生变形和位置移动，以及结构设计不良；锁键、挤压轴座支承面变形等。

此外，挤压时操作不当，例如穿孔前坯料的填充不充分，脱皮挤压时挤压筒清理不彻底，也会造成管材偏心。

确定消除管材偏心的方法，首先要找出导致偏心的原因。根据原因的不同，从设备、工模具、坯料或操作工艺等不同方面采取措施进行消除。

2.4　终了挤压阶段金属流动行为

2.4.1　金属流动特点

除流动类型Ⅳ的情形外（图2-27），在基本挤压阶段，可以认为挤压筒内的塑性变形区高度基本保持不变[16,20]（尽管对于流动类型Ⅲ的情形，由于挤压筒壁上摩擦的作用，坯料后端部分也有少量变形发生，但与模孔附近的变形相比要小得多）。传统理论认为[25,28]，当挤压筒内坯料的剩余长度减小到与稳定流动塑性区的高度相等（即垫片接触塑性变形区）时，挤压力开始上升，金属流动进入终了挤压阶段（或称紊流挤压阶段），对应于图2-1上的Ⅲ区。

终了挤压阶段的一个显著的特点，是金属径向流动速度增加。如图2-40所示，在垫片未进入变形区前，变形区体积保持不变，金属从模孔中流出的量与进入变形区的量相等。而当垫片进入变形区后，变形区体积减小，塑性区与刚性区交界面积减小，在挤压速度、流出速度和挤压比不变的条件下，要满足体积不变条件，势必增加径向流速以弥补金属轴向供给量的不足，致使金属流动进入紊流状态。

终了挤压阶段的另一个特点是挤压力迅速上升（见图2-1）。关于挤压力上升的传统观点是[13,28]：（1）由于垫片进入变形区，金属径向流动速度增加，并导致金属与垫片间的滑动速度增加；（2）挤压筒内金属的体积减小，冷却较快，变形抗力增加；（3）死区也参与变形。所有这些因素均会使挤压

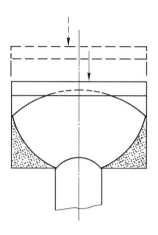

图 2-40 终了挤压阶段垫片与变形区的交截

力增加。但是,需要指出的是,垫片开始接触塑性变形区的时刻,未必是与挤压力开始上升的时刻相一致的。数值模拟的结果表明,挤压力是在垫片开始接触塑性变形区以后继续挤压一定时间后才达到最小的[19]。

关于终了挤压阶段金属的流动,光塑性模拟实验的结果提出了一种新的流动模型,从而对此阶段挤压力上升的原因给予了另外一种解释[10],其概要如下。

在终了挤压阶段不同时刻终止挤压,所得压余内的塑性区变化情况如图 2-41 所示。在此情况下,挤压力从基本挤压阶段的最小值重新开始上升的时刻,对应于图 2-41a 所示的塑性区形状。此时,垫片离塑性区尚有一段距离,在垫片与筒壁的交界处形成了两个很小的新的塑性区。进一步挤压时,此两个塑性区迅速增大,原来的塑性区体积也增大(图 2-41b),然后三个塑性区互相连通而将刚性区分割成三个小区(图 2-41c),进一步变形,两侧的小刚性区和后端刚性区相继消失,直到产生最后缩尾(图 2-41d)。因此,终了挤压阶段挤压力上升的原因可以这样解释:在终了挤压阶段的初期,由于塑性

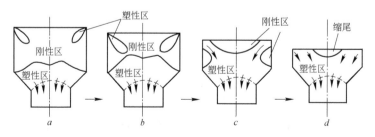

图 2-41 终了挤压阶段塑性区的变化与金属流动

区体积迅速增加，变形所需的能量上升，从而挤压力迅速上升；在此阶段的后期，塑性区体积明显减小而挤压力仍继续上升，才是前述传统观点的三个原因所致。

由于图 2-41 的模型是由采用光塑性模拟法在室温下的实验结果得出的，可以认为该模型适合于具有良好润滑条件的冷、温挤压时的情形，而前述的传统解释模型、数值模拟结果[19]适合于无润滑热挤压的情形。

终了挤压阶段金属流动的第三个特点是，当压余厚度很薄时，一般要形成缩尾，详见下节的讨论。

2.4.2 挤压缩尾

挤压缩尾是终了挤压阶段的一种特有缺陷，是坯料表面的氧化物、油污脏物及其他表面缺陷（如砂眼、气孔等）进入产品内部而形成的。根据这种缺陷在产品断面上的位置，可将缩尾分为中心缩尾、环形缩尾、皮下缩尾三种。

2.4.2.1 中心缩尾

如图 2-42a 所示，在终了挤压阶段的后期（紊流阶段），挤压筒中剩余的坯料高度较小，整个挤压筒内的剩余坯料处在紊流状态，且随着坯料高度的不断减小，金属径向流动速度不断增加，以用来补充坯料中心部分金属的短缺，于是坯料后端表面的氧化物、油污等易集聚到坯料的中心部位，进入产品内部；而随着挤压的进一步进行，径向流动的金属无法满足中心部分的短缺，于是在产品中心部分出现了漏斗状的空缺，即中心缩尾。

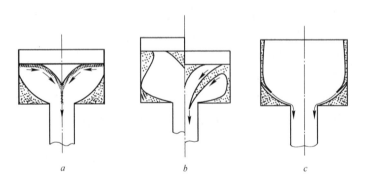

图 2-42　各种类型缩尾形成过程示意图
a—中心缩尾；b—环形缩尾；c—皮下缩尾

尽管反向挤压金属流动比正向挤压要均匀得多，但当压余（剩余坯料）厚度较薄时，仍可形成中心缩尾，不过缩尾的长度比正向挤压要短得多。

2.4.2.2 环形缩尾

如图 2-42b 所示，在无润滑挤压过程中，若坯料外层金属的挤压温度显著降低，使金属的变形抗力增高，再加上坯料与挤压筒接触表面的摩擦力大，则在坯料与挤压筒接触面上不易产生滑移，同时在挤压垫片处又存在难变形区（粘着难变形区），所以坯料表面的氧化物、油污就容易沿难变形区的周围界面而进入金属内部，分布在产品的中间层，形成环形，或部分环形，称为环形缩尾[13]。如 α + β 黄铜在无润滑挤压时，坯料内部的 β 相很软，而坯料外层由于与工具接触而使温度降低，形成 α 相，使变形抗力显著升高，同时接触面的摩擦又大，在接触面上不易产生滑移，而使坯料表面的氧化物、油污沿挤压垫片难变形区周围界面进入产品内部，形成环形缩尾。

环形缩尾在大多数情况下为不连续环形。当采用多孔模挤压时，多出现在棒材靠近挤压轴线的一侧，呈月牙状、带状或点状。挤压型材或非圆断面产品时，环形缩尾形状因产品形状不同而异，多出现在断面壁厚较大处[28]。

2.4.2.3 皮下缩尾

这类缩尾的形成过程如图 2-42c 所示。在终了挤压阶段，当死区与塑性流动区界面因剧烈滑移使金属受到很大剪切变形而断裂时，坯料表面的氧化层、润滑剂和脏物等则会沿着断裂面流出，与此同时，由于坯料剩余长度很小，死区金属也逐渐流出模孔而包覆在产品的表面上，形成皮下缩尾。

在热挤压铜及铜合金等重金属时，由于坯料与挤压筒温差较大，死区金属受到剧烈冷却，塑性降低而产生断裂。因此即使在基本挤压阶段也有可能产生皮下缩尾，这种皮下缩尾在后续的冷加工过程（如冷轧管和拉拔）中会导致产品表面起皮或大块撕裂。

在生产实际中，减少产品中心缩尾的主要措施是留压余和脱皮挤压。根据不同合金及坯料直径大小、具体生产条件，在挤压末期留一部分坯料在筒内而不全部挤出，即在缩尾形成流入产品之前中止挤压。压余的大小要根据合金种类和坯料尺寸等具体情况而定，其厚度一般为坯料直径的 10% ~30%。

所谓脱皮挤压，是指用一个比挤压筒内径小 2 ~4mm 的垫片进行挤压的一种方法。挤压时，垫片压入坯料之中，挤压出坯料中心部分的金属，而外皮则留在挤压筒内（见图 4-23）。

脱皮挤压时，脱皮的过程并非是由于垫片将金属切断，而是依靠塑性剪切变形，在保持金属整体性的情况下进行的。因此，为了获得均匀完整的脱皮，垫片最好具有圆滑的棱边，以便在挤压时垫片能自动地对正坯料中心。但是，垫片的圆角不宜太大，以免分离垫片时发生困难。坯料外皮必须脱得完整，否则既不能有效地减少产品中的缩尾，还会给清理挤压筒带来困难。

影响脱皮的因素有：金属与挤压筒壁间的摩擦条件、脱皮的厚度、挤压变形程度以及金属的性质等。金属与挤压筒壁间的摩擦越大，越容易进行脱皮。在脱皮挤压时不应润滑挤压筒。紫铜由于表面的氧化皮起润滑作用，故脱下的外皮不易完整。实际上，由于紫铜挤压流动较为均匀，形成缩尾的倾向很小，不需采用脱皮挤压。若脱皮太薄，则由于冷却快也会使脱皮过程产生困难。挤压比越大，则在垫片边部的流体静压力也越大，故越容易脱皮。坯料和垫片的温度较低时易于脱皮。铝合金由于易粘结工具，清除筒内的脱皮困难，一般不采用脱皮挤压。

在挤压管材时不应采用脱皮挤压。因为当垫片压入金属时可能造成脱皮的厚度不一致，垫片偏离挤压中心线，带动穿孔针偏离其中心位置；同时由于脱皮挤压时所用的垫片比正常的小，对穿孔针失去支承、定心作用。这些均会导致管材产生偏心。

采用脱皮挤压时，在下次挤压操作之前必须用清理垫片将坯料外皮推出挤压筒外，以免在随后挤压出的产品上出现起皮、分层、气泡等缺陷。由于增加了一次辅助操作，也就降低了设备的生产率。此外，采用脱皮挤压时的垫片磨损得较快。所以脱皮挤压主要是用于易产生挤压缩尾的黄铜（特别是 $\alpha + \beta$ 相的黄铜）和青铜方面。

很显然，采用留压余和脱皮的方法来减少缩尾会使挤压生产的成材率显著降低。防止和减少缩尾的根本措施是改善金属的流动，一切减少流动不均匀的措施均有利于减少或消除挤压缩尾。

反挤压时（图 2-16），即使在稳定挤压阶段也有可能形成明显的皮下缩尾。因此，为了确保挤压产品的质量，实际挤压生产时需要对坯料进行车皮或热剥皮，以除去坯料表面的氧化皮、偏析层、油污等缺陷。

以上讨论，主要是针对于棒材挤压时的情形。对于实心型材挤压，不如棒材挤压容易产生中心缩尾、环形缩尾和皮下缩尾。而对于管材和空心型材挤压（分流模挤压）的情形，不会产生中心缩尾，且产生环形缩尾和皮下缩尾的可能性也比棒材挤压时的小得多。

2.5　挤压产品的组织与性能

2.5.1　挤压产品的组织

2.5.1.1　挤压产品组织不均匀性

就实际生产中广泛采用的普通热挤压而言，挤压产品的组织与其他加工方法（例如轧制、锻造）相比，其特点是在产品的断面与长度方向上都很不均匀，一般是头部晶粒粗大，尾部晶粒细小；中心晶粒粗大，外层晶粒细小

（热处理后产生粗晶环的产品除外）。例如，HPb59-1 铅黄铜挤压棒材的显微组织就明显具有这一特点[12]。但是，在挤压铝和软铝合金一类低熔点合金时，由于后述的原因，也可能产品中后段的晶粒度比前端大。挤压产品组织不均匀性的另一特点是部分金属挤压产品表面出现粗大晶粒组织。

　　例如，在挤压产品的前端中心部分，由于变形不足，特别是在挤压比很小（$\lambda < 5$）时，常保留一定程度的铸造组织。因此，生产中按照型材壁厚或棒材直径的不同，规定在前端切去 100～300mm 的几何废料。

　　在挤压产品的中段主要部分上，当变形程度较大时（$\lambda \geqslant 10 \sim 12$），其组织和性能基本上是均匀的。变形程度较小时（$\lambda \leqslant 6 \sim 10$），其中心和周边上的组织特征仍然是不均匀的，而且变形程度越小，这种不均匀性越大。

　　挤压产品的组织在断面上和长度上出现不均匀性，主要是由于不均匀变形而引起的。根据挤压流动变形特点的分析可知，在产品断面上，由于在挤压过程中受模子形状约束和摩擦阻力作用，使外层金属主要承受剪切变形，且一般情况下金属的实际变形程度由外层向内层逐渐减小，所以在挤压产品断面上会出现组织的不均匀性。在产品长度上，同样是由于模子形状约束和外摩擦的作用，使金属流动不均匀性逐渐增加，所承受的附加剪切变形程度逐渐增加，从而使晶粒遭受破碎的程度由产品的前端向后端逐渐增大，导致产品长度上的组织不均匀。

　　造成挤压产品组织不均匀性的另一因素是挤压温度与速度的变化。一般在挤压比较小，挤压速度极慢的情况下，特别是像挤压锡磷青铜一类合金时，坯料在挤压筒内停留时间长，坯料前部在较高温度下进行塑性变形，金属在变形区内和出模孔后可以进行充分的再结晶，故晶粒较大；坯料后端由于温度低（由于挤压筒的冷却作用），金属在变形区内和出模孔后再结晶不完全，故晶粒较细，甚至出现纤维状冷加工组织。而在挤压铝和软铝合金时，由于坯料的加热温度与挤压筒温度相差不大，当挤压比较大或挤压速度较快时，由于变形热与坯料表面摩擦热效应较大，可使挤压中后期变形区内温度明显升高，因此也可能出现产品中后段的晶粒比前端大的现象。

　　在挤压两相或多相合金时，由于温度的变化，使合金处在相变温度下进行塑性变形，也会造成组织的不均匀性。例如，在 720℃ 以上挤压 HPb59-1 时，由于高于相变温度，在挤压时不析出 α 相。挤压完毕后，温度降至相变温度时，由 β 相中析出均匀的多面体 α 相晶粒。但如果挤压时温度降至相变温度 720℃ 以下，α 相在变形过程中析出而被拉长成条状组织，这种条状组织在以后的正常热处理温度（低于相变温度）下多数是不能消除的。由于 β 相常温塑性低，α 相常温塑性高，所以具有连续条状分布的 α + β 合金，在常温下加工时会因为相间变形不均匀而易产生裂纹。

2.5.1.2　粗晶环

如上所述，挤压产品组织的不均匀性还表现在某些金属或合金在挤压或随后的热处理过程中，在其外层出现粗大晶粒组织，通常称之为粗晶环，如图 2-43 所示[29,30]。

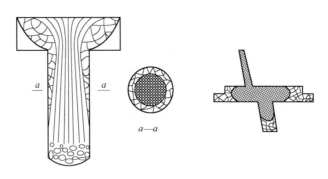

图 2-43　2A11(LY11)挤压棒材和 2A12(LY12)挤压型材淬火后的粗晶环组织

根据粗晶环出现的时间，可将其分为两类。第一类是在挤压过程中即已形成的粗晶环，例如纯铝、MB15 镁合金挤压产品的粗晶环等。这类粗晶环的形成原因是，金属的再结晶温度比较低，可在挤压温度下发生完全再结晶。如前所述，由于模子形状约束与外摩擦的作用造成金属流动不均匀，外层金属所承受的变形程度比内层大，晶粒受到剧烈的剪切变形，晶格发生严重的畸变，从而使外层金属再结晶温度降低，容易发生再结晶并长大，形成粗晶组织。由于挤压不均匀变形是从产品的头部到尾部逐渐加剧的，因而粗晶环的深度也由头部到尾部逐渐增加。

由于挤压不均匀变形是绝对的，所以任何一种挤压产品均有出现第一类粗晶环的倾向，只是由于有些合金的再结晶温度比较高，在挤压温度下不易产生再结晶和晶粒长大（例如 3A21(LF21)、HPb59-1 等挤压产品在锻造前的加热过程中同样会产生粗晶环），或者因为挤压流动相对较为均匀（例如紫铜的氧化皮具有良好的润滑作用、静液挤压时的情形），不足以使外周层金属的再结晶温度明显降低，而不容易出现粗晶环。

第二类粗晶环是在挤压产品的热处理过程中形成的，例如含 Mn、Cr、Zr 等元素的热处理可强化铝合金（2A11、2A12、2A02、6A02、2A50、2A14、7A04 等）。这些铝合金挤压产品在淬火后，常可出现较为严重的粗晶环组织，如图 2-43 所示。这类粗晶环的形成原因除与不均匀变形有关外，还与合金中含 Mn、Cr 等抗再结晶元素有关。Mn、Cr 等元素因溶于铝合金中能提高再结晶温度，合金中的化合物 $MnAl_6$、$CrAl_7$、Mg_2Si、$CuAl_2$ 等可阻止再结晶晶粒的长大。挤压时，由于模具几何约束与强烈的摩擦作用，使外层金属流动滞后于中心部分，外层金属内呈很大的应力梯度和拉附应力状态，因此促进了Mn 等元素的析出，使固溶体的再结晶温度降低，产生一次再结晶，但因第二相由晶内析出后呈弥散质点状态分布在晶界上，阻碍了晶粒的集聚长大。因此，在挤压后铝合金产品外层呈现细晶组织。在淬火加热时，由于温度高，析出的第二相质点又重新溶解，使阻碍晶粒长大的作用消失，在这种情况下，一次再结晶的一些晶粒开始吞并周围的晶粒迅速长大，形成粗晶组织，即粗晶环。而在挤压产品的中心区，由于挤压时呈稳定流动状态，变形比较均匀，又由于受压附应力作用，不利于 Mn 等的析出，使中心区金属的再结晶温度较高，不易形成粗晶。

影响粗晶环的因素有以下几方面。

A　挤压温度的影响

随着挤压温度的增高，粗晶环的深度增加。这是由于挤压温度升高后，金属的 σ_s 降低，变形不均匀性增加，坯料外层金属的结晶点阵遭到更大的畸变，促进了再结晶的进行；高温挤压有利于第二相的析出与集聚，减弱了对晶粒长大的阻碍作用。

B　挤压筒加热温度的影响

当挤压筒温度高于坯料温度时将促使不均匀变形减小，从而可减小粗晶环的深度。例如，挤压 6A02、2A50、2A14 合金时采用此制度，对减小粗晶环浓度有明显的效果。

C　均匀化的影响

均匀化对不同铝合金的影响不一样。由于均匀化温度一般是在 470 ~ 510℃之间，在此温度范围内，6A02 一类合金中的 Mn_2Si 相将大量溶入基体金属，可以阻碍晶粒的长大；而对于 2A12 一类合金，却会促使其中的 $MnAl_6$ 从基体中大量析出。这是由于在铸造过程中，冷却速度快，$MnAl_6$ 相来不及充分地从基体中析出，因此在均匀化时 $MnAl_6$ 相进一步由基体中析出。在长时间高温的作用下，$MnAl_6$ 弥散质点集聚长大，从而使再结晶温度和阻止再结晶的能力降低，导致粗晶环深度增加。

D　合金元素的影响

合金中 Mn、Cr、Ti、Fe 等元素的含量与分布状态对粗晶环有明显影响。实验研究表明，当 2A12 合金中 Mn 的含量（质量分数）为 0.2% ~ 0.6% 时，产生粗晶环的厚度最大；而当 Mn 的含量（质量分数）提高到 0.8% ~ 0.9% 时，可以完全消除粗晶环的产生。

E　应力状态的影响

实验证明，合金中存在的拉应力将促进元素扩散速度的增加，而压应力则能降低扩散速度。在挤压时，由于不均匀变形外层金属沿流动方向受拉应力作用，从而促进了 $MnAl_6$ 等相的析出，降低了 Mn 一类元素对再结晶的抑制作用。

F　热处理加热温度的影响

一般来说，热处理加热温度越高，粗晶环的深度越大。例如，淬火温度越高，将使 Mg_2Si、$CuAl_2$ 等第二相弥散质点溶解增加，$MnAl_6$ 弥散质点聚集长大，抑制再结晶作用减弱，粗晶环深度增加；而适当地降低淬火加热温度能使粗晶环减小，甚至不发生。

粗晶环是铝合金挤压产品的一种常见组织缺陷，它引起产品的力学性能和耐蚀性能的降低，例如可使金属的室温强度降低 20% ~ 30%，如表 2-1 所示[12]。

表 2-1　2A12(LY12)T4 合金型材粗、细晶区力学性能

取样部位	取样区	取样方向	典型性能			图　例
			σ_b/MPa	$\sigma_{0.2}$/MPa	δ/%	
1	粗晶区	纵　向	446	354	3.6	
2	细晶区	纵　向	545	438	15.4	
3	粗晶区	纵　向	419	349	16.4	
4	细晶区	纵　向	540	446	12.9	
5	粗晶区	纵　向	462	372	16.1	
6	粗晶区	长横向	415	326	13.2	
7	过渡区	长横向	421	320	12.2	
8	细晶区	长横向	449	378	10.2	

减少或消除粗晶环的最根本方法，应该围绕两个方面采取措施，一是尽可能减少挤压时的不均匀变形，二是控制再结晶的进行。

2.5.1.3　层状组织

在挤压产品中，常常可以观察到层状组织。所谓层状组织，也称片状组织，其特征是产品在折断后，呈现出与木质相似的断口，分层的断口表面凹凸不平，分层的方向与挤压产品轴向平行，继续塑性加工或热处理均无法消除这种层状组织。铝青铜挤压产品容易形成层状组织。

层状组织对产品纵向（挤压方向）力学性能影响不大，而使产品横向力学性能降低。例如，用带有层状组织的材料做成的衬套所能承受的内压要比无层状组织的材料低 30% 左右。

实际生产经验证明，产生层状组织的基本原因是在坯料组织中存在大量的微小气孔、缩孔，或是在晶界上分布着较多未被溶解的第二相或者杂质等，

在挤压时被拉长，从而呈现出层状组织。层状组织一般出现在产品的前端，这是由于在挤压后期金属变形程度大且流动紊乱程度增加，从而破坏了杂质薄膜的完整性，使层状组织程度减弱。

在铜合金中，最容易出现层状组织的是含铝的青铜 QAl10-3-15、QAl10-4-4 和含铅的黄铜如 HPb59-1 等。在铝合金中容易出现层状组织的是 6A02（LD2）、2A50（LD5）等，7A04（LC4）、2A12（LY12）、2A11（LY11）中较少。防止层状组织出现的措施，应从坯料组织着手，减少坯料柱状晶区，扩大等轴晶区，同时使晶间杂质分散或减少。另外，对于不同的合金还有一些相应的解决层状组织的办法。例如，据研究认为，使 6A02 合金中 Mn 含量（质量分数）超过 0.18% 时，层状组织可消失；对于铝青铜的层状组织，适当地控制铸造结晶器的高度（不大于 200mm）可消除或减少层状组织。

2.5.2 挤压产品的力学性能

2.5.2.1 力学性能的不均匀性

挤压产品的变形和组织不均匀性必然相应地引起力学性能不均匀性。一般来说，实心产品（未经热处理）的心部和前端的强度（σ_b、σ_s）低，伸长率高，而外层和后端的强度高，伸长率低，如图 2-44 所示。

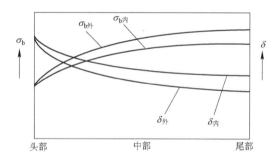

图 2-44 挤压棒材纵向和横向上的力学性能不均匀性

但对于挤压纯铝、软铝合金（3A21 等）来说，由于挤压温度较低，挤压速度较快，挤压过程中可能产生温升，同时挤压过程中所产生的位错和亚结构较少，因而挤压产品力学性能不均匀性特点有可能与上述情况相反。

挤压产品力学性能的不均匀性也表现在产品的纵向和横向性能差异上（即各向异性）。挤压时的主变形图是两向压缩一向延伸变形，使金属纤维都朝着挤压方向取向，从而使其力学性能的各向异性较大。挤压比为 7.8 的锰青铜棒各方向上的力学性能如表 2-2 所示。一般认为，产品的纵向与横向力学性能不均匀，主要是由于变形织构的影响，但还有其他方面的原因。即挤压后的产品晶粒被拉长；存在于晶粒间金属化合物沿挤压方向被拉长；挤压时气泡沿晶界析出等。

表 2-2　锰青铜挤压棒各方向上的力学性能

取样方向	强度极限/MPa	伸长率/%	冲击韧性/J·m^{-1}
纵　向	463	41	3763
45°	445	29	2528
横　向	419	20	2940

2.5.2.2　挤压效应

挤压效应是指某些铝合金挤压产品与其他加工产品（如轧制、拉伸和锻造等）经相同的热处理后，前者的强度比后者高，而塑性比后者低。这一效应是挤压产品所独有的特征，表 2-3 所示为几种铝合金以不同加工方法经相同淬火时效后的抗拉强度值[25]。

表 2-3　几种铝合金以不同加工方法经相同淬火时效后的强度　　　（MPa）

合金 产品	6A02（LD2）	2A14（LD10）	2A11（LY11）	2A12（LY12）	7A04（LC4）
轧制板材	312	540	433	463	497
锻件	367	612	509		470
挤压棒材	452	664	536	574	519

挤压效应可以在硬铝合金（2A11、2A12）、锻铝合金（6A02、2A50、2A14）和 Al-Cu-Mg-Zn 高强度铝合金（7A04、7A06）中观察到。应该指出的是，这些合金挤压效应只是用铸造坯料挤压时才十分明显。在经过二次挤压（即用挤压坯料再进行挤压）后，这些合金的挤压效应将减少，并在一定条件下几乎完全消除。

当对挤压棒材横向进行变形，或在任何方向进行冷变形（在挤压后热处理之前）时，挤压效应也降低。

产生挤压效应的原因，一般认为有如下两个方面：

（1）由于挤压使产品处在强烈的三向压应力状态和二向压缩一向延伸变形状态，产品内部金属流动平稳，晶粒皆沿挤压方向流动，使产品内部形成较强的[111]织构，即产品内部大多数晶粒的[111]晶向和挤压方向趋于一致。对面心立方晶格的铝合金产品来说，[111]方向是强度最高的方向，从而使得产品纵向的强度提高。

（2）由于 Mn、Cr 等抗再结晶元素的存在，使挤压产品内部在热处理后仍保留着加工织构，而未发生再结晶。Mn、Cr 等元素与铝组成的二元系状态图的特点是，结晶温度范围窄，在高温下固溶体中的溶解度很小，所以形成的过饱和固溶体在结晶过程中分解出 Mn、Cr 等金属间化合物 $MnAl_6$、$CrAl_7$ 弥散质点，并分布在固溶体内树枝状晶的周围构成网状膜。又因 Mn、Cr 在铝中的扩散系数很低，且 Mn 在固溶体中也妨碍着金属自扩散的进行，这也就阻碍了合金再结晶过程的进行，使产品内部再结晶温度提高，在进行热处理加热时产品内部发生不完全再结晶，甚至不发生再结晶，所以挤压制品内部在随后热处理仍保留着加工组织。应特别指出，挤压效应只显现在产品的内部，至于其外层，常因有粗晶环而使挤压效应消失。

在大多数情况下，铝合金的挤压效应是有益的，它可保证构件具有较高的强度，节省材料消耗，减轻构件重量。但对于要求各个方向力学性能均匀的构件（如飞机大梁型材），则不希望有挤压效应。

影响挤压效应的因素如下：

（1）坯料均匀化的影响。坯料均匀化可减弱或消除挤压效应。因在均匀化时，一般情况下化合物被溶解，包围着枝晶的网膜组织消失，而剩余的化合物发生聚集，这就破坏了产生挤压效应的条件。

（2）挤压温度的影响。随着挤压温度的升高，产品的强度极限 σ_b 显著增加。例如，6A02 合金，挤压温度由 320℃ 升到 420℃，强度极限 σ_b 提高近 100MPa；2A12 合金挤压温度由 300℃ 升高到 340℃，强度极限 σ_b 提高 20MPa。挤压温度低，会使金属产生冷作硬化，使晶粒间界面层破碎和在淬火前加热中 Al-Mn 固溶体分解加剧，产生再结晶，其结果使挤压效应消失。

（3）变形程度的影响。对于不含 Mn 或少含 Mn（Mn 的质量分数为 0.1%）的 2A12 合金来说，增大变形程度，会使挤压效应降低。例如，当变形程度从 72.5% 增加到 95.5% 时，强度降低而塑性增高：当变形程度为 72.5% 时，σ_b 为 451MPa，σ_s 为 308MPa，δ 为 14%；而在变形程度为 95.5% 时，σ_b 为 406MPa，σ_s 为 255MPa，δ 为 21.4%。

当 2A12 的含 Mn 量增加时，增加变形程度挤压效果显著。如当 Mn 含量（质量分数）在 0.36% ~ 1.0% 的范围内时，变形程度为 95.5% 时，合金的强度 σ_b 最大；变形程度为 85.3% 时，合金的强度 σ_b 中等；变形程度为 72.5% 时，合金的强度 σ_b 最低。当含 Mn 含量（质量分数）为 0.5% ~ 0.8% 时，变形程度对强度有最大的影响。对于标准的 2A12 合金，Mn 含量（质量分数）正好在 0.36% ~ 1.0% 的范围内，因此这种合金挤压材料强度随变形程度增加而增大，但伸长率 δ 降低。

变形程度对不同含 Mn 量的 7A04 合金挤压效应的影响也与 2A12 合金相类似。

（4）二次挤压的影响。二次挤压在生产小断面型材和棒材时普遍采用。

二次挤压对不同含 Mn 量的合金的力学性能的影响是，使所有硬铝及锻铝合金的强度降低，而伸长率 δ 有一定提高，大大降低挤压效应。

参 考 文 献

[1] 工藤英明. 塑性学[M]. 东北：森北出版株式会社，1968.

[2] Laue K, Stenger H. Extrusion (Processes, Machinery, Tooling) [M]. American Society for Metals, (1981), 7, 11, 50.

[3] Avitgur B. Handbook of Metal-forming Processes[M]. Jone Wiley & Sons, 1983, 114~126, 153~171.

[4] 谢水生，王祖唐，金其坚. 弹塑性有限元分析不同型线凹模静液挤压时的应力和应变状态[J]. 机械工程学报，1985，21(2)：13~27.

[5] Thomsen E G, Yang C T, Kobayashi S. Mechanics of Plastic Deformation in Metal Processing [M]. New York：McMillan, 1965, 302.

[6] 曹起骧，肖颖，叶绍英，等. 用光电扫描云纹法研究轴对称挤压[J]. 模具技术，1986，(3)：14~37.

[7] 谢建新，曹乃光. 三维光塑性法及其在挤压变形研究中的应用[J]. 中南矿冶学院学报，1986，(5)：53~61.

[8] 日本塑性加工学会. 押出し加工—基礎から先端技術まで—[M]. 東京：コロナ社，1992.

[9] 曹乃光. 金属塑性加工原理[M]. 北京：冶金工业出版社，1983：129.

[10] 谢建新. 圆棒挤压过程变形行为的研究[D]. 长沙：中南矿冶学院，1985.

[11] 谢建新，村上，高桥. 塑性と加工[J]，1990，31(351)：502~508.

[12] 杨守山. 金属塑性加工学[M]. 北京：冶金工业出版社，1980.

[13] 温景林. 金属挤压与拉拔工艺学. (未公开出版)，1985.

[14] 谢建新，村上，池田，等. (日) 轻金属[J]. 1994，44(10)：531~536.

[15] 谢建新，村上，池田，等. (日) 轻金属[J]. 1994，44(10)：537~542.

[16] Xie J X (谢建新)，Ikeda K, Murakami T. J. Mater. Proc. Tech. [J]，1995，49：1~11.

[17] 谢建新，村上，池田，等. 塑性と加工[J]，1995，36(411)：390~395.

[18] 村上，时沢，室谷，等. 塑性と加工[J]，1996，37(423)：403~408.

[19] Xie J X (谢建新)，Ikeda K, Murakami T. J. Mater. Proc. Tech. [J]，1995，49：371~385.

[20] 裴强. 带筋薄壁圆管分流模挤压变形过程的数值模拟[D]. 北京：北京科技大学，1999.

[21] Akeret R. 5th Int. Aluminum Extrusion Tech. Seminar [C]. Chicago, USA, 1992, 1：319~336.

[22] 曹乃光，谢建新，周宇民. 圆棒挤压变形力的实验研究[J]. 铜加工，1985，(3)：110~115.

［23］ 刘静安. 轻合金挤压工具与模具（上）［M］. 北京：冶金工业出版社，1990.

［24］ 刘志强，谢建新，刘静安. 大型整体壁板用扁挤压筒受力的有限元分析［J］. 锻压技术，1998，23（6）：51～55.

［25］ 马怀宪. 金属塑性加工学（挤压、拉拔与管材冷轧）［M］. 北京：冶金工业出版社，1991.

［26］ Clode M P, Sheppard T. Formation of die lines during extrusion of AA6063［J］. Materials Science and Technology，1990，6：755～763.

［27］ 刘静安，张学惠. 铝合金型材表面缺陷分析［J］. 铝加工，1996，19（4）：14～17.

［28］ 《轻金属材料加工手册》编写组. 轻金属材料加工手册（下）［M］. 北京：冶金工业出版社，1980.

［29］ 田中浩. 非铁金属の塑性加工［M］. 东京：日刊工业新闻社，1970.

［30］ 张宏辉. 减少铝合金正向挤压制品粗晶环的工艺措施［C］. 铝加工文集. 兰州：甘肃省科技情报研究所，1980，141.

［31］ 王祝堂，田荣璋. 铝合金及其加工手册［M］. 长沙：中南工业大学出版社，1989.

3 挤压力学理论

3.1 概述

通过挤压轴和垫片直接或间接作用在金属坯料上的外力，称为挤压力（P）；单位垫片面积上的挤压力称为单位挤压力（p）；单位挤压力与变形抗力（σ_k[❶]）之比，称为挤压应力状态系数（n_σ）：

$$p = \frac{P}{F_p} \tag{3-1}$$

$$n_\sigma = \frac{p}{\sigma_k} \tag{3-2}$$

式中，F_p 为垫片面积，对于不带穿孔针的挤压，取 $F_p = F_t$；对于带穿孔针的挤压，$F_p = F_t - F_z$；F_t、F_z 分别为挤压筒和穿孔针针杆的断面积。

挤压过程中，随着挤压轴的移动，挤压力是变化的。一般在填充完成后，金属开始从模孔流出时挤压力达到最大值（见图 2-1）。合理地制订生产工艺规程、正确地选择挤压设备和设计工模具都需要准确地确定最大挤压力。同时，挤压力也是现代挤压机上实现计算机自动控制所不可缺少的重要参数之一。

确定挤压力大小的方法分为实测法和计算法两大类。

实测法包括压力表读数和电测两种基本的方法。压力表读数法是一种简单易行的方法。利用挤压机上的压力表（一般安装在操纵台上），读出挤压机工作时主缸或穿孔缸内的工作压力 p_b，根据挤压机的额定挤压力（也称吨位）或额定穿孔力 N，挤压机高压液体的额定工作压力 p_e，即可确定挤压或穿孔力 P：

$$P = \eta \frac{N}{p_e} p_b \tag{3-3}$$

由于运动件之间存在摩擦（如柱塞与缸，活动横梁与底座等），实际加在

[❶] 本书用变形抗力（σ_k）的概念来表示金属在塑性变形区内的平均流动应力，以区别于塑性理论上的屈服应力（σ_s）和抗拉强度（σ_b）。变形抗力的确定方法参见 3.3 节和 3.4.2 节。

坯料上的挤压力比由压力表上的读数所确定的挤压力要低。因此，在式（3-3）中考虑了一个挤压机的效率系数 η，通常取 $\eta = 0.95 \sim 0.98$。

压力表读数的缺点在于当挤压速度太快时，读数不易准确（因压力表上的指针摆动太快），且由于冲击惯性，表上读数通常比实际值偏高。此外，压力表读数法难以记录挤压力在挤压过程中的变化。

采用电测法可以克服上述缺点。电测法的基本原理是，通过压力传感器，将压力（或抗力）转换成应变（变形）和电阻的变化，以改变测量电路中的电信号输出，从而记录挤压过程中挤压力的变化情况。

实测法可以真实地反映特定生产条件下挤压力及其各分量的变化，有助于研究各种因素对挤压力的影响规律，可用来评价各种挤压力计算式。实测法的缺点在于对每一种生产条件均需进行实测，不能预测挤压力，例如采用新工艺，生产新材料、新产品时，则希望能预先估算生产所需的挤压力。

与实测法相反，计算法则是采用经验计算式，或由力平衡条件、能量不变条件、屈服条件以及金属流动许可相容速度条件导出的各种计算式，来预测某一生产工艺所需的挤压力，以便正确地制订工艺规程、选择设备和设计工模具。由于计算法中所采用的是数学式，或数字模型，有利于在计算机上应用，实现自动控制。计算法的缺点在于计算精度除与所使用的计算式（或数字模型）的结构合理性有关外，还在很大程度上取决于计算式中各个参数（如金属的变形抗力、摩擦条件等）选择的合理性与准确程度。

3.2 挤压受力状态分析

金属在稳定流动阶段（基本挤压阶段）的受力状态与镦粗阶段有较大的不同，其基本特征如图 3-1 所示，包括挤压筒壁、模子锥面和定径带作用

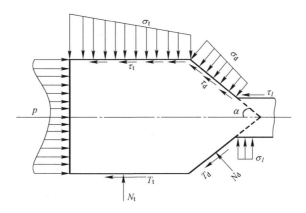

图 3-1 正挤压基本阶段金属受力情况

在金属上的正压力和摩擦力，以及挤压轴通过垫片作用在金属上的挤压力。这些外力随挤压方式的不同而异：反挤压时，挤压筒壁与金属间的摩擦力为零；有效摩擦挤压时，筒壁与金属间的摩擦力与图 3-1 所示的方向相反而成为挤压力的一部分。不同挤压条件下，接触表面的应力分布各异，且不一定按线性规律变化[1]。但用测压针测定筒壁和模面受力情况的实验结果表明[2]，当挤压条件不变时，各处的正压力在挤压过程中基本上不变，如图 3-2 所示❶。

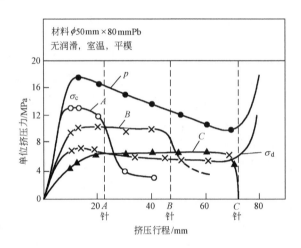

图 3-2　正挤压铅时筒壁上各点（A、B、C）正压力及
垫片上平均单位挤压力的变化
p—单位挤压力；σ_c—筒壁上正压力；σ_d—模面压力

　　金属与挤压筒以及模子锥面之间的摩擦应力，主要取决于挤压变形温度与润滑条件，通常比较复杂。对于无润滑热挤压，理论分析与工程计算上，常取极限摩擦状态，即认为摩擦应力达到相应变形温度下金属的剪切屈服极限，且其分布是均匀的[3~5]。

　　基本挤压阶段变形区内部的应力分布也是比较复杂的。图 3-3 ~ 图 3-5 分别为正挤压基本阶段变形区内部的应力分布模式。图 3-3[6]、图 3-4[1]是以铅为试验材料，在室温无润滑条件下的实验结果，与铝、铜及其合金无润滑热挤压的情形较为接近；图 3-5[3]为采用聚碳酸酯的光塑性模拟实验的结果，与铝及铝合金、钛及钛合金、钢铁材料等带润滑冷热挤压时的情形较为相似。

---

　　❶图中表明当垫片到达测压针位置时，其相应的压力值仍不为 0，这是因为 Pb 进入到垫片与筒壁之间的缘故。

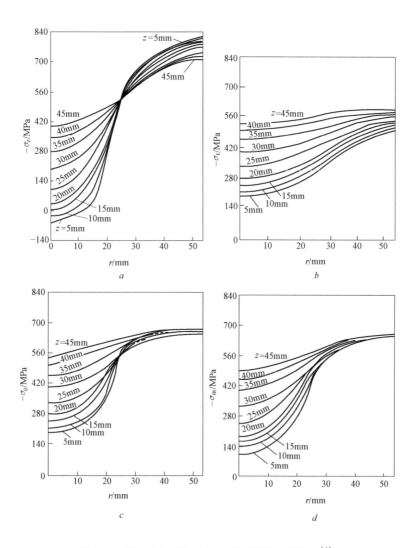

图 3-3 变形区内部应力分布的视塑性分析结果[6]

r—径向坐标；z—从模面开始的距离

由图可知，由于实验条件与数据处理方式的不同，这些结果存在一定程度上的差异，但具有以下几个方面的共同特征：

（1）轴向应力 σ_z，就其绝对值大小而言，在靠近挤压轴线的中心部位小、靠近挤压筒壁的外周部位大。如图 3-1 所示，坯料的中心部位正对着模孔，金属流动阻力小，而坯料的外周部位由于受到模面的约束，金属流动困难，静水压力值高（图 3-3d）。

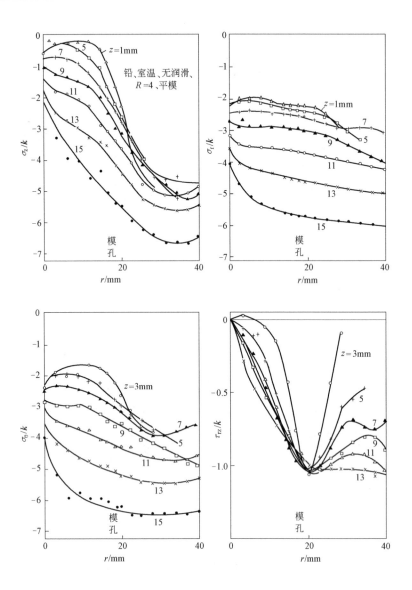

图 3-4 变形区内部应力分布的密栅云纹分析结果[1]

（k 为剪切屈服应力）

（2）剪切应力在中心线（对称轴）上为 0，沿半径方向至坯料与挤压筒（或挤压模）接触表面呈非线性变化。

（3）沿挤压方向的逆向，各应力分量的绝对值随着离开挤压模出口距离的增加而上升。

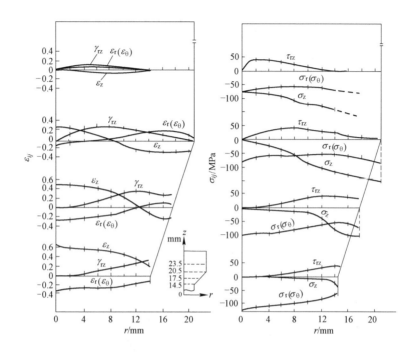

图 3-5　变形区内部应力、应变分布的光塑性分析结果[3]

3.3　影响挤压力的因素

影响挤压力的因素有金属坯料的性质、状态和尺寸，挤压工艺参数，外摩擦状态（润滑条件），模子形状与尺寸，产品断面形状以及挤压方法等。

3.3.1　金属坯料的影响

3.3.1.1　金属的变形抗力

理论和实验研究都表明：挤压力随金属坯料的变形抗力的增加而线性地增加。

3.3.1.2　坯料状态

挤压力与坯料状态有关。当坯料内部组织性能均匀时，所需的挤压力较小；经充分均匀化退火的坯料比不进行均匀化退火的挤压力低，且这一效果在挤压速度越低时越明显，如图 3-6 所示[7]。图中当 $V_j = 0.35\text{mm/s}$ 时，随均匀化退火时间增加，挤压力下降较为明显；而当 $V_j = 7\text{mm/s}$ 时，挤压力随均匀化退火时间下降较小。对工业纯铝和 6063 铝合金的热挤压实验研究证明[7]，当坯料内部为沿挤压方向取向的羽毛晶组织时，其挤压力比等轴晶时小（图 3-6）。此外，当在相变点温度附近挤压时，在单相区内挤压比在多相区内挤压所需的挤压力低。因为在相变点温度附近，温度变化很小而流动不均匀性变化很大，从而导致挤压力的变化很大。

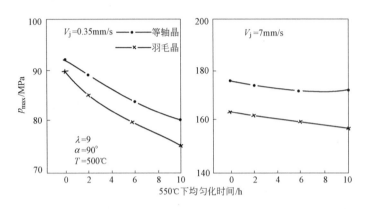

图 3-6　纯铝组织与均匀化时间对挤压力的影响（V_j 为挤压轴速度）

挤压力还与挤压变形历史有关。例如，经一次挤压后的材料作为二次挤压的坯料时，在相同工艺条件下，二次挤压时所需的单位挤压力比一次挤压力大。这实际上是由于在同一温度、速度和外摩擦条件下，二次挤压时金属的变形抗力提高了的缘故。因为当一次挤压和二次挤压均为冷挤压或温挤压时，则一次挤压时的加工硬化显然提高了二次挤压时金属的变形抗力；而即使一次挤压和二次挤压均在热变形温度范围内进行，虽然理论上认为由于可发生完全再结晶而无加工硬化存在，但实际上热加工后材料内部的组织得到很大改善，其强度指标比铸态组织的要高。

3.3.1.3　坯料长度

坯料长度对挤压力的影响，实际上是通过挤压筒内坯料与筒壁之间的摩擦阻力而产生作用的。由于不同挤压条件下坯料与筒壁之间的摩擦状态不同，因而坯料长度对挤压力的影响规律也不同。

（1）正向无润滑热挤压：一般情况下坯料与筒壁之间的摩擦应力达到极限值，$\tau_t = k = \mathrm{const}$，即为常摩擦应力状态，随着坯料长度的减小，挤压力线性地减小[2,8~10]。图 3-7 是纯铝热挤压时挤压力与坯料长度之间关系的实验曲线[10]。但当挤压过程中坯料长度上有温度变化时，一般为非线性关系[11]。

（2）带润滑正挤压、冷挤压、温挤压：坯料与筒壁之间服从常摩擦系数规律，由于接触表面正压力沿轴向非均匀分布（见图 3-1），故摩擦应力也非均匀分布，挤压力与坯料长度之间的关系一般为非线性关系。

（3）反挤压：坯料与筒壁之间无相对滑动，不产生摩擦阻力，故挤压力

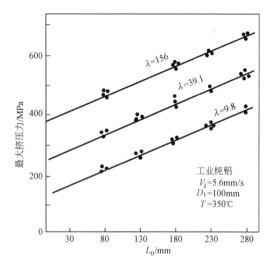

图 3-7 挤压力与坯料长度的关系

（无润滑热挤压）

与坯料长度无关。

3.3.2 工艺参数的影响

3.3.2.1 变形程度

大量的理论分析与实验研究结果表明，挤压力与变形程度 ε_e（用挤压比的自然对数表示，$\varepsilon_e = \ln\lambda$）成正比关系[7,9~12]。图 3-8 所示为不同挤压温度下 6063 铝合金挤压力与挤压比（对数比例）之间关系的实验曲线[9]。

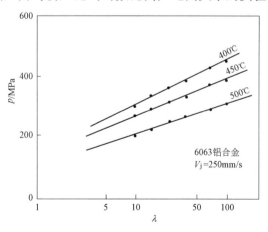

图 3-8 挤压力与挤压比的关系

3.3.2.2 变形温度

变形温度对挤压力的影响，是通过变形抗力 σ_k 的大小反映出来的。一般地讲，随着变形温度的升高，坯料的变形抗力下降，所需挤压力下降。两者之间的关系因变形抗力与温度之间的关系不同而异。当变形抗力随着温度的升高而线性减小时，则由前面的讨论可知，挤压力随温度的升高而线性下降。实际上，大多数金属和合金的变形抗力随温度升高而下降的关系是非线性的[13,14]，从而挤压力与变形温度的关系也一般为非线性关系。

此外，变形温度的变化还可能通过对摩擦条件的影响而影响挤压力。

3.3.2.3 变形速度

变形速度（挤压速度或产品流出速度）也是通过变形抗力的变化影响挤压力的。冷挤压时，挤压速度对挤压力的影响较小。热挤压当挤压过程中无温度、外摩擦条件等的变化时，挤压力与挤压速度（对数—对数比例）之间成线性关系[7,9,10]，图 3-9 为其一例[7]。这种线性关系也可以通过变形抗力与应变速度之间的关系来表示，如图 3-10 所示[11]。挤压速度增加，所需的挤压力增加，可以解释为：热挤压时，金属在变形过程中产生的硬化可以通过再结晶软化，但这种软化需要充分的时间进行，当挤压速度增加时，软化来不及进行，导致变形抗力增加，使挤压力增加。

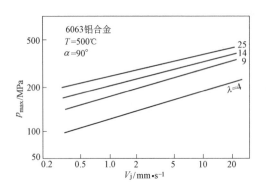

图 3-9 6063 铝合金挤压力与挤压速度的关系

根据图 3-10 可以正确地确定不同挤压温度和应变速度下的真实变形抗力，但目前有关这方面的资料还很不全面，实际应用中，通常用一个经验性的应变速度系数 C_v 来近似确定变形抗力：

$$\sigma_k = C_v \sigma_s \tag{3-4}$$

其中，对于铝及铝合金、铜及铜合金，C_v 按图 3-11[15] 确定（图中横轴为对数比例）；σ_s 为变形温度下静态拉伸时的屈服应力。

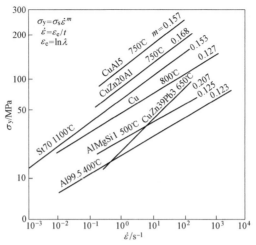

图 3-10 应变速度对挤压变形抗力的影响

（St70 为非合金钢，抗拉强度约为 700MPa）

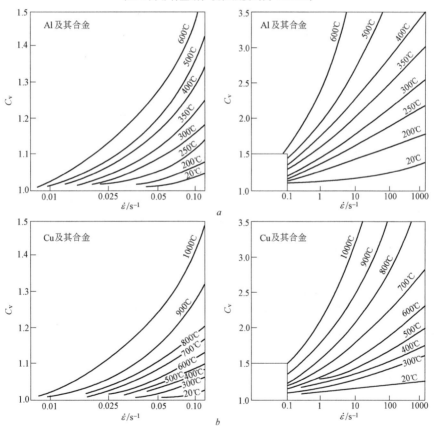

图 3-11 变形抗力的应变速度系数图

a—Al 及其合金；b—Cu 及其合金

图 3-12 所示为 H68 黄铜挤压时，挤压速度对挤压力曲线的影响[16]。由图 3-12 可知，在挤压前阶段，挤压速度越高，挤压力越大。但在挤压后阶段，当挤压速度较慢时，所需的挤压力反而较高。这是因为铜及铜合金一类金属的挤压温度较高，与挤压筒的温差大，当挤压速度较慢时，坯料的后端因受到冷却而温度降低，变形抗力升高。因此，挤压后阶段速度对挤压力的影响与前阶段不同，实际上是由于温度发生变化所引起的。

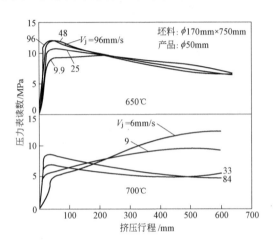

图 3-12   挤压速度对 H68 黄铜热挤压力-行程曲线的影响

3.3.3   外摩擦条件的影响

前已述及，外摩擦对挤压金属流动具有极大的影响（见 2.3.3.4 节）。一般来讲，随着外摩擦的增加，金属流动不均匀程度增加，因而所需的挤压力增加。外摩擦对挤压力的影响除加剧流动不均匀而使挤压力增加外，更主要的是由于金属与挤压筒、挤压模表面之间的摩擦阻力增加而使挤压力增加（参见 3.3.1.3 节）。

金属坯料与挤压筒壁之间的摩擦状态因挤压温度和润滑条件不同而异。要正确地确定挤压筒上的摩擦应力 τ_t 的分布比较困难，实际应用中，通常根据挤压力-行程曲线取其平均值（图 3-13）：

$$\bar{\tau}_t = \frac{P_{max} - P_{min}}{\pi D_t \Delta L} \qquad (3-5)$$

$$\Delta L = L_t - h_{s1} \qquad (3-6)$$

$$h_{s1} = \begin{cases} 0 & (\alpha \leqslant \alpha_{cr}) \\ \dfrac{D_t - d}{2}(\cot\alpha_{cr} - \cot\alpha) & (\alpha > \alpha_{cr}) \end{cases} \qquad (3-7)$$

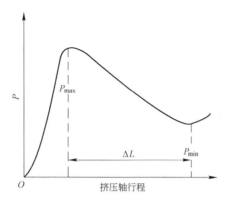

图 3-13　正挤压挤压力-行程曲线

式中，D_t 为挤压筒直径；L_t 为坯料填充后的长度；h_{s1} 为计算死区高度（图 3-14）；d 为产品的直径（模孔直径）；α 为实际模角；α_{cr} 为极大无死区模角，按图 2-14 确定，工程计算时，为方便起见，可近似取 $\alpha_{cr} = 65°$。

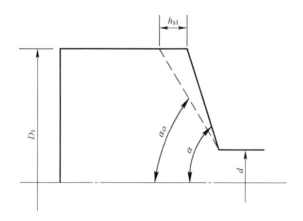

图 3-14　计算死区高度示意图

3.3.4　模子形状与结构尺寸的影响

模子形状与结构尺寸对挤压力的影响，主要包括模角、锥面形状、定径带长度等的影响。

3.3.4.1　模角的影响

模角对挤压力的影响，主要表现在变形区及变形区锥表面，而克服金属与筒壁间的摩擦力及定径带上的摩擦力所需的挤压力与模角无关。在一定的变形条件下，如图 3-15 所示，随着模角 α 的增大，变形区内变形所需的挤压

力分量 R_M 增加，这是由于金属流入和流出模孔时的附加弯曲变形增加之故；但用于克服模子锥面上摩擦阻力的分量 T_M 由于摩擦面积的减小而下降。以上两个方面因素综合作用的结果，使 $R_M + T_M$ 在某一模角 α_{opt} 下为最小，从而总的挤压力也在 α_{opt} 为最小，α_{opt} 称为最佳模角。

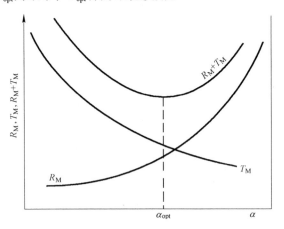

图 3-15　挤压力分量与模角关系示意图

过去一般认为，挤压最佳模角一般在 45°~60° 的范围内[2,11,13]。但近年来，对各种不同条件下所作的大量理论和实验研究证明[5,12,17,18]，挤压最佳模角随挤压条件不同而异，主要与挤压变形程度与外摩擦有关。对于无润滑热挤压的情况，理论分析表明，最佳模角与挤压变形程度（$\varepsilon_e = \ln\lambda$）之间具有如下关系[5]：

$$\alpha_{opt} = \arccos\frac{1}{1+\varepsilon_e} = \arccos\frac{1}{1+\ln\lambda} \tag{3-8}$$

用铅作变形材料所得到的最佳模角与挤压比关系的实验曲线[12] 如图 3-16

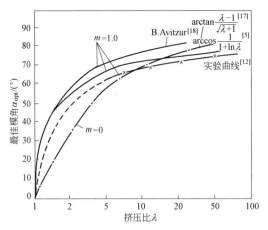

图 3-16　最佳模角与挤压比的关系

所示，图中同时给出了有关理论分析结果[5,17,18]。由图 3-16 可知，随着挤压比的增加，最佳模角 α_{opt} 的数值是增加的。

3.3.4.2 模面形状

关于模面形状对金属流动均匀性和挤压力的影响的研究表明[19,20]，采用合适的模面形状能大大改善金属流动的均匀性，降低挤压力。对于铝及铝合金、铜及铜合金的热挤压，大多数情况下为无润滑挤压，由于挤压操作上的原因，往往采用平模或角度较大的锥模挤压；而对于各种材料零部件的冷挤压、温挤压成形，以及钛及钛合金、钢铁材料的热挤压，采用合适形状的曲面模挤压，以改善金属的挤压性，降低挤压生产能耗，有其重要意义。但从总体上看，有关这方面的研究（包括模面形状的优化和挤压操作性的提高两个方面）目前还很不充分。

3.3.4.3 定径带长度的影响

随着定径带长度的增加，克服定径带摩擦阻力所需的挤压力增加。一般情况下，消耗在定径带上的挤压力分量为总挤压力的 5% ~10% 左右。

3.3.4.4 焊合腔深度的影响

采用分流模挤压管材或空心型材时，焊合腔深度对挤压力的大小具有显著影响。图 3-17 所示为采用分流模挤压管材时，焊合腔深度 h 对挤压力的影

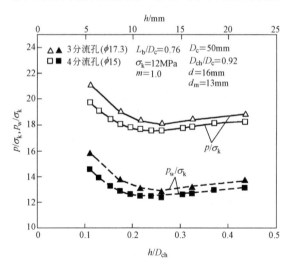

图 3-17 焊合腔深度 h 对挤压力的影响

p—垫片上的单位挤压力；p_w—使金属从焊合腔内焊合并挤出模孔所需施加在分流孔横断面的单位压力；D_c—挤压筒直径；D_{ch}—焊合腔直径；L_b—挤压筒内坯料长度；d—管材外径；d_m—管材内径；σ_k—流动应力；m—剪切摩擦因子

响[21]。当焊合腔深度较小时，随着焊合腔深度的增加，金属从分流孔流向模孔过程中的附加剪切变形减少，所需挤压力下降。但另一方面，焊合腔深度的增加，会导致流动金属与焊合腔内表面或死区表面之间的摩擦力增加。因此，当焊合腔深度增加到一定程度后，所需挤压力保持不变，然后缓慢增加。

焊合腔深度增加，焊合面上静水压力增加，有利于提高焊合质量；但焊合腔深度的增加，导致模芯长度的增加，挤压过程中模芯的附加偏移，弯曲变形量增加，容易导致管材和型材的偏心、壁厚超差等缺陷的产生[22]。

综合考虑上述因素，焊合腔深度按式(2-6)～式(2-8)确定。

3.3.4.5 其他因素的影响

挤压模的结构、模孔排列位置等对挤压力也有较大的影响。当挤压条件相同时，采用桥式模挤压空心材比采用分流模挤压的挤压力下降30%。采用多孔模挤压时，模孔的排列位置对挤压力也有一定影响。

3.3.5 产品断面形状的影响

在挤压变形条件一定的情况下，产品（型材）断面形状越复杂，所需的挤压力越大。产品断面的复杂程度可用系数 f_1、f_2 来表示。

$$f_1 = \frac{型材断面周长}{等断面圆周长} \tag{3-9}$$

$$f_2 = \frac{型材的外切圆面积}{型材断面积} \tag{3-10}$$

f_1、f_2 称为型材断面形状复杂系数。只有当 $f_1 > 1.5$ 时，产品断面形状对挤压力才有明显的影响。纯铝静液挤压试验结果表明，与等面积圆棒挤压时的情形相比，当 $f_1 = 1.17$ 时，挤压力上升3%；$f_1 = 1.52$ 时，挤压力上升12%；$f_1 = 1.76$ 时，挤压力上升33%；$f_1 = 4.22$ 时，挤压力上升61%[23]。即在 $f_1 = 1.5 \sim 2.0$ 的范围内，型材断面形状复杂系数对挤压力有较为显著的影响，随 f_1 的增加，所需挤压力迅速增加；低于此范围时，随 f_1 的变化，挤压力的变化不明显；高于此范围时，随 f_1 的增加，挤压力上升的速度变慢。此外，如以 $f_1 f_2$ 的大小来衡量，则当 $f_1 f_2 \leq 2.0$ 时，断面形状对挤压力的影响很小。例如，挤压正方形棒（$f_1 f_2 = 1.77$）和六角棒（$f_1 f_2 = 1.27$）所需的挤压力，与挤压等断面圆棒的挤压力几乎相等（参见3.4.1.4节）。

3.3.6 挤压方法

不同的挤压方法所需的挤压力不同。反挤压比相同条件下正挤压所需的挤压力低30%～40%以上，主要原因在于坯料与挤压筒壁之间摩擦的不同。侧向挤压比正挤压所需的挤压力大。此外，采用有效摩擦挤压、静液挤压、连续挤压比正挤压所需的挤压力要低得多，其原因是侧向挤压时变形区内附加剪切变形程度大。

3.3.7 挤压操作

除了上述影响挤压力的因素外，实际挤压生产中，还会因为工艺操作和生产技术等方面的原因而给挤压力的大小带来很大的影响。例如，由于加热温度不均匀，挤压速度太慢或挤压筒加热温度太低等因素，可导致挤压力在挤压过程中产生异常的变化。如图3-12中挤压速度为6mm/s和9mm/s时的情形一样，随着挤压过程的进行，所需的挤压力越来越高，有时甚至可能造成闷车事故。

3.4 挤压力计算

3.4.1 各种挤压力算式

3.4.1.1 经验算式

经验算式是根据大量实验结果建立起来的，其最大优点是算式结构简单，应用方便；其缺点是不能准确反映各挤压工艺参数对挤压力的影响，计算误差较大。在工艺设计中，经验算式可用来对挤压力进行初步估计。最典型的经验算式为：

$$p = a + b\ln\lambda \qquad (3\text{-}11)$$

式中，p 为单位挤压力；a、b 为与挤压条件有关的实验常数；λ 为挤压比。

由于式(3-11)中 a、b 的正确选定往往比较困难，推荐采用如下半经验算式进行估算：

$$p = ab\sigma_s\left(\ln\lambda + \mu\frac{4L_t}{D_t - d_z}\right) \qquad (3\text{-}12)$$

式中，σ_s 为变形温度下静态拉伸时的屈服应力，按表3-5～表3-10选取；μ 为摩擦系数，无润滑热挤压可取 $\mu = 0.5$，带润滑热挤压可取 $\mu = 0.2 \sim 0.25$，冷挤压可取 $\mu = 0.1 \sim 0.15$；D_t 为挤压筒直径；d_z 为穿孔针的直径，棒材或实心型材挤压时 $d_z = 0$；L_t 为坯料填充后的长度，作为近似估算，可用坯料的原始长度 L_0 计算；λ 为挤压比；a 为合金材质修正系数，可取 $a = 1.3 \sim 1.5$，其中硬合金取下限，软合金取上限。b 为产品断面形状修正系数，简单断面棒材或圆管挤压时，取 $b = 1.0$；对于断面形状较为复杂的异型材挤压，根据3.3.5节"产品断面形状的影响"中所述型材断面复杂程度系数 f_1（式3-9）的大小，参考后述表3-4中修正系数 k_f 的取值方法，取 $b = 1.1 \sim 1.6$。

除上述经验和半经验算式外，对于几种特殊类型的挤压，还有以下一些经验算式。

钢铁材料冷挤压：

$$p = aH^q(\ln\lambda)^n \tag{3-13}$$

式中，H 为维氏硬度（HV）或布氏硬度（HB）；a、q、n 为实验常数，由表 3-1 确定[24]。上式适用于坯料长径比为 1，采用磷化-皂化处理的润滑方式，平模挤压时的情形。坯料长径比不等于 1，润滑方式与模角大小不同于上述条件时，应进行适当修正。

表 3-1 式（3-13）的实验常数

常 数	圆棒挤压	管套轴反挤压
a	47	17. 66
q	0.75	0.91
n	0.8	0.73
常数的适用范围	$H = 80 \sim 240$ $\lambda = 1.1 \sim 6.5$	$H = 97 \sim 153$ $\lambda = 1.2 \sim 6.5$

冷静液挤压：

$$p = (a\mathrm{HV} + b)\ln\lambda \tag{3-14}$$

式中，实验常数如表 3-2 所示[25]。

表 3-2 式（3-14）的实验常数

挤压材料	a	b
铝合金	3. 94	92
铜合金	7. 50	100
钢铁材料	5. 65	21

虽然上式是冷静液挤压条件下的实验结果，而对于温静液挤压和热静液挤压的情形，由于外摩擦条件与冷静液挤压时相比变化不大，故只要知道相应温度下的硬度值，仍可采用上式近似计算单位挤压力。此外，对于包覆材料静液挤压的情形，只要按下式求出硬度值，同样可用式（3-14）计算单位挤压力，即：

$$\mathrm{HV} = f_b\mathrm{HV}_b + f_x\mathrm{HV}_x \tag{3-15}$$

式中，f_b、f_x 分别为包覆层和芯材的体积分数（或横断面面积分数）；HV_b、HV_x 分别为包覆层和芯材的硬度值。

3.4.1.2 圆棒挤压力的解析式

A 本书作者等人的初等解析式[5]

圆棒的挤压变形属于轴对称变形，进行理论推导时，采用球坐标系较为方便，如图 3-18 所示，其中纸平面内的坐标用 r、φ 表示，与纸面垂直的环向坐标用 θ 表示。为了便于建立解析算式，将变形区入口曲面和出口曲面近似取为两个同心球面。假设变形区内金属质点的流动遵从 B. Avitzur 连续速度场[26]：

$$V_r = -\left(\frac{r_2}{r}\right)^2 V_j\cos\varphi, \quad V_\varphi = V_\theta = 0 \tag{3-16}$$

在变形区入口球面上，$r = r_2$ 则有

$$V_{rc} = V_{r_2} = -V_j\cos\varphi \tag{3-17}$$

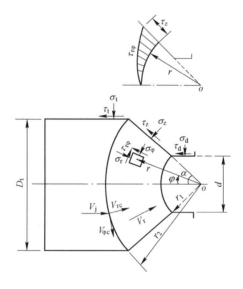

图 3-18 圆棒挤压时的应力应变状态

由图 3-18 可知，变形区入口球面为速度不连续面，由几何关系可得其上的切向速度分量为：

$$V_{\varphi c} = V_j\sin\varphi \tag{3-18}$$

球坐标系下轴对称问题（各应力分量与 θ 无关，且 $\tau_{\theta r} = \tau_{\theta\varphi} = 0$）的微分平衡方程为[15]：

$$\left.\begin{array}{l}\dfrac{\partial\sigma_r}{\partial r} + \dfrac{1}{r}\cdot\dfrac{\partial\tau_{\varphi r}}{\partial\varphi} + \dfrac{1}{r}\big[2\sigma_r - (\sigma_\theta + \sigma_\varphi) + \tau_{\varphi r}\cot\varphi\big] = 0 \\[3mm] \dfrac{\partial\tau_{r\varphi}}{\partial r} + \dfrac{1}{r}\cdot\dfrac{\partial\sigma_\varphi}{\partial\varphi} + \dfrac{1}{r}\big[3\tau_{r\varphi} + (\sigma_\varphi - \sigma_\theta)\cot\varphi\big] = 0\end{array}\right\} \tag{3-19}$$

假设对于轴对称挤压变形问题，卡尔曼全塑性条件成立，即 $\sigma_\theta = \sigma_\varphi$，则式(3-19)的第一式成为：

$$\frac{\partial \sigma_r}{\partial r} + \frac{1}{r} \cdot \frac{\partial \tau_{\varphi r}}{\partial \varphi} + \frac{1}{r}[2(\sigma_r - \sigma_\varphi) + \tau_{\varphi r}\cot\varphi] = 0 \qquad (3-20)$$

同理，球坐标下轴对称变形问题的 Mises 屈服条件可以简化为：

$$(\sigma_r - \sigma_\varphi)^2 + 3\tau_{r\varphi}^2 = \sigma_k^2 \qquad (3-21)$$

式中，σ_k 为与挤压条件有关的金属变形抗力。

假设变形区锥表面上的摩擦应力均匀分布，与径向坐标无关：

$$\tau_z = m_z k = m_z \sigma_k / \sqrt{3} \qquad (3-22)$$

式中，$m_z(0 \leqslant m_z \leqslant 1.0)$ 为变形区模锥面或死区界面上的摩擦因子，无润滑热挤压或产生死区时，$m_z = 1.0$；带润滑热挤压无死区时，$m_z = 0.5$；冷挤压无死区时 $m_z = 0.2 \sim 0.3$。式(3-22)关于变形区锥表面上的摩擦应力均匀分布的假设对于无润滑热挤压，或者虽然是进行润滑的热挤压或冷挤压，因为模角较大而产生了死区的情形是正确的。因为在这些情况下，挤压模锥表面或死区界面上为粘着摩擦状态，摩擦应力在各点均达到极限状态（$\tau_z = k$，即 $m_z = 1.0$）。而对于变形锥表面上为非粘着摩擦状态（$m_z < 1.0$）的情形，这一假定有一定的近似性。

由图 3-3 ~ 图 3-5 可知，变形区内的切应力为非线性分布。由于 τ_z 与半径坐标 r 无关（见上式），为求解方便，假定变形区内的切应力分布可用如下正弦函数来近似：

$$\tau_{r\varphi} = \frac{\sin\varphi}{\sin\alpha}\tau_z = \frac{m_z \sigma_k}{\sqrt{3}\sin\alpha}\sin\varphi \qquad (3-23)$$

将式(3-21)、式(3-23)代入式(3-20)中，经整理可得：

$$\frac{\partial \sigma_r}{\partial r} + \frac{1}{r} \cdot \frac{2m_z \sigma_k}{\sqrt{3}\sin\alpha}\cos\varphi + \frac{1}{r}2\sigma_k\sqrt{1 - \left(\frac{\sin\varphi}{\sin\alpha}\right)^2} = 0 \qquad (3-24)$$

将式 (3-24) 在 $r_1 \rightarrow r_2$ 内积分，得变形区入口球面上的法向应力 σ_{rc} 为：

$$\sigma_{rc} = \sigma_f + \int_{r_1}^{r_2}\left\{ -\frac{1}{r}\frac{2m_z \sigma_k}{\sqrt{3}\sin\alpha}\cos\varphi - \frac{1}{r}2\sigma_k\sqrt{1 - \left(\frac{\sin\varphi}{\sin\alpha}\right)^2} \right\}\mathrm{d}r$$

$$= \sigma_f - \sigma_k\ln\frac{D_t^2}{d^2}\left[\sqrt{1 - \left(\frac{\sin\varphi}{\sin\alpha}\right)^2} + \frac{m_z}{\sqrt{3}\sin\alpha}\cos\varphi \right]$$

注意到 $\lambda = \dfrac{\pi D_t^2/4}{\pi d^2/4} = \dfrac{D_t^2}{d^2}$，记 $\varepsilon_e = \ln\lambda$，则有

$$\sigma_{\text{rc}} = -\sigma_{\text{k}}\varepsilon_{\text{e}}\left[\sqrt{1 - \left(\frac{\sin\varphi}{\sin\alpha}\right)^2} + \frac{m_{\text{z}}}{\sqrt{3}\sin\alpha}\cos\varphi\right] + \sigma_{\text{f}} \tag{3-25}$$

式中，σ_{f} 为附加在挤出产品上的轴向应力。附加轴向拉应力时，σ_{f} 为正，附加轴向压应力（附加反压力）时，σ_{f} 为负。对于无附加轴向应力的常规挤压，$\sigma_{\text{f}} = 0$，则：

$$\sigma_{\text{rc}} = -\sigma_{\text{k}}\varepsilon_{\text{e}}\left[\sqrt{1 - \left(\frac{\sin\varphi}{\sin\alpha}\right)^2} + \frac{m_{\text{z}}}{\sqrt{3}\sin\alpha}\cos\varphi\right] \tag{3-26}$$

式（3-26）代表了变形区入口球面上球半径方向的应力分布。入口球面上切向应力（$\tau_{\varphi\text{c}} = \tau_{r\varphi}$）分布与式（3-23）相同。因此，为了实现塑性变形而消耗在变形区内的功率可由变形区入口球面上的应力与速度分布，通过积分求得如下：

$$N_1 = V_{\text{j}}\frac{2\sigma_{\text{k}}F_{\text{t}}}{3\sqrt{3}\sin^3\alpha}\{\varepsilon_{\text{e}}[m_{\text{z}}(1 - \cos^3\alpha) + \sqrt{3}\sin^3\alpha] + (2 - 3\cos\alpha + \cos^3\alpha)\}$$

$$\tag{3-27}$$

式中，$F_{\text{t}} = \dfrac{\pi D_{\text{t}}^2}{4}$ 为挤压筒之横截面积；$\varepsilon_{\text{e}} = \ln\lambda$，$\lambda$ 为挤压比。

需要指出的是，从平衡的观点看，变形区入口球面上的应力是与包括挤压模模锥面或死区界面上的摩擦力在内的其他应力相平衡的，所以式（3-27）所表示的功率分量包含了模面上的摩擦功率消耗。

外加挤压力 P（按习惯用正值表示）除实现塑性变形做功之外，尚需克服挤压筒壁和模子定径带上的摩擦功率，这两部分的功率分别为：

$$N_2 = V_{\text{j}} \cdot \pi D_{\text{t}}L_{\text{t}} \cdot m_{\text{t}}k \tag{3-28}$$

$$N_3 = V_{\text{f}} \cdot \pi dl_{\text{d}} \cdot m_{\text{d}}k = \lambda V_{\text{j}} \cdot \pi dl_{\text{d}} \cdot m_{\text{d}}k \tag{3-29}$$

式中，L_{t} 为坯料与挤压筒壁之间产生相对滑动的最大长度，等于坯料填充后的长度减去死区高度，按式（3-30）计算；V_{j}、V_{f} 分别为挤压速度和产品流出速度；l_{d} 为定径带长度；$m_{\text{t}}k$、$m_{\text{d}}k$ 分别为挤压筒壁和模子定径带上的摩擦应力，无润滑热挤压时，$m_{\text{t}} = m_{\text{d}} = 1.0$，带润滑热挤压时，$m_{\text{t}} = 0.5$，$m_{\text{d}} = 1.0$，冷挤压可取 $m_{\text{t}} = m_{\text{d}} = 0.2 \sim 0.3$。

$$L_{\text{t}} = \frac{D_0^2}{D_{\text{t}}^2}L_0 - h_{\text{s1}} \tag{3-30}$$

式中，D_0、L_0 为坯料的原始直径与长度；h_{s1} 按式（3-7）计算。

外力（挤压力）P 的功率为：

$$N = PV_j \tag{3-31}$$

按功率平衡原理，有

$$N = N_1 + N_2 + N_3 \tag{3-32}$$

将式(3-27)、式(3-28)、式(3-29)、式(3-31)代入式(3-32)，经整理得最大单位挤压力 p（按习惯用正值表示）为：

$$p = \frac{2\sigma_k}{3\sqrt{3}\sin^3\alpha}\{[m_z(1 - \cos^3\alpha) + \sqrt{3}\sin^3\alpha]\varepsilon_e +$$

$$(2 - 3\cos\alpha + \cos^3\alpha)\} + \frac{4\sigma_k}{\sqrt{3}}\left(\frac{m_tL_t}{D_t} + \frac{m_dl_d}{d}\right) \tag{3-33}$$

单位挤压力系数 n_σ 为：

$$n_\sigma = \frac{p}{\sigma_s} = \frac{2}{3\sqrt{3}\sin^3\alpha}\{[m_z(1 - \cos^3\alpha) + \sqrt{3}\sin^3\alpha]\varepsilon_e +$$

$$(2 - 3\cos\alpha + \cos^3\alpha)\} + \frac{4}{\sqrt{3}}\left(\frac{m_tL_t}{D_t} + \frac{m_dl_d}{d}\right) \tag{3-34}$$

式（3-33）、式（3-34）是假设 $\sigma_f = 0$ 的结果。当 $\sigma_f \neq 0$（即前方带拉力或压力）时，按照上述推导步骤，不难得到相应于式（3-33）、式（3-34）的另外两个计算式：

$$p = \frac{2\sigma_k}{3\sqrt{3}\sin^3\alpha}\{[m_z(1 - \cos^3\alpha) + \sqrt{3}\sin^3\alpha]\varepsilon_e +$$

$$(2 - 3\cos\alpha + \cos^3\alpha)\} - \sigma_f + \frac{4\sigma_k}{\sqrt{3}}\left(\frac{m_tL_t}{D_t} + \frac{m_dl_d}{d}\right)$$

$$n_\sigma = \frac{2}{3\sqrt{3}\sin^3\alpha}\{[m_z(1 - \cos^3\alpha) + \sqrt{3}\sin^3\alpha]\varepsilon_e +$$

$$(2 - 3\cos\alpha + \cos^3\alpha)\} - \frac{\sigma_f}{\sigma_k} + \frac{4}{\sqrt{3}}\left(\frac{m_tL_t}{D_t} + \frac{m_dl_d}{d}\right)$$

以上两式中，仍按前述约定，对挤出产品附加拉应力时，σ_f 为正，附加压应力时，σ_f 为负。

以上各式中，α 为挤压模模角。当模角较大出现死区时，取 $\alpha = \alpha_{cr}$，α_{cr} 由图 2-14 确定，工程计算中，可近似取 $\alpha_{cr} = 65°$。求式（3-33）、式（3-34）中任一式对模角 α 的极小值，可得最佳模角 α_{opt} 的表达式，即式（3-8）。对于反挤压时的情形，以上各式中取 $m_t = 0$ 即可。

B 本书作者等人的粘塑性模式解[4]

金属材料与高分子材料的热挤压都表现出很大的粘塑性流动行为[8,27]，因而可以考虑采用粘塑性模型来描述材料在变形区内的流动。本书作者等人从球坐标系（见图 3-18）下粘性流体运动微分方程组的一般形式出发，结合轴对称挤压变形特点，导出了塑性变形区内各应力分量和静水压力的一般表达式，然后应用能量法，导出了圆棒热挤压力的粘塑性模式算式（导出原理与式（3-33）相同）。

变形区内应力分量为：

$$\left.\begin{array}{l}
\sigma_r = - \dfrac{k\cos\varphi}{\sqrt{1 + 11\cos^2\varphi}}\Big(14 + \dfrac{11\sin^2\varphi}{1 + 11\cos^2\varphi}\Big)\ln\dfrac{r}{r_1} + \sigma_f \\[4mm]
\sigma_\varphi = \sigma_\theta = - \dfrac{k\cos\varphi}{\sqrt{1 + 11\cos^2\varphi}}\Big[\Big(14 + \dfrac{11\sin^2\varphi}{1 + 11\cos^2\varphi}\Big)\ln\dfrac{r}{r_1} + 6\Big] + \sigma_f \\[4mm]
\tau_{r\varphi} = \dfrac{k\sin\varphi}{\sqrt{1 + 11\cos^2\varphi}} \qquad \tau_{\varphi\theta} = \tau_{\theta r} = 0 \\[4mm]
p_m = - \sigma_m = \dfrac{k\cos\varphi}{\sqrt{1 + 11\cos^2\varphi}}\Big[\Big(14 + \dfrac{11\sin^2\varphi}{1 + 11\cos^2\varphi}\Big)\ln\dfrac{r}{r_1} + 4\Big] - \sigma_f
\end{array}\right\} \quad (3\text{-}35)$$

式中，$k = \sigma_k/\sqrt{3}$。σ_f 为模孔出口处附加在挤出产品上的轴向应力。

在塑性力学上，由已知的应变分量计算应力分量时，只能确定与塑性变形有关的应力偏量，要获得应力全量，需借助其他方法来计算静水压力值。目前尚无公认的、可以准确计算静水压力的方法。因而上式中的静水压力 p_m 的计算式，为解决轴对称挤压变形静水压力的计算提供了一条途径，在塑性理论上具有一定的实用意义。

平均单位挤压力算式为：

$$p = \dfrac{k}{\sin^2\alpha}\Big\{\sqrt{3}\Big(\varepsilon_e - \dfrac{2}{11}\Big) + \dfrac{11\varepsilon_e + 46}{22\sqrt{11}}f(\alpha) -$$

$$\Big[12\varepsilon_e - \dfrac{24}{11} - (13\varepsilon_e - 2)g(\alpha)\Big]\Big\} + 4k\Big(\dfrac{m_t L_t}{D_t} + \dfrac{m_d l_d}{d}\Big) \quad (3\text{-}36)$$

其中

$$\left.\begin{array}{l}
f(\alpha) = \ln\dfrac{\sqrt{11} + \sqrt{12}}{\sqrt{11}\cos\alpha + \sqrt{1 + 11\cos^2\alpha}} \\[4mm]
g(\alpha) = \dfrac{\cos\alpha}{2\sqrt{1 + 11\cos^2\alpha}}
\end{array}\right\} \quad (3\text{-}37)$$

C　B. Avitzur 的上限算式[26]

B. Avitzur 采用球形向心连续速度场（式(3-16)），由上限定理导出的圆棒挤压力计算式如下：

$$p = \sigma_k \left\{ f(\alpha)\varepsilon_e + \frac{2}{\sqrt{3}} \left[\left(\frac{\alpha}{\sin^2\alpha} - \cot\alpha \right) + m\frac{\varepsilon_e}{2}\cot\alpha + m\left(\frac{L_t}{R_t} + \frac{l_d}{R_d} \right) \right] \right\}$$

(3-38)

或

$$n_\sigma = f(\alpha)\varepsilon_e + \frac{2}{\sqrt{3}} \left[\left(\frac{\alpha}{\sin^2\alpha} - \cot\alpha \right) + m\frac{\varepsilon_e}{2}\cot\alpha + m\left(\frac{L_t}{R_t} + \frac{L_d}{R_d} \right) \right]$$ (3-39)

式中，R_t、R_d 分别为挤压筒半径和模孔半径；α 为模角，当模角较大产生死区时，用 α_{cr} 代替 α 进行计算（图2-14）；$\varepsilon_e = \ln\lambda = \ln(R_t^2/R_d^2)$；$m$ 为摩擦因子（定义 $m = \tau/k$），$m = 0 \sim 1.0$，无摩擦时，$m = 0$，无润滑热挤压时，$m = 1.0$；$f(\alpha)$ 为下式所示的函数：

$$f(\alpha) = \frac{1}{\sin^2\alpha} \left(1 - \cos\alpha \sqrt{1 - \frac{11}{12}\sin^2\alpha} + \frac{1}{\sqrt{11 \times 12}} \ln \frac{1 + \sqrt{\frac{11}{12}}}{\sqrt{\frac{11}{12}}\cos\alpha + \sqrt{1 - \frac{11}{12}\sin^2\alpha}} \right)$$

(3-40)

为计算方便起见，给出 $f(\alpha)$ 的值如表3-3 所示。表中第一列代表 α 的十位数值，第一行代表 α 的个位数值。例如，$\alpha = 45°$时，由表中第6行与第7列交叉处确定为 $f(\alpha) = 1.0159$。

表3-3　$f(\alpha)$ 的值

	0	1	2	3	4	5	6	7	8	9
0	1.0000	1.0000	1.0000	1.0001	1.0001	1.0002	1.0002	1.0003	1.0004	1.0005
1	1.0006	1.0008	1.0009	1.0011	1.0013	1.0015	1.0017	1.0019	1.0021	1.0024
2	1.0026	1.0029	1.0032	1.0035	1.0039	1.0042	1.0046	1.0050	1.0054	1.0058
3	1.0063	1.0067	1.0072	1.0077	1.0083	1.0088	1.0094	1.0100	1.0106	1.0113
4	1.0120	1.0127	1.0135	1.0142	1.0151	1.0159	1.0168	1.0177	1.0187	1.0197
5	1.0209	1.0219	1.0230	1.0242	1.0255	1.0268	1.0281	1.0296	1.0311	1.0327
6	1.0343	1.0360	1.0378	1.0397	1.0417	1.0438	1.0461	1.0484	1.0508	1.0534
7	1.0561	1.0590	1.0620	1.0653	1.0687	1.0723	1.0761	1.0802	1.0845	1.0891
8	1.0940	1.0993	1.1049	1.1109	1.1173	1.1241	1.1315	1.1394	1.1478	1.1569
9	1.1666									

此外，国内过去曾普遍使用皮尔林算式来计算挤压力[28]，该算式是采用平均主应力法建立起来的，但在推导过程中的数学处理上存在明显的概念错误[29]，故这里不作推荐。

3.4.1.3　管材挤压力的解析算式

本书作者等人采用球形向心连续速度场，根据上限定律导出的管材挤压力计算式如下[30]。

假设管材挤压时的运动学许可速度场为：

$$V_r = - \frac{V_j F_p \cos\varphi}{\pi r(\sin\alpha - \sin\beta)[r(\sin\alpha + \sin\beta) + 2A]} \left.\begin{matrix} \\ \\ \end{matrix}\right\}$$
$$V_\theta = V_\varphi = 0 \qquad (3\text{-}41)$$

式中，$F_p = F_t - F_z$ 为空心垫片的面积；F_t 为挤压筒的断面积；F_z 为穿孔针在挤压筒内相应部位的断面积；其余符号的意义如图 3-19 所示。

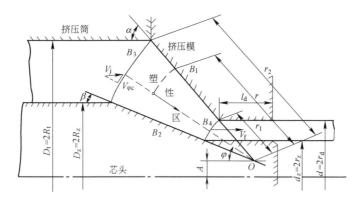

图 3-19　圆管挤压的运动学许可速度场

根据速度场式(3-41)，由上限定理导出的管材挤压力计算式为：

瓶式针挤压：

$$n_\sigma = \frac{p}{\sigma_k} = [1 + m\cot(\alpha - \beta)]\ln\lambda + \frac{m}{\sin(\alpha - \beta)}\ln\left(\frac{t_t^2}{\lambda t_d^2}\right) +$$
$$1 + \frac{2m_t L_t}{t_t} + \frac{2m_d l_d}{t_d} \qquad (3\text{-}42)$$

圆柱形针挤压：

$$n_\sigma = \frac{p}{\sigma_k} = (1 + m\cot\alpha)\ln\lambda + \frac{m}{\sin\alpha}\ln\left(\frac{t_t^2}{\lambda t_d^2}\right) - q\frac{2r_z}{\sin\alpha(R_t + r_d)} +$$
$$1 + \frac{2m_t L_t[R_t + r_z(1 - q)]}{R_t^2 - r_z^2} + \frac{2m_d l_d\left[r_d + r_z\left(1 - \frac{q}{\lambda}\right)\right]}{r_d^2 - r_z^2} \qquad (3\text{-}43)$$

式中，$t_t = R_t - R_z$ 为挤压筒内坯料壁厚（填充后）；$t_d = r_d - r_z$ 为挤压管材壁厚；m 为变形区内金属与模子锥面或穿孔针之间的摩擦因子；m_t 为挤压筒内金属与挤压筒壁及芯杆表面的摩擦因子；m_d 为模孔处金属与定径带及芯杆表面之间的摩擦因子；q 为穿孔针运动状态因子：

$$q = \frac{V_z}{V_j} \tag{3-44}$$

式中，V_z 为穿孔针运动速度，随动针挤压时，$V_z = V_j$，$q = 1$；固定针挤压时，$V_z = 0$，$q = 0$。

在式(3-42)和式(3-43)中，取 $\beta = 0$、$q = 0$，则两式具有相同的表达形式，均表示固定圆柱形针挤压。

在上述计算式的推导中，采用了接触表面摩擦应力均匀分布的假定。各种挤压条件下的摩擦因子可近似确定如下。

无润滑热挤压：

$$m = \frac{1}{\sqrt{3}}; \quad m_t = m_d = \frac{1}{\sqrt{3}} \tag{3-45}$$

润滑热挤压：

$$m = \frac{1}{\sqrt{3}}; \quad m_t = \frac{1}{2\sqrt{3}}; \quad m_d = \frac{1}{\sqrt{3}} \tag{3-46}$$

冷挤压：

$$m = m_d = m_t = 0.1 \sim 0.15 \tag{3-47}$$

3.4.1.4　型材挤压力

除开轴对称的棒材、管材外，一般断面型材挤压时的金属流动变形状态十分复杂，很难获得上述一类的解析算式。此时，要预测挤压力的大小，可以采用两种方法：一是数值模拟法，二是折算修正法。数值模拟法需要建立一个解析模型，借助计算机获得数值结果[21]。所谓折算修正法，就是将型材挤压视为等断面积圆棒或圆管的挤压，根据型材断面复杂程度，对相应的圆棒或圆管挤压力计算式进行适当修正。

　　A　实心型材挤压力计算

以对式（3-33）进行修正，将其用于实心型材挤压力的计算为例，折算修正的具体方法如下：

（1）求出型材断面积 S_e 和型材周长 l_s；

（2）求出等断面圆的直径和周长 l_c；

（3）由式（3-9）算出型材断面复杂程度系数 f_1：

$$f_1 = \frac{l_s}{l_c} = 0.2821\frac{l_s}{\sqrt{S_e}} \tag{3-48}$$

（4）按表 3-4 确定修正系数 k_f[❶]；

表 3-4 型材挤压力计算时的修正系数

型材断面复杂程度系数，f_1	≤1.1	1.2	1.5	1.6	1.7	1.8	1.9	2.0	2.25	2.5	2.75	≥4.0
修正系数，k_f	1.0	1.05	1.1	1.17	1.27	1.35	1.4	1.45	1.5	1.53	1.55	1.6

（5）将式（3-33）修正如下：

$$p = k_f\frac{2\sigma_k}{3\sqrt{3}\sin^3\alpha}\{[m_z(1-\cos^3\alpha)+\sqrt{3}\sin^3\alpha]\varepsilon_e + 2 -$$

$$3\cos\alpha + \cos^3\alpha\} + \frac{4m_tkL_t}{D_t} + \frac{m_dkl_dl_s}{S_e} \tag{3-49}$$

式中，$k = \sigma_k/\sqrt{3}$。式（3-49）可用于实心型材挤压力的近似计算。平模挤压时，可取 $\alpha = 65°$ 进行计算。对于多孔模挤压的情形，以上各式中的 S_e 和 l_s 应分别为单根型材的断面积与周长乘以模孔数后的值。其余各符号的意义与式（3-33）相同（见图 3-18）。

B 空心型材挤压力计算

当采用穿孔针法挤压空心型材时，可以按照上述实心型材挤压力计算的步骤对式（3-42）、式（3-43）进行修正。其中等断面积圆管的内外径确定原则为：使圆管的内孔面积与断面积分别与型材空心部分面积 S_h 和断面积 S_e 相等[31]。于是，空心型材的断面形状复杂系数的计算式为：

$$f_1 = 0.2821\frac{l_s}{\sqrt{S_h}+\sqrt{S_h+S_e}} \tag{3-50}$$

由表 3-4 确定修正系数 k_f，然后将式（3-42）、式（3-43）分别修正如下。

瓶式针挤压：

$$n_\sigma = \frac{p}{\sigma_k} = k_f\left\{[1+m\cot(\alpha-\beta)]\ln\lambda + \frac{m}{\sin(\alpha-\beta)}\ln\left(\frac{t_t^2}{\lambda t_d^2}\right)+1\right\} +$$

$$\frac{2m_tL_t}{t_t} + \frac{m_dl_sl_d}{S_e} \tag{3-51}$$

---

❶表 3-4 中各修正系数的值是作者参考山口、松下等人的研究结果[23]而拟定的。表中未列出的数值点，可以采用算术插值法确定。

圆柱形针挤压：

$$n_\sigma = \frac{p}{\sigma_k} = k_f \left\{ (1 + m\cot\alpha)\ln\lambda + \frac{m}{\sin\alpha}\ln\left(\frac{t_t^2}{\lambda t_d^2}\right) - q\frac{2r_z}{\sin\alpha(R_t + r_d)} + 1 \right\} +$$

$$\frac{2m_t L_t \left[R_t + r_z(1 - q) \right]}{R_t^2 - r_z^2} + \frac{m_d l_d \left[l_{so} + l_{si}\left(1 - \frac{q}{\lambda}\right) \right]}{S_e} \tag{3-52}$$

式中，l_{so} 为型材的外周长，l_{si} 为型材空心部分的内周长，$l_s = l_{so} + l_{si}$。对于采用不等长定径带模孔的情形，近似地取平均定径带长作为 l_d 进行计算。对于多孔模挤压的情形，以上各式中的 S_e 和 l_s、l_{so}、l_{si} 应分别为单根型材的断面积与周长乘以模孔数后的值。当针尖为异型时，上式中的 r_z 用针杆部的半径进行计算。式中其余符号的意义与式(3-42)、式(3-43)相同(见图3-19)。

3.4.1.5　分流模挤压时的挤压力

采用分流模挤压空心型材，其变形过程可认为是分两个阶段来进行的[21,32]。第一阶段，金属由挤压筒内流入分流孔的过程，等同于多孔模挤压的情形，此时所需的挤压力 P_1 可按以上介绍的实心型材挤压的情形来计算；第二个阶段，金属由焊合腔进入模孔挤出成为产品的过程，此时所需的挤压力 P_2 可按管材挤压或空心型材挤压的情形来计算。其中在 P_2 的计算中，应取挤压筒内摩擦阻力项为 0。则分流模挤压的总的挤压力为：

$$P = P_1 + \lambda_k P_2 \tag{3-53}$$

式中，λ_k 称为分流比，定义为：

$$\lambda_k = \frac{F_t}{nF_k} \tag{3-54}$$

式中，n 为分流孔的个数；F_k 为单个分流孔的截面积。当各分流孔面积不相等时，用总分流孔面积 ΣF_{ki} 代替 nF_k 项即可。

3.4.2　挤压力算式中金属变形抗力的确定

前已述及，影响金属变形抗力的主要因素是变形温度和变形速度。关于温度对变形抗力的影响，实验资料比较齐全[13,14,33]，但有关变形速度对变形抗力的影响，实验资料尚比较缺少(见图3-10)。目前，实际应用中常采用应变速度系数修正法(式3-4)来近似确定金属变形抗力。其中 σ_s 按表3-5～表3-10确定，应变速度系数 C_v 按下述方法确定。

表 3-5 铝及铝合金的 σ_s [14,34] （MPa）

合金牌号	变形温度/℃						
	200	250	300	350	400	450	500
铝	57.8	36.3	27.4	21.6	12.3	7.8	5.9
LF2(5A02)			63.7	53.9	44.1	29.4	9.8
LF5(5A05)			73.5	56.8	36.3	19.6	
LF7			78.4	58.8	39.2	31.4	22.5
LF21(3A21)	52.9	47.0	41.2	35.3	31.4	23.5	20.6
LD2(6A02)	70.6	51.0	38.2	32.4	28.4	15.7	
LD5(2A50)			55.9	39.2	31.4	24.5	
LD31(6063)			39.2	24.5	16.7	14.7	
LY11(2A11)			53.9	44.1	34.3	29.4	24.5
LY12(2A12)			68.6	49.0	39.2	34.3	27.4
LC4(7A04)			88.2	68.6	53.9	39.2	34.3

表 3-6 镁及镁合金的 σ_s [14,34] （MPa）

合金牌号	变形温度/℃					
	200	250	300	350	400	450
镁	117.6	58.8	39.2	24.5	19.6	12.3
MB1			39.2	33.3	29.4	24.5
MB2，MB8	117.6	88.2	68.6	39.2	34.3	29.4
MB5	98.0	78.4	58.8	49.0	39.2	29.4
MB7			51.0	44.1	39.2	34.3
MB15	107.8	68.6	49.0	34.3	24.5	19.6

表 3-7 铜及铜合金的 σ_s [13,34] （MPa）

合金牌号	变形温度/℃								
	500	550	600	650	700	750	800	850	900
铜	58.8	53.9	49.0	43.1	37.2	31.4	25.5	19.6	17.6
H96			107.8	81.3	63.7	49.0	36.3	25.5	18.1
H80	49.0	36.3	25.5	22.5	19.6	17.2	12.3	9.8	8.3
H68	53.9	49.0	44.1	39.2	34.3	29.4	24.5	19.6	
H62	78.4	58.8	34.3	29.4	26.5	23.5	19.6	14.7	
HPb59-1			19.6	16.7	14.7	12.7	10.8	8.8	
HAl77-2	127.4	112.7	98.0	78.4	53.9	49.0	19.6		

续表 3-7

合金牌号	变形温度/℃								
	500	550	600	650	700	750	800	850	900
HSn70-1	80.4	49.0	29.4	17.6	7.8	4.9	2.9		
HFe59-1-1	58.8	27.4	21.6	17.6	11.8	7.8	3.9		
HNi65-5	156.8	117.6	88.2	78.4	49.0	29.4	19.6		
QAl9-2	173.5	137.2	88.2	38.2	13.7	10.8	8.2	3.9	
QAl9-4	323.4	225.4	176.4	127.4	78.4	49.0	23.5		
QAl10-3-1.5	215.6	156.8	117.6	68.6	49.0	29.4	14.7	11.8	7.8
QAl10-4-4	274.4	196.0	156.8	117.6	78.4	49.0	24.4	19.6	14.7
QBe2					98.0	58.8	39.2	34.3	
QSi1-3	303.8	245.0	196.0	147.0	117.6	78.4	49.0	24.5	11.8
QSi3-1			117.6	98.0	73.5	49.0	34.3	19.6	14.7
QSn4-0.3			147.0	127.4	107.8	88.2	68.6		
QSn4-3			121.5	92.1	62.7	52.9	46.1	31.4	
QSn6.5-0.4			196.0	176.4	156.8	137.2	117.6	35.3	
QCr0.5	245	176.4	156.8	137.2	117.6	68.6	58.8	39.2	19.6

表 3-8　白铜、镍及镍合金的 σ_s [13,34]　　　　　　　　　（MPa）

合金牌号	变形温度/℃								
	750	800	850	900	950	1000	1050	1100	1150
B5	53.9	44.1	34.3	24.5	19.6	14.7			
B20	101.9	78.9	57.8	41.7	27.4	16.7			
B30	58.8	54.9	50.0	42.7	36.3				
BZn15-20	53.4	40.7	32.8	27.4	22.5	15.7			
BFe5-1	73.5	49.0	34.3	24.5	19.6	14.7			
BFe30-1-1	78.4	58.8	47.0	36.3					
镍		110.7	93.1	74.5	63.7	52.9	45.1	37.2	
NMn2-2-1		186.2	147.0	98.0	78.4	58.8	49.0	39.2	29.4
NMn5	156.8	137.2	107.8	88.2	58.8	49.0	39.2	29.4	
NCu28-2.5-1.5		142.1	119.6	99.0	80.4	61.7	50.0	39.2	

表3-9 锌、锡、铅的 σ_s [13,34]　　　　　　　　（MPa）

合金牌号	变形温度/℃							
	50	100	150	200	250	300	350	400
锌		76.4	51.9	35.3	23.5	13.7	11.8	8.8
锡	31.4	19.1	11.3	2.9				
铅	12.7	7.8	7.4	4.9				

表3-10 钛及钛合金的 σ_s [33,34]　　　　　　　（MPa）

合金牌号	变形温度/℃							
	600	700	750	800	850	900	1000	1100
TA2、TA3	254.8	117.6	49.0	29.4	29.4	24.5	19.6	
TA6	421.4	245	156.8	132.3	107.8	68.6	35.3	16.7
TA7		303.8	163.7		122.5			
TC4		343	205.8		63.7			
TC5		215.6	73.5		68.6		24.5	19.6
TC6		225.4	98.0		73.5		24.5	19.6
TC7		274.4	98.0		89.0		29.4	19.6
TC8		499.8	230.3		96.0			

按照塑性理论，挤压时的平均真实延伸应变为：

$$\varepsilon_e = \ln\lambda \tag{3-55}$$

式中，λ 为挤压比。则平均应变速度为

$$\dot{\varepsilon} = \frac{\varepsilon_e}{t_s} \tag{3-56}$$

式中，t_s 为金属质点在变形区内停留的时间，即：

$$t_s = \frac{B_M}{B_s} \tag{3-57}$$

式中，B_M 为塑性变形区的体积；B_s 为挤压变形中金属秒流量，即：

$$B_s = V_j F_p = V_f F_f \tag{3-58}$$

式中，V_j 为挤压轴运动速度；V_f 为产品流出速度，$V_f = \lambda V_j$；F_p 为垫片面积，不带穿孔针挤压时，$F_p = F_t$，带穿孔针挤压时，$F_p = F_t - F_z$（F_t、F_z 分别为挤压筒和穿孔针断面积）；F_f 为产品断面积。

对于用单孔模挤压圆棒：

$$B_M = \frac{\pi(1 - \cos\alpha)}{12\sin^3\alpha}(D_t^3 - d^3) \tag{3-59}$$

$$t_s = \frac{(1-\cos\alpha)(D_t^3 - d^3)}{3\sin^3\alpha d^2 V_f} = \frac{(1-\cos\alpha)(D_t^3 - d^3)}{3\sin^3\alpha D_t^2 V_j} \qquad (3\text{-}60)$$

对于用穿孔针挤压管材:

$$B_M = 0.4\left[(D_t^2 - 0.75d_z^2)^{3/2} - 0.5(D_t^3 - 0.75d_z^3)\right] \qquad (3\text{-}61)$$

$$t_s = \frac{0.4\left[(D_t^2 - 0.75d_z^2)^{3/2} - 0.5(D_t^3 - 0.75d_z^3)\right]}{F_f V_f} \qquad (3\text{-}62)$$

对于多孔模挤压棒材,可采用折算直径法,利用上述算式作近似计算。

当平均应变速度 $\dot{\varepsilon}$ 确定后,对铝、铜及其合金可由图 3-11 确定相应挤压条件的应变速度系数 C_v。

【例】　在 15MN 的挤压机上用 $\phi150$mm 的挤压筒挤压 $\phi28$mm 的 T2 棒材,坯料尺寸为 $\phi145$mm × 350mm,挤压温度为 750℃,挤压速度 $V_j = 150$mm/s,模角 $\alpha = 90°$,定径带长 $l_d = 10$mm,求最大挤压力。

采用式 (3-34) 计算。先确定变形程度参数:

$$\lambda = \frac{150^2}{28^2} = 28.7$$

$$\varepsilon_e = \ln\lambda = 3.357$$

取摩擦因子 $m_z = m_t = m_d = 1.0$。平模挤压会产生死区,此时式 (3-34) 中的 α 应采用 α_{cr} 计算。根据图 2-14 得 $\lambda = 28.7$,$m = 1.0$ 时,$\alpha_{cr} = 75°$。

坯料填充后的长度和死区高度为:

$$L = \frac{D_0^2}{D_t^2}L_0 = \frac{145^2}{150^2} \times 350 = 327\,(\text{mm})$$

$$h_{sl} = \frac{D_t - d}{2}(\cot\alpha_{cr} - \cot\alpha) = \frac{150-28}{2}(\cot75° - \cot90°) = 16\,(\text{mm})$$

所以

$$L_t = 327 - 16 = 311\,(\text{mm})$$

于是,由式 (3-34) 得挤压应力状态系数为:

$$n_\sigma = \frac{2}{3\sqrt{3}\sin^3 75°}\left[2 + 3.357 - 3\cos75° + \sqrt{3}\times3.357\sin^3 75° + \right.$$

$$\left.(1 - 3.357)\cos^3 75°\right] + \frac{4}{\sqrt{3}}\left(\frac{1.0\times311}{150} + \frac{1.0\times10}{28}\right)$$

$$= 9.787$$

金属在变形区内停留时间 t_s 根据式 (3-60) 确定为:

$$t_\text{s} = \frac{(1-\cos75°)(150^3 - 28^3)}{3\sin^375° \times 150^2 \times 150} = 0.274(\text{s})$$

所以，平均应变速度为：

$$\dot{\varepsilon} = \frac{\varepsilon_\text{e}}{t_\text{s}} = \frac{3.357}{0.274} = 12.25(\text{s}^{-1})$$

由表 3-7 查得 $\sigma_\text{s} = 31.4\text{MPa}$；由图 3-11 查得 $C_\text{v} \approx 2.0$，则

$$\sigma_\text{k} = C_\text{v}\sigma_\text{s} = 31.4 \times 2 = 62.8(\text{MPa})$$

挤压力为：

$$P = n_\sigma\sigma_\text{k}F_\text{t} = 9.787 \times 62.8 \times \frac{\pi}{4} \times 150^2 = 10.86(\text{MN})$$

实测挤压力为 10.06MN，相对误差：

$$\frac{10.86 - 10.06}{10.06} \times 100\% = 8\%$$

3.5 穿孔力计算

采用实心坯料穿孔法挤压管材时，通常是在填充挤压后再开始穿孔。穿孔时金属的流动规律如图 3-20 所示。在穿孔开始阶段，金属向后流动，因为此时向后流动的阻力较小。因此，为了减小穿孔负荷，延长穿孔针的寿命，填充挤压后，应使挤压轴稍向后移动，以减少金属向后流动的阻力。随着穿孔深度的增加，穿孔所需的力迅速增大，如图 3-21 所示。这是因为随着穿孔深度的增加，金属向后流动的阻力增大，同时穿孔针侧表面所受的摩擦阻力

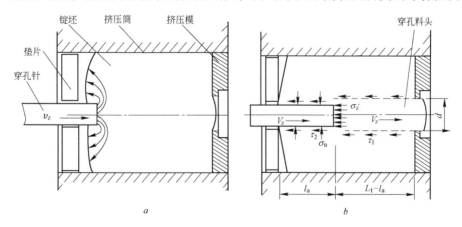

图 3-20 穿孔过程中金属流动和穿孔针受力情况

a—穿孔开始阶段金属流动；b—穿孔力达到最大时金属流动与穿孔针受力情况

也增大的缘故。当穿孔深度 l_z 达到一定值（l_a）时，作用在针前端面上的力足以使针前面的一个金属圆柱体与坯料之间产生完全剪断而作刚体运动。这个圆柱体即穿孔料头，此时的穿孔力达到最大。

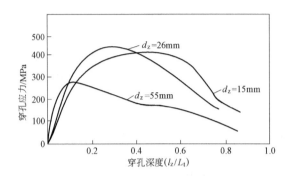

图 3-21   穿孔过程中穿孔应力的变化

由图 3-21 可知，穿孔力达到最大时的穿孔深度 l_a 因穿孔针直径不同（设挤压筒直径一定）而异，针径 d_z 越小，其最大穿孔力向穿孔深度大的方向移动。这是因为：当 $d_z/D_t \rightarrow 1$ 时，穿孔过程类似于挤压过程，最大穿孔力发生在穿孔深度 $l_z = 0$ 的时候；而当 $d_z/D_t \rightarrow 0$ 时，作用在针上的力主要是针侧表面上的摩擦阻力，因而 l_z 越大，所需穿孔力越大。实际应用时，穿孔力达到最大时的穿孔深度 l_a 可由图 3-22 确定。

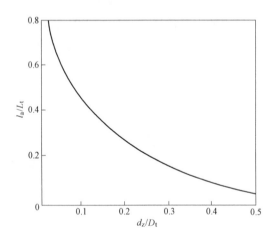

图 3-22   最大穿孔力时的穿孔深度与针尖直径的关系

当穿孔力达到最大时的穿孔深度 l_a 确定后，即可用如下方法确定最大穿孔力 P_z。

如图 3-20b 所示，作用在穿孔针上的力由两部分组成：作用在针前端面上的正压力和作用在针侧表面的摩擦力。作用在针前端面上的总压力为：

$$P_{z1} = \frac{\pi}{4} d_z^2 \sigma_z' \tag{3-63}$$

P_{z1} 应与作用在穿孔料头侧表面上的剪切合力相等，即：

$$P_{z1} = \pi d (L_t - l_a) \tau_1 \tag{3-64}$$

而穿孔针侧表面的摩擦力：

$$P_{z2} = \pi d_z l_a \tau_2 \tag{3-65}$$

则最大穿孔力：

$$P_z = P_{z1} + P_{z2} = \pi d (L_t - l_a) \tau_1 + \pi d_z l_a \tau_2 \tag{3-66}$$

由于穿孔过程受力比较复杂，正确地决定 τ_1 和 τ_2 比较困难，为简单起见，取 τ_1 和 τ_2 的极值。

$$\tau_1 = \tau_2 = \frac{\sigma_s}{2} \tag{3-67}$$

于是，式（3-66）成为：

$$P_z = \frac{\pi d_z}{2} \sigma_s \left[(L_t - l_a) \frac{d}{d_z} + l_a \right] \tag{3-68}$$

穿孔针后端断面上的穿孔应力为：

$$\sigma_z = \frac{2}{d_z} \sigma_s \left[(L_t - l_a) \frac{d}{d_z} + l_a \right] \tag{3-69}$$

式中，σ_s 为穿孔温度下金属静态拉伸的变形抗力，按表 3-5 ~ 表 3-10 确定；d 为管材外径；d_z 为穿孔针直径，亦即管材内径；L_t 为坯料填充后的长度；l_a 为穿孔力达到最大时的穿孔深度，按图 3-22 确定。

实际穿孔时，由于要对穿孔针进行冷却、润滑，使穿孔针和坯料之间温度相差很大，金属受到冷却而变形抗力升高。为此，可在式（3-69）中考虑一个温度修正系数 Z，即：

$$P_z = Z \frac{\pi d_z}{2} \sigma_s \left[(L_t - l_a) \frac{d}{d_z} + l_a \right] \tag{3-70}$$

$$\sigma_z = Z \frac{2}{d_z} \sigma_s \left[(L_t - l_a) \frac{d}{d_z} + l_a \right] \tag{3-71}$$

而

$$Z = 1 + \frac{39.12 \times 10^{-7} \lambda' \Delta T t}{D_t \left(1 - \dfrac{d_z}{D_t} \right)} \tag{3-72}$$

式中，ΔT 为穿孔针与坯料的温差，℃；t 为由填充开始到穿孔终了的时间，s；λ' 为金属的热导率，可按表 3-11 选取。

表 3-11　金属的热导率 λ'　　　　　　　　（J/(s·m·℃)）

合金牌号	变形温度/℃								
	300	400	500	600	700	800	900	1000	1100
紫　铜					20.1	19.8	19.4	19.1	
H90			10.3	11.2	12.0	12.9	13.9		
H68			6.7	6.9	6.9	7.2	7.4		
H62			7.9	8.6	9.3	10.0	11.0		
H59			10.5	11.5	12.4	13.2	14.1		
镍						2.9	2.9	2.9	2.6
铝	15.6	18.2	21.3	24.2					
钢						1.2	1.0	0.7	0.2

参 考 文 献

[1] 曹起骧，肖颖，叶绍英，等. 模具技术[J]，1986，(3)：14.

[2] 田中浩. 非铁金属の塑性加工[M]. 东京：日刊工业新闻社，1970.

[3] 谢建新，曹乃光. 中南矿冶学院学报[J]，1986，17(5)：53~61.

[4] 谢建新，曹乃光. 中南矿冶学院学报[J]，1988，19(1)：51~59.

[5] 曹乃光，谢建新. 金属科学与工艺[J]，1988，7(2)：78~85.

[6] Tomsen E G, Yang C T, Kobayashi S K. Mechanics of Plastic Deformation in Metal Forming [M]. New York：McMillan，1965.

[7] 堀茂德，时沢贡，室洽和雄. （日）轻金属[J]，1971，21(8)：520.

[8] Π B 普罗佐罗夫. 钢的挤压[M]. 韩风等译. 北京：机械工业出版社，1966.

[9] 竹内宽司ほか. （日）轻金属[J]，1965，15(6)：10.

[10] 竹内宽司，小林启行. （日）轻金属[J]，1971，21(10)：628.

[11] Laue K, Stenger H. Extrusion [M]. ohio：American Society for Metals，1981.

[12] 曹乃光，谢建新，周宇民. 圆棒挤压变形力的实验研究. 铜加工[J]，1985，(3)：110~115.

[13] 《重有色金属材料加工手册》编写组. 重有色金属材料加工手册(第4分册)[M]. 北京：冶金工业出版社，1980.

[14] 《轻金属材料加工手册》编写组. 轻金属材料加工手册(下册)[M]. 北京：冶金工业出版社，1980.

[15] 曹乃光. 金属塑性加工原理[M]. 北京：冶金工业出版社，1983.

[16] 铃木弘. （日）塑性加工[M]. 东京：裳华房，1980.

[17] 洪深泽. 合肥工业大学学报[J]，1982，(2)：96.

[18] Avitzur B. Wire Industry [J], 1982, (6,7,8): 449, 503, 613.

[19] 大西哲雄, 志村宗昭, 田中英八郎. 塑性と加工[J], 1982, 23(260): 870.

[20] 高桥裕男, 村上紃, 成田亮一. 塑性と加工[J], 1984, 25(285): 921.

[21] Xie J X (谢建新), Ikeda K, Murakami T. J. Mater. Proc. Tech. [J], 1995, 49(3-4): 371~385.

[22] 黄东男, 张志豪, 李静媛, 谢建新. 焊合室深度及焊合角对方形管分流模挤压成形质量的影响[J]. 中国有色金属学报, 2010, 20(5): 954~960.

[23] 山口喜弘, 松下富春, 野口昌孝, 藤田达. 昭和47年塑性加工春季讲演会论文集[C]. 1972, 69.

[24] 日本塑性加工学会锻造分科会. 塑性と加工[J], 1971, 12(122): 206.

[25] 日本塑性加工学会. 押出し加工[M]. 东京: コロナ社, 1992.

[26] Avitzur B. Handbook of Metal-forming Processes [M]. New York: John Wiley & Sons, 1983.

[27] A N 阿尔巴什尼可夫, 等. 金属材料的热液体挤压[M]. 薛永春, 周光垵译. 北京: 国防工业出版社, 1984.

[28] 马怀宪. 金属塑性加工学(挤压、拉拔与管材冷轧)[M]. 北京: 冶金工业出版社, 1991.

[29] 陈家民. 铜加工[J], 1983, (4): 123.

[30] 彭大署, 谢建新. 中南矿冶学院学报[J], 1987, 18(1): 45~52.

[31] 李静媛, 谢建新. 铝加工[J], 1998, 21(6): 21~25.

[32] Xie J X (谢建新), Murakami T, Ikeda K, Takahashi H. J. Mater. Proc. Tech. [J], 1995, 49(1-2): 1~11.

[33] 《稀有金属材料加工手册》编写组. 稀有金属材料加工手册[M]. 北京: 冶金工业出版社, 1984.

[34] 中南矿冶学院压加教研室. 有色金属及合金管棒型材生产[M]. 长沙: 中南矿冶学院, 1976.

4 金属正挤压

4.1 正挤压方法及其工作原理

如前所述，金属挤压的基本方法是正挤压法和反挤压法，以及由此延伸的正反联合挤压法。本节主要概述工业生产上大规模应用的、按设备类型、挤压工艺特点与产品品种不同分类的正挤压法及其工作原理[1~3]。

4.1.1 棒型材挤压

棒型材挤压通常在卧式型棒挤压机上进行。工模具的装配结构主要是利用模具后端面的销子将挤压模与模垫固定在一起，然后装入模支承。当采用带压型嘴的挤压机时(图 4-1、图 4-2)，将安放了模子和模垫的模支承以及前环、中环和后环等装入压型嘴中，并用锁键将它们固定。当采用不带压型嘴的挤压机时(图 4-3)，将组装好的模具安放在专用模套（模支承）内，然后把模套安放在横向移动或旋转式模架的马蹄槽中。

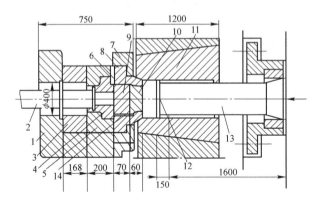

图 4-1　50MN 卧式挤压机工具装配图（带压型嘴结构）

1—压型嘴(模座)；2—导路；3—后环；4—中环；5—前环；6—销；7—压紧环；8—模支承；
9—模垫；10—挤压模；11—挤压筒内套；12—挤压垫片；13—挤压轴；14—键

挤压模、模套（模支承）和压型嘴或马蹄槽之间，一般用键和销子连接。导向装置的内腔形状与所导向的产品形状相似，而断面尺寸较产品尺寸均匀

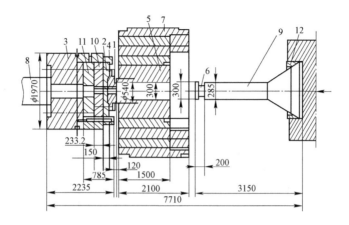

图 4-2 200MN 挤压机挤压壁板工具装配图
1—挤压模；2—垫板；3—压型嘴；4—压型嘴盖板；5—挤压筒内套；6—挤压垫片；
7—扁挤压筒；8—导路；9—扁挤压轴；10—中环；11—后环；12—挤压轴中心压套

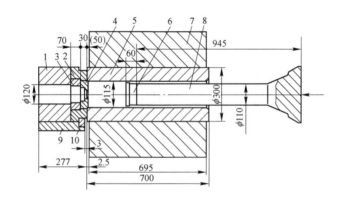

图 4-3 12.5MN 卧式挤压机工具装配图（不带压型嘴结构）
1—后环；2—模支承；3—模垫；4—挤压模；5—内套；6—挤压垫片；
7—外套；8—挤压轴；9—模架；10—挡环

放大 8~10mm，便于产品顺利通过又不致产生扭转和纵向弯曲。导向装置安装在压型嘴或前梁的出口孔道内，一端紧靠模子的垫环，并用压紧装置将其固定在挤压机前梁的出料槽上。

4.1.2 管材挤压

4.1.2.1 卧式管型挤压机上挤压管材

在带独立穿孔装置的卧式挤压机上正挤压管材和其他空心产品的工具装

配结构如图 4-4 和图 4-5 所示。其中图 4-4 为挤压各种管材时的情况，图 4-5 为挤压大型带筋管的情况。穿孔系统紧固在穿孔柱塞上，分多节通过螺纹或其他方式连接起来。最前端一节称为针尖或针前端，是决定产品内孔形状和尺寸的工具。穿孔系统安装在挤压机的中心线上，可以在空心挤压轴中来回移动，以实现随动针或固定针挤压。

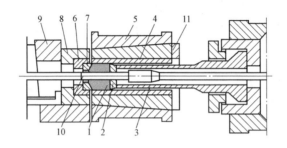

图 4-4　正挤压管材工具装配结构图

1—坯料；2—挤压垫片；3—空心轴；4—内套；5—外套；6—模支承；
7—模子；8—压型嘴；9—楔形锁键；10—穿孔针；11—压环

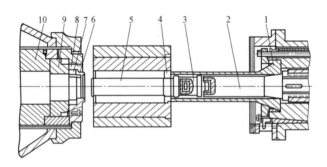

图 4-5　200MN 挤压机正挤带筋管工具装配图

1—空心轴；2—针支承；3—穿孔针联结器；4—挤压垫片；5—穿孔针；
6—挤压模；7—模垫；8—模支承；9—压型嘴垫块；10—压型嘴

4.1.2.2　立式挤压机上挤压管材

图 4-6*a* 为带独立穿孔装置的工具结构示意图，穿孔系统固定在主柱塞上，可以独立运动，也可以随动；图 4-6*b* 为无独立穿孔系统的工具装配结构，穿孔针只能与挤压轴随动。立式挤压机的吨位比较小，一般用来挤压小直径管材或管坯。

4.1.3　空心产品组合模挤压

用组合模（包括平面分流组合模、桥模和叉架模）挤压的工具装配结构

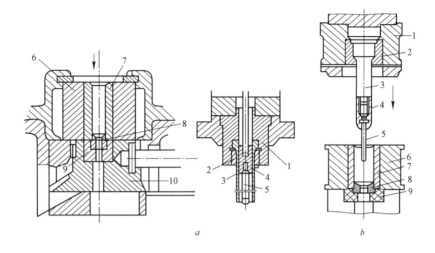

图 4-6 6MN 立式挤压机工具装配图

a—带独立穿孔系统；*b*—不带独立穿孔系统

1—挤压轴支座；2—螺帽；3—挤压轴；4—穿孔针支座；5—穿孔针；

6—挤压筒；7—挤压筒衬套；8—挤压模；9—支承环；10—滑块

与挤压型棒材的装配方式基本相同，不同之处在于模具结构。图 4-7 所示为用平面分流组合模挤压管材和空心型材的工具装配。组合模挤压时通常把针尖（模芯）与模桥（分流桥或称上模）做成一个整体，这样就不需要独立的穿孔系统，实现在普通型棒材挤压机上用实心挤压轴（实心坯料）挤压管材或

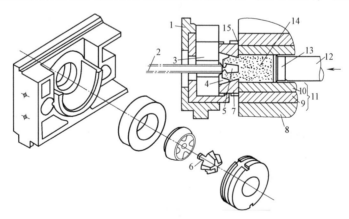

图 4-7 用组合模挤压空心产品工具装配图

1—模架；2—空心产品；3—支承环；4—挤压模；5—分流桥；6—模芯；7—模套；8—外套；

9—中套；10—内套；11—挤压筒；12—挤压轴；13—挤压垫片；14—坯料；15—平封面

空心型材。

4.1.4　变断面型材和管材挤压

4.1.4.1　阶段变断面型材和管材挤压

可以用多种方法来挤压阶段变断面型材和变断面管材。其中，最经典且最常用的方法就是采用更换挤压模的方法，即先采用具有较小模孔的挤压模进行挤压，当挤压进行到一定时候更换具有较大模孔的挤压模继续进行挤压。由于挤压中途更换模子的需要，这种方法要求挤压模为可拆分式结构。另一种较为多用的阶段变断面型材挤压法为双工位锁键法，挤压工具装配如图 4-8 所示。当所需小断面型材长度挤压完成后，松开锁键 9，型材模随产品流动，大头部分由大头模 5 挤压成形。

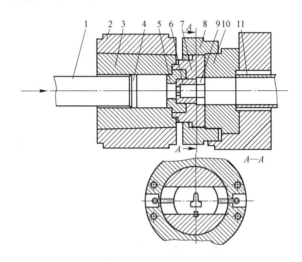

图 4-8　双工位锁键法挤压阶段变断面型材的工具装配图
1—挤压轴；2—挤压筒；3—挤压筒内套；4—挤压垫片；5—大头模；6—型材模；
7—模支承；8—压环；9—锁键；10—垫圈；11—导向装置

　　阶段变断面管材的挤压工具结构与普通管材挤压时基本相同，通常的区别在于穿孔针的形状，即为了获得沿长度方向上壁厚产生阶段式变化的管材，需要采用阶梯形穿孔针，通过改变穿孔针的工位，获得内孔形状（壁厚）阶段式变化。

4.1.4.2　逐渐变断面型材和管材挤压工具装配结构

　　目前，一般用带锥度的异形针法（图 4-9）和可动模法（图 4-10）来挤压逐渐变断面管材和型材。前者的工具装配结构与普通的正向随动针挤压管材法相似，不同之处是此法采用带有锥度的异形针和相应的异形模孔来挤压。

后者是把挤压模的一部分做成可上下滑动的零件，借助于仿形尺的作用实现逐渐上升或下降的运动，从而逐渐改变模孔形状和尺寸，以达到使型材断面逐渐变化的目的。

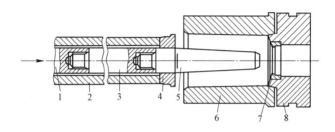

图 4-9 带锥度异形针挤压逐渐变断面型材（或管材）的工具装配图

1—针支承；2—挤压轴；3—导径接头；4—挤压垫片；5—穿孔针；

6—挤压筒内套；7—挤压模；8—模支承

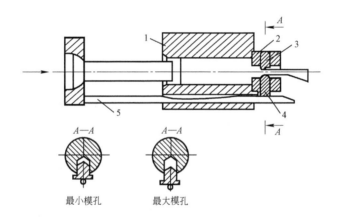

图 4-10 仿形尺挤压逐渐变断面型材的工具装配图

1—挤压筒；2—导环；3—挤压模的固定件；4—挤压模的活动件；5—仿形尺

4.2 铝及铝合金的挤压

铝及铝合金挤压产品（型材、管材、棒线材）被广泛应用于建筑、交通运输、电子、航空航天等部门。近年来，由于对汽车空调设备小型化、轻量化的要求，热交换器用管材及空心型材中铝挤压产品的比例迅速增加。据资料介绍，挤压加工产品中铝及铝合金产品约占 70% 以上，其余为铜系挤压产品。以 6063 为代表的 6000 系铝合金由于具有优秀的可挤压性，良好的耐腐蚀性和表面处理性，其挤压产品被广泛应用于建筑、交通、装饰和家用电器等部门。可以说，6063 合金挤压技术的发展带动了现代挤压技术的发展。全世界的铝挤压产品中，6000 系铝合金挤压产品约占 80%，日本甚至高达 90%，其次为纯铝挤压产品，占不到 5%[4]。表 4-1[4] 为各种铝合金挤压产品的性能及主要用途。

表 4-1 铝合金挤压产品的材料性能及主要用途[4]

合　金	产品形状			材 料 特 性	主 要 用 途
	棒/线	管	型		
1050 1070	○ ○	○ ○		高纯铝，导电导热性、耐蚀性优良，富有光泽	导电材料，热交换器，化工管道，装饰材料
1100 1200	○ ○	○ ○	○ ○	一般纯铝，耐蚀性、加工性优良	热交换器，化工装置，厨房用品，建筑材料
2011	○			强度高，切削性好，但耐蚀性较差	切削加工用材料
2014 2017 2117 2024	○ ○ ○ ○	○ ○	○ ○	高强度硬铝合金，热加工性良好，但耐蚀性较差	一般结构材料，飞机材料，锻造材料，汽车、摩托车用结构材料，体育用品材料（2024）
3003 3203	○	○ ○	○	强度略高于纯铝，耐热性、耐腐蚀性良好	热交换器，复印机感光辊筒，建筑材料
5052	○	○	○	中等强度，耐蚀性、焊接性良好	化工装置管道，机械零部件
5154 5454		○ ○		中等强度，耐蚀性、焊接性、加工性良好	化工装置管道，机械零部件，车轮（5454）等
5056	○	○		耐蚀性、切削性、表面处理性良好，中上强度	机械零部件，照相机镜筒
5083	○	○	○	5×××中强度最高，耐蚀性与焊接性良好，但加工困难	化工、铁道、船舶等焊接构件
6061	○	○	○	中等强度构件材料，耐蚀性优，加工性良，可焊接	车辆、船舶用构件，建筑材料，体育用品材料
6063	○	○	○	耐蚀性、表面处理性良好，可挤压性优，占挤压产品大半	建筑、结构、装饰材料等，用途十分广泛
7003	○	○	○	焊接构件用中等强度合金，适合于薄壁材挤压	铁道车辆、汽车、摩托车部件，陆地结构材料
7075	○	○	○	超硬铝，强度最高，但耐蚀性、焊接性较差	飞机、机械等高强度零部件，体育用品材料

4.2.1 可挤压性与挤压条件

金属的可挤压性体现在挤压力的大小、最大可达挤压速度（生产效率）、挤压产品的质量、成品率、模具寿命等指标上。影响金属可挤压性的因素有挤压坯料、挤压技术、模具质量等，如图 4-11 所示。

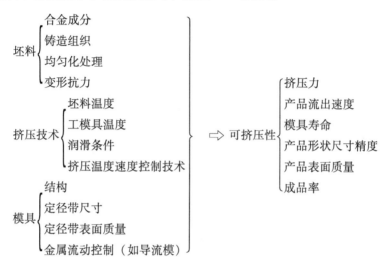

图 4-11 影响金属可挤压性的因素

表 4-2[4~8] 所示为各种铝合金的可挤压性指数（也称为可挤压性指标）与挤压条件范围。可挤压性指数是以 6063 的指数为 100 时的相对经验数值，不同的生产厂家，尤其是不同的挤压条件（包括型材的断面形状与尺寸、挤压模的设计等）下，可挤压性指数的大小存在一定程度的差异。

表 4-2 铝及铝合金的可挤压性与可挤压条件

合 金	可挤压性指数①	挤压温度/℃	挤压比	产品流出速度 /m·min⁻¹	分流模挤压
10×× 1100 1200	150 125	400~500	~500	25~100	可
2011 2014 2017 2024	30 20 15	370~480	6~30	1.0~6	不可
3003 3004 3203	100	400~480	6~30	1.5~30	可

合　金	可挤压性指数[①]	挤压温度/℃	挤压比	产品流出速度/m·min⁻¹	分流模挤压
5052	60	400~500		1.5~30	
5056　5083	25	420~480		1.5~10	
5086	30	420~480	6~30	1.5~10	不可
5454	50	420~480		1.5~30	
5456	20	420~480		1.5~10	
6061　6151	70			1.5~30	
6N01	90	430~520	30~80	15~80	可
6063　6101	100			15~80	
7001　7178	7	430~500	6~30	1.5~5.5	不可
7003	80			1.5~30	可[②]
7075	10	400~450		1.0~5.5	不可
7079	10	430~480	6~30	1.0~5.5	不可
7N01	60	430~500		1.5~30	可[②]

①以 6063 的可挤压性指数为 100 时的相对值。

②大断面空心型材的挤压较困难。

各种铝合金的挤压温度主要视合金的性质、用户对产品性能的要求以及生产工艺而定。挤压温度越高，被挤压材料的变形抗力越低，有利于降低挤压压力，减少能耗。但挤压温度较高时，产品的表面质量变差，容易形成粗大组织。6000 系合金采用较高的挤压温度，是由于大部分场合下采用直接风冷淬火的需要。但实验结果表明，500℃以上挤压的 6063 合金材料经自然冷却后，其延性有较明显降低。其主要原因是由于晶界析出物的增加和晶粒的明显粗大化。而 7000 系（除 7075 外）高强度铝合金采用较高的温度进行挤压，是为了降低其变形抗力，减轻工模具过大的负荷应力，提高生产效率。但 7000 系合金随着挤压温度的上升，产品的耐应力腐蚀性能下降。这也是大多数 7000 系合金不能采用高温挤压，因而其可挤压性极差的原因之一。

挤压比主要视最大挤压压力（俗称比压）的大小、生产效率以及设备的能力（吨位）而定。最大可能的挤压压力除受设备能力限制外，大多数场合往往受工模具的强度、寿命的限制。挤压比的大小还通过与挤压速度有关而影响生产效率。通常当挤压比较大时，需要采用较低的挤压速度（除特别说明为产品的流出速度外，本书所述挤压速度均指挤压轴速度）。

挤压速度与合金的可挤压性具有密切关系（参阅后述的"高速挤压"部分）。挤压速度增加时，挤压压力上升。软铝合金的挤压产品流出速度一般可达 20m/min 以上，部分型材的挤压流出速度高达 80m/min 以上。中高强度铝合金挤压速度过高时，产品的表面质量显著恶化，故其挤压流出速度通常设定在 20m/min 以下。

挤压速度的选择往往还受挤压温度的限制。由于铝及铝合金通常在近似于绝热条件下进行挤压（挤压筒温度与坯料温度相差较小），挤压速度越快，挤压过程中的发热越不容易逸散，从而导致坯料温度的上升。当模口附近的温度上升到接近被挤压材料的熔点时，产品表面容易产生裂纹等缺陷，并导致产品组织性能的显著恶化。特别是许多硬铝合金含有较多的过渡族元素，且熔点较低，挤压条件对挤压性、挤压产品的质量具有显著的影响。

各挤压条件、挤压机能力之间的相互影响关系可用图 4-12[4,8] 所示的挤压极限曲线来表示。该图中的曲线只表示各种因素之间的相互影响关系，实际的挤压极限曲线因合金的种类、挤压筒的加热温度等不同而异，但有关这方面的资料并不多见。为了提高生产效率，保证产品质量，生产厂家有必要针对本厂的设备和生产条件，建立一系列精确的挤压极限曲线。特别是对于实现人工智能控制下的自动化生产，挤压极限曲线更是必不可少。

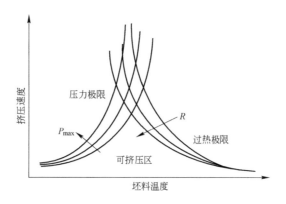

图 4-12　挤压极限曲线示意图

为了确保产品的表面质量，铝及铝合金通常采用无润滑挤压。无润滑与平模相结合，可以在挤压模与挤压筒交叉的角落处形成较大的流动死区，阻止坯料表皮流入产品表面。对表面质量要求特别高的场合，可将加热好的坯料在挤压前进行剥皮，以消除氧化表皮及油污流入产品的可能性。

4.2.2　可挤压成形尺寸范围

4.2.2.1　型材的可挤压成形尺寸范围

铝合金挤压产品的断面尺寸主要根据用户的使用要求而定。常规挤压条件下 6063 铝合金型材的较为合理的挤压尺寸范围如图 4-13[5] 所示，图中各曲线表示其最小可挤压壁厚尺寸。这里所说的最小可挤压壁厚，是指在一般情况下综合考虑合金的可挤压性、挤压生产效率、模具寿命以及生产成本等诸多因素而言的。不同的合金其最小可挤压壁厚不同，表 4-3 为各种合金的最小壁厚系数。将表 4-3 中的最小壁厚系数乘以 6063 的最小壁厚即为各种合金的最小可挤压壁厚。最小可挤压壁厚还与产品的断面形状、对表面质量（粗糙度等）的要求有关。所以，由图 4-13 及表 4-3 所确定的最小可挤压壁厚只不过是常规挤压条件下的一个大概值。实际上，采用一些新的挤压技术，或者为了一些特殊的需要，可以成形壁厚尺寸更小的产品。例如，采用硬质合金模具，一些特殊的薄壁精密型材的成形也是可能的（参见图 4-18、图 4-19）。

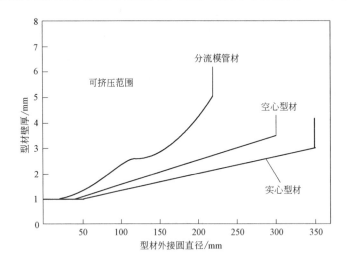

图 4-13   6063 铝合金型材与分流模管材的挤压生产范围

（各曲线表示其最小壁厚）

表 4-3   型材与分流模管材的最小壁厚系数

合　金	系　数		
	实心型材	空心型材	分流模管材
10×× 11×× 12××	0.9	0.9	0.9
6063　6101	1.0	1.0	1.0
6N01	1.0	1.0	1.2
3003　3203	1.2	1.2	0.9

合 金	系 数		
	实心型材	空心型材	分流模管材
6061	1.4	1.4	1.4
7003	1.5	1.5	1.5
5052　5454	1.6	空心型材或分流模管材挤压困难	
5086　7N01	1.8		
2014　2017　2024	2.0		
5083　7075	2.0		

注：由图4-13求得6063的最小壁厚后乘以表中系数，即得各种合金型材或分流模管材的最小壁厚。

型材的最大可成形断面外形尺寸主要取决于挤压设备的能力。一般情况下，硬质铝合金实心型材的外接圆直径的上限为300mm，其余合金与6063大致相同。采用超大型设备，可以生产外接圆直径在350～550mm以上的大断面型材（参阅4.2.4.2 大型型材挤压）。

4.2.2.2　管材的挤压成形尺寸范围

管材的可挤压尺寸范围随挤压方法的不同而异。常规的穿孔针挤压法挤压管材的最大外径小于300mm，最小内径25～35mm，最小壁厚2～5mm。由于穿孔针的强度与刚性上的原因，挤压管材的最小内径与壁厚受到较大的限制。其中，软铝合金管材的最小内径与最小壁厚可取上述范围的下限，硬铝合金则取其上限。此外，当管材的外径较大时，管材的最小壁厚通常以不小于管材外径的7%为宜。外径300mm以上的管材多采用反挤压法成形。

采用分流模挤压，可以成形与穿孔针挤压法相比壁厚均匀、偏心小的管材。但考虑到焊缝质量问题，在同一挤压设备上所能成形的最大管材外径或用同一挤压筒所能挤压的管材外径比穿孔针挤压法挤压时要小。6063铝合金管材通常的分流模挤压尺寸范围如图4-13所示。采用分流模挤压各种铝合金管材时的最小壁厚，可先由图4-13确定6063管材的最小壁厚，然后乘以表4-3所给系数来确定。

采用连续挤压技术，可生产外径10mm、壁厚0.5mm以下的管材（参阅7.2.4节）。

4.2.3　民用建筑型材挤压

4.2.3.1　铝合金民用建筑型材的特点

随着国民经济的发展和人民生活水平的提高，铝合金民用建筑型材的品种和数量成倍增长，形成了铝合金型材的一个重要分支。目前，世界各国建成了上千条民用建筑型材生产线，其生产装备、工艺和模具的设计与制造均已基本定型，具有标准化，系列化的特点。铝合金民用建筑型材的特点主要有：

（1）民用建筑型材绝大多数采用6063合金生产，T5状态，这是因为6063合金质轻，具有良好的塑性，工艺成形性能好，在高温下变形抗力低，具有良好的淬火性能和表面处理性能。因此，可以用它生产出轻巧、美观、耐用的优质型材。

（2）为了适应不同地区、不同用途、不同系列的门窗结构和其他建筑结构的需要，铝合金民用建筑型材的品种繁多，规格范围十分宽广。据不完全统计，世界上已研制出上万种建筑型材，其横截面积范围为 0.1~100cm²，外接圆直径范围为 φ8~250mm，腹板厚度范围为 0.6~15mm。

（3）型材壁厚薄（绝大多数型材的壁厚为0.6~2mm），形状复杂且断面变化剧烈，相关尺寸多且尺寸精度要求高，技术难度大，大多数为高精度薄壁型材。

（4）建筑型材中的空心产品比例很大（空心型材与实心型材比约为1：1），而且内腔多为异形孔，有的常为多孔异形薄壁空心产品。

（5）一组建筑型材需要组装成不同的门窗系列或其他的建筑结构，因此配合面多，装配尺寸多，装饰面多。为了减少型材品种，要求型材具有通用性和互换性，这就提高了型材的精度要求和表面质量要求。

由于铝合金民用建筑型材具有上述特点，增大了模具设计与制造的难度。

4.2.3.2　民用建筑型材挤压模的特点

6063铝合金民用建筑型材模具的设计除了遵循普通模具的设计原则以外，尚具有如下的特点：

（1）挤压机（挤压筒）的最佳比压范围为 400~700MPa；

（2）挤压系数的最佳范围为30~80；

（3）最佳比压和挤压系数可通过挤压机、挤压筒、挤压工艺参数、坯料长度以及模孔孔数来进行调节。

挤压铝合金民用建筑型材的模具可分为平面模（实心型材模）和空心模两大类，见图4-14。空心模又可分为平面分流组合模、叉架式组合模、舌型模（桥模），其中平面分流组合模最为常用，占空心模的95%以上。

平面模用于挤压实心型材，模子可以做得很薄，在15MN以下的中小型挤压机上使用的模子，其厚度可小至20~25mm，16~35MN挤压机上可取

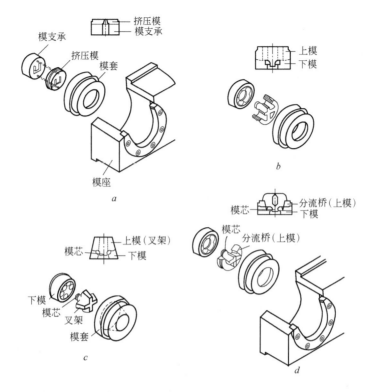

图 4-14 建筑型材模的种类

a—平面模；b—平面分流组合模；c—叉架式组合模；d—舌型模（桥模）

30mm 左右。薄模易于加工制造，便于修模和抛光工作带表面。为了保证模子强度和产品的尺寸稳定性，可增加模垫的厚度或数目。

平面分流组合模用于挤压空心型材，因需经二次变形，故所需挤压力较大，易造成闷车。用这种模具挤压空心型材，成品率较高，模具易于加工制造，生产操作简便，能生产各种高精度、高光洁表面的形状复杂的薄壁空心型材和多孔空心型材，但在挤压中或挤压完毕时修模和清理凹模（下模）内残料较困难。

叉架式组合模适用于外形尺寸较大的空心型材，挤压力较分流模小，型材成品率较高，残料清理也较容易，但模子加工较困难。

舌型模所需压余较长，型材成品率低，模具加工难度介于上述两者之间，但挤压阻力较小，且在挤压中或挤压结束时残料容易清理干净，修模方便，故多用于挤压需要较高挤压力和质量要求较高的薄壁空心型材或硬合金军工铝材，表 4-4 中列出了三种空心型材模的优缺点。

表4-4　三种空心型材模具的比较表

模子种类	挤压工艺性能 (挤压阻力)	产品质量 (成品率)	模子加工 难易程度	清理残料 和修模	适 用 范 围
平面分流组合模	不　好	良　好	易	难	所有空心产品
叉架式组合模	中　等	良　好	难	中　等	外形尺寸大的空心型材
舌型模	良　好	不　好	中　等	易	硬合金高质量薄壁空心型材

近年来，模具制造技术进步很快，特别是电火花加工、线切割以及电极制造技术的进步。最显著的进步是从模具设计到电极制造都可以借助 CAD/CAM 技术进行，仅模具内侧的角落部分需要靠人工来修正。对模具加工来说成问题的是定径带部分的研磨，通常手工加工难以做到均匀一致。近年来发展了一种称为自动研磨粉的黏性物质，在压力下穿过模具开口部进行研磨，既可提高均匀性又省力气。由于制模设备的进步，采用机加工＋电加工＋热加工（包括热处理和表面处理）的先进工艺和 CAD/CAM 技术，能制造出尺寸精度高（±0.05mm）、表面光洁（R_a 达 0.4～0.8μm）和硬度适中而均匀（基体硬度 HRC＝47～51，表面硬度 HV＝800～1200）的模具，为大批量生产超高精度的小断面、薄壁实心或空心复杂铝合金型材提供了充分的技术条件。

4.2.3.3　民用建筑型材用挤压设备的特点

目前世界上有数千台挤压机，大部分是泵式直接传动的油压挤压机。

近年来挤压设备方面的主要进步，是在主机周围设置包括坯料供给、挤压垫片分离、模具更换的机械化及自动化装置。挤压轴速度的自动控制也前进了一大步。新设置的挤压机主机周围的操作人员只需一名或者根本不需要人工操作。机后的在线热处理设备，以及从产品的输出辊道经过冷却台到矫直机，基本上做到了完全的自动化，并已在专门挤压型材的工厂投入实际运行。

4.2.3.4　民用建筑铝合金型材模具设计举例

图 4-15～图 4-17 列举了几种典型民用建筑用铝合金实心和空心型材的断面图及模具设计方案。

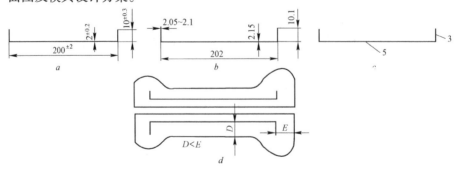

图 4-15　实心薄壁型材模设计方案（2 孔）
a—型材尺寸；*b*—模孔设计尺寸；*c*—定径带示意图；*d*—导流模

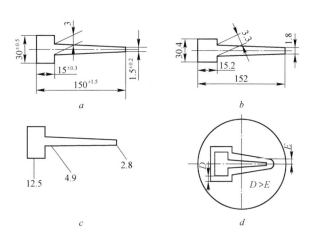

图 4-16 壁厚差较大的实心型材模设计方案

a—型材尺寸；b—模孔设计尺寸；c—定径带示意图；d—导流模

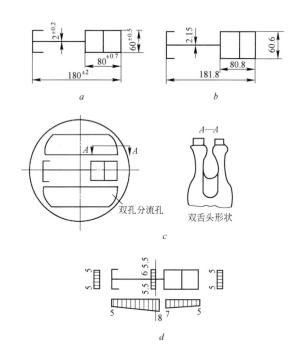

图 4-17 空心型材模设计方案

（挤压筒 ϕ203.2mm，1 孔，λ =82，挤压温度 420~450℃ ）

a—型材尺寸；b—模孔设计尺寸；c—分流组合模结构图；d—定径带长度变化示意图

4.2.4　特种型材挤压

这里所述的特种型材是指超精密型材和大型型材两大类。

4.2.4.1　超精密型材挤压

超精密型材被广泛应用于电子仪器、通信设备以及国防尖端精密机械、精密仪表、核潜艇与船舶、汽车工业等方面。超精密型材又包括两大类。一类是外形尺寸很小的型材，如图 4-18[9] 所示。这一类型材亦称为超小型型材或微小型材（mini-shape），其外形尺寸通常只有数毫米，最小壁厚在 0.5mm 以下，单重为每米数十克。由于其微小，通常对其公差要求甚严。例如，断面外形尺寸公差小于 ±0.10mm，壁厚公差小于 ±0.05mm。此外，对挤压产品的平直度、扭转度的要求一般也十分严格。

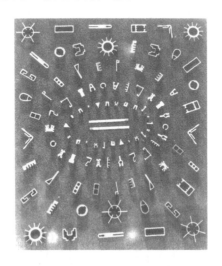

图 4-18　超小型挤压型材

另一类是断面外形尺寸并不很小，但对尺寸公差要求十分严格的型材，或者虽然断面外形尺寸较大，但断面形状复杂而且壁厚很薄的型材。图 4-19 为日本某公司在 16.3MN 卧式油压机上用特种分流模挤压的汽车空调冷凝器

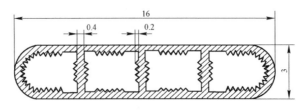

图 4-19　汽车空调冷凝管断面形状

异形管（工业纯铝）。这一类型材的挤压成形难度并不亚于前一类超小型型材。挤压断面尺寸较大而对公差要求十分严格的型材，不但需要先进的模具设计技术，而且需要对从坯料至产品整个生产流程的严格管理技术。

1980 年代初以来，Conform 连续挤压技术的实用化以及工业技术发展的需要，小型、超小型型材的挤压得到很快的发展。但由于设备的限制、产品质量的要求以及挤压技术的进步等多方面的原因，在常规挤压设备上生产小型型材仍占有较大的比例。图 4-19 所示即为常规的分流模挤压法成形的产品。用分流模挤压这一类的精密型材时，模具的寿命（特别是分流桥、模芯的强度与耐磨性）与挤压时的材料流动成为影响其生产的主要因素。这是因为挤压如图 4-19 所示的型材时，模芯的尺寸小、形状复杂，强度与耐磨性成为影响模具寿命的重要问题。而模具寿命直接影响生产成本。另一方面，许多精密型材壁厚很薄、形状复杂，挤压过程中的材料流动直接影响型材的形状与尺寸精度。

为了防止坯料表面氧化皮与油污流入产品内，保证产品质量均匀可靠，可在挤压前将加热到所定温度的坯料进行剥皮（称为热剥皮），然后迅速装入挤压筒内进行挤压。同时应保持挤压垫片干净，防止在一次挤压结束后的切除压余处理至下一次挤压装入垫片的过程中油污脏物粘结到垫片上去。

4.2.4.2 大型型材挤压

大型型材被广泛应用于飞机、车辆和船舶的结构材料。特别是由于近年来高速列车的发展以及超导磁悬浮列车的开发，扁平度大而壁厚薄的大型壁板类型材的需要量有较快的增长。

与反挤压等其他方法相比，正挤压的最大特长之一就是可以生产大型的实心或空心型材。挤压大型型材需要大型的挤压设备（压力机）、大型的工模具（挤压筒、挤压模等）以及大型的辅助设备（如加热设备等）。日本轻金属挤压开发株式会社（KOK 公司）在 95MN 挤压机上采用 $\phi600mm$ 的圆形挤压筒可生产最大外接圆直径达 500mm 的实心型材和 450mm 的空心型材；采用 700mm × 280mm 的扁挤压筒，则可生产最大外接圆直径达 600mm 以上的实心型材和 550mm 以上的空心型材[5]（均为软铝合金）。

在许多方面，大型型材挤压的困难程度并不亚于小型精密型材的挤压。首先是设备能力的限制，挤压大型型材需要大直径的挤压筒，而挤压筒的最大直径取决于挤压机吨位。其次是由于模孔远离挤压筒中心的部位（即最靠近挤压筒内壁的部分）金属流动速度慢，如不通过在模具设计上采取措施（如导流孔、变长定径带等）来平衡金属的流动，则容易在型材远离断面中心的部位产生不能被充满现象，导致达不到所定尺寸乃至形成裂纹。因此，壁厚越薄、断面形状对称性越差的大型型材，其挤压就越困难。第三是型材的材质均匀性不易得到保证。坯料组织性能、挤压前加热、挤压过程中材料流动等的均匀性等都对型材性能具有很大的影响。

到目前为止，全球仍只有日本（KOK 公司）和德国（VAW 公司）等少数几个国家能大批量生产特大型型材。我国在这方面于 1990 年代后期才开始技术攻关，曾大大制约了地铁、高速列车和轻轨列车国产化的进程。至 2005 年，我国已基本掌握了特大型铝合金型材生产技术，推动了高铁、大飞机等重大工程的实施。下面以日本 KOK 公司为例对大型铝合金型材的挤压技术特点[10~14]进行分析。

A　大型卧式油压机及配套设备

KOK 公司于 1971 年安装投产了一台世界上最大的 95MN 油压挤压机，并配备了一套适合于生产高速列车、地铁列车及其他工业用大断面型材的辅助设备。该挤压设备采用 PLC 控制，固定垫片挤压，设有自动润滑系统、三工位快速换模系统、自动调心系统、液氮和气氮冷模系统、牵引装置和精密水淬和气淬系统、自动拉伸矫直机、自动锯切机、冷床和横向运输系统等，可满足大批量生产大断面扁平薄壁复杂空心和实心铝合金型材的各项技术要求。

B　大型铝合金型材产品

表 4-5 为日本大型挤压产品用主要合金及用途举例。

表 4-5　日本大型材用铝合金用途举例表

合　金	主要用途举例
1100　1200	一般用具、日常器具、建材、运输机械
2014　2017　2024	飞机用材、各种结构件、运输机械
3003　5052	日常用具、建材、车辆用材、船舶用材、各种包装容器等
5083　5183	船舶用材、车辆用材、压力容器、焊接件等
6061　6070	建材、车辆、船舶用材、机制零部件、光学仪器、结构件
6063	建材、车辆用材、家具用材
6N01　6082	高速列车、地铁列车、轻轨车用材
7075	飞机材料、结构材料、焊接结构件
7003　7005	高速列车、地铁列车、轻轨车用材
7N01	车辆用材、结构材料、焊接结构件

挤压大型、薄壁、宽幅、整体、空心结构的特大型型材，要求采用挤压性极好、强度值中等、耐蚀性和焊接性优良的铝合金。1981 年开发的山阳新干线（3005 系车辆），采用了大型薄壁宽幅中空铝合金挤压型材，其主要合金采用 6×××系，即在欧洲的 6005A 合金基础上开发出日本的 6N01 合金，生产车辆壳体大断面中空型材，而内部骨架等采用 5083S（型材），底架枕梁

采用 7N01P（板材）等合金生产。随着运营速度进一步提高（不小于 350km/h），要求大型材更薄壁化、中空化，因此要求合金不仅挤压性、焊接性和耐蚀性优良，而且强度应进一步提高。所以，强度要求较高的部件已采用 CZ50（相当于 7020）合金来生产型材。

C　高比压的圆挤压筒和扁挤压筒

随着大型化、宽幅化、薄壁化、中空化，必然会出现大宽厚比、大挤压筒与小比压之间的矛盾。型材越宽，则要求挤压筒直径越大，比压就会急剧下降。生产大型薄壁复杂型材时比压达到 500MPa 以上才能顺利进行挤压。但是采用高比压挤压时，特别是用扁挤压筒挤压时，其内套的结构强度与使用寿命是一个值得重视的问题。

KOK 公司的 95MN 挤压机配备有 ϕ430mm、ϕ500mm、ϕ600mm 的圆挤压筒和 280mm × 700mm 的扁挤压筒，挤压筒的长度为 1600mm。可生产最大断面尺寸的外接圆直径为 ϕ380mm、ϕ400mm、ϕ530mm 和 230mm × 630mm 的挤压型材。大型扁挤压筒的内孔尺寸为 700mm × 280mm × 1600mm（比压 530MPa），外套外径为 ϕ1900mm，内套外径约 ϕ970mm。挤压筒用 JIS SKD61 钢材制造，内套淬火 + 两次回火后 HRC 45 ~ 48，最高使用寿命达 10000 次/套左右。

D　大断面型材挤压生产工艺

用 DC 法生产的挤压圆锭与扁锭，经均匀化处理、车皮铣面和切成定尺坯料后送入感应加热炉加热，然后在 95MN 油压机上挤压成各种形状的管、棒、型材。根据挤压筒的规格和产品形状，坯料最长可达 1400mm，挤出长度可达 20 ~ 40m（挤压比 20 ~ 60）。软合金型材经风冷或水冷淬火后进入 45m 冷床，然后送至 2MN 拉伸矫直机进行拉矫。矫直合格的产品在自动圆锯上切成定尺，然后进行人工时效，经检验后包装交货。对于硬合金产品，一部分送入退火炉，退火后包装交货；另一部分材料送入立式淬火炉淬火（最长可处理 18 ~ 20m 的产品），淬火后在 10MN 拉伸矫直机上矫直，必要时进行辊矫、压力矫和其他精整工序，经检验合格后切成定尺包装交货。淬火产品有一部分要送入卧式人工时效炉进行人工时效，然后切定尺、检验、包装交货。

KOK 公司大断面扁宽薄壁铝合金型材的挤压生产工艺参数如下：

（1）挤压筒采用感应加热，温度为 400 ~ 450℃；工模具温度为 380 ~ 420℃，软合金型材的挤压温度为 450 ~ 480℃，硬合金型材的挤压温度为 420 ~ 460℃；

（2）挤压速度是可调的，硬合金型材的产品流出速度一般为 0.8 ~ 4.5m/min，软合金为 10 ~ 15m/min，最高可达 60m/min 以上；

（3）挤压比一般为 15 ~ 30，软合金可达 80 以上；

（4）在立式空气淬火炉中的淬火温度：2014 为 496 ~ 507℃，2017 为 496 ~ 510℃，2024 为 488 ~ 499℃，6061 为 516 ~ 532℃，7055 为 460 ~ 471℃。

4.2.5　高速挤压与冷却模挤压

4.2.5.1　高速挤压

铝合金的高速挤压方法主要有冷挤压、冲击挤压、无残料连续挤压、高速静液挤压和软铝合金正向快速热挤压等。前四种的挤压速度可达到很高的水平，但均属于冷挤压的范畴，而且应用范围有限，因此这里主要讨论铝合金的高速热挤压。

合金的最高挤压速度，是指在一定挤压条件下，产品内部无过热、异常粗大组织，产品表面不产生裂纹、金属粘结（pick-up）、模印线（die line）等缺陷的前提条件下可达到的最高挤压速度。合金的最高挤压速度主要与其可挤压性有关，如表 4-2 所示，可挤压性好的合金，其挤压速度的上限就高（实际上，所谓合金的可挤压性，其中的一个很重要的评价指标便是该合金的最高可挤压速度）。目前，工业实际生产上挤压软铝合金（纯铝、3000 系以及 6063 等）时的产品流出速度可达 100m/min 左右。除合金的可挤压性是影响最高挤压速度的主要因素外，实际生产上最大可达到的挤压速度还受坯料加热与挤压机的能力、后处理设备（型材的冷却、移送设备与热处理设备）的能力等的限制。

相同的挤压条件下，空心型材可达到的最高挤压速度低于实心型材[15]。这是因为一般说来，空心型材采用分流模挤压，变形过程中金属流动复杂，附加剪切变形大，同时与工具的接触面积大，容易在型材内产生过热，导致产生挤压裂纹等缺陷。

实现软铝合金正向快速热挤压必须解决以下几个关键技术问题。

（1）优质的挤压坯料。合金的最高挤压速度可以通过改善坯料的组织性能、调整坯料的成分而提高。通过优化合金成分，选择最佳的主要元素配比和杂质元素控制，制订合理的熔铸工艺，采用先进的精炼、在线净化处理和细化处理技术，获得良好的脱气、除渣和细化效果，进行高温快冷均匀化处理等，有利于提高铝合金的挤压速度。

例如，采用热顶铸造法改善铸坯组织、促进性能均匀有利于改善合金的可挤压性，提高挤压速度[16~18]。研究结果[16]表明，对于 6063 合金，细化晶粒、减少铸造树枝状晶晶间间隔，有利于提高合金的最高挤压速度，减少产品表面产生裂纹的可能性。这主要是晶粒的细化使得晶界析出物弥散均匀化的缘故。

降低 6063 合金中镁的含量，可以提高合金的最高挤压速度。将 6063 合金的镁含量（质量分数）减少到 0.40% 左右（即 6060 合金）时，有利于实现高速挤压[15,19]。但镁的含量降低后，其热处理（T5 处理：挤压后直接淬火＋人工时效）强化效果有所降低。因此，可以根据产品的用途来调整合金的成分，以达到提高挤压速度，从而提高生产率的目的。降低镁含量的效果主要有两个方面：一是如图 4-20[20] 所示，镁含量在 0.60% 以下时，合金的变形抗力随镁含量的降低而迅速下降，变形能耗降低，挤压时模孔附近的温度上升减少；二是随着镁含量的降低，合金的固相线温度上升，挤压时不容易产生过热。

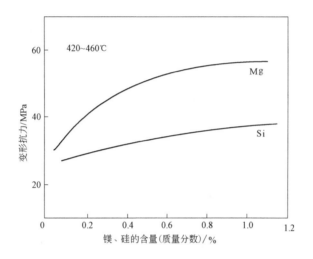

图 4-20 镁、硅含量对 6063 合金变形抗力的影响[20]

（2）优质和高寿命的模具。获得优质、高寿命模具的措施主要有：选择优质模具材料；优化模具结构与尺寸设计，严格的强度校核；采用先进合理的机加工—电加工—热处理工艺，保证模具有高的尺寸精度，高的表面硬度和适中的基体硬度，低的表面粗糙度；制订合理的使用、维修与管理制度，进行模具使用全过程的计算机信息管理，以便积累经验，提高模具设计、加工与维修水平[21]。

（3）优化挤压和在线热处理工艺。严格控制坯料、挤压筒和模具加热温度，为了实现长时间的快速挤压，应采用水（液氮）冷却模具技术（见下述），以降低模具和金属变形区的温度；确保挤压温度—速度—挤压力之间的最佳配合；严格控制在线水（雾）冷淬火工艺，确保淬火效果。

（4）改进机后设备，保证生产线高速运行。为了保证产品质量，提高生产效率，要对挤压机后部设备，如精密淬火装置、牵引机、输料辊道、冷却设施和冷床，以及拉矫机、人工时效炉等进行配套改造，使之能与产品出口速度同步协调运行。

4.2.5.2　冷却模挤压

在正向热挤压铝合金时，温度、速度、挤压力是一组相互影响的工艺参数，温度和速度尤其是两个互相制约的参数。挤压速度加快，则金属的变形热增高，进而提高金属的温度。当温度升到一定值时，金属会产生过热或过烧，出现表面裂纹，此时应大幅度减速或大幅度降低模具和变形区温度才能保证产品质量。目前，为了维持快速挤压，最简便的办法是采用冷却模挤压技术，降低金属变形区温度。冷却模挤压包括水冷模挤压和液氮冷却模挤压两种方法。

采用冷却模挤压法具有下述优点：

（1）提高挤压速度；

（2）抑制再结晶或再结晶长大的进行，防止产品表面产生粗晶环（对于型材来说，称其为表面粗晶层更合适）；

（3）改善产品表面质量、提高光亮度。

有关冷却模挤压的详细内容参见 9.5.2 节。

4.2.6　挤压产品组织性能均匀性控制

在常规的铝及铝合金热挤压过程中，金属的温度和变形是很不均匀的，导致产品的尺寸、形状、组织和性能也很不均匀。当挤压开始时，由于坯料头部与较低温度的模具接触，使坯料温度降低，变形抗力增大，塑性下降，可挤压性变差。继续挤压时，坯料的中部和尾部由于变形热的作用温度逐渐升高，从而使坯料的头、中、尾部的温差增大，造成产品性能显著不均匀。为了解决这些问题，开发了一种新的挤压方法——等温挤压法。等温挤压的特点就是要确保在整个挤压过程中，模孔附近变形区金属的温度始终保持基本恒定或将温度控制在一定范围之内，尽量保持金属变形抗力和金属流动的均匀，从而获得较均匀的组织和性能。

实现等温挤压的方法有多种，其中主要的方法有如下 5 种：

（1）控制模具温度。将模具加热到与挤压坯料相同的温度，开始挤压后，根据坯料的温度来控制模具的温度。

（2）控制挤压筒温度。挤压筒分区加热，并带有直接空气冷却系统，精确地调控挤压筒温度。

（3）坯料梯温加热或梯温冷却。采用感应加热炉或其他可控温炉型，根据挤压条件、坯料在挤压中的温升与温降的情况，实施沿坯料长度方向梯温加热，或将均匀加热的坯料在挤压前实施梯温水冷，使之在挤压过程中变形区内金属温度基本保持恒定。

（4）速度模型控制。例如采用 CADEX（Computer Aided Direct EXtrusion，计算机辅助挤压）系统，计算产品出口温度与挤压速度之间的关系，以获得恒定的挤压产品温度为目标，设定挤压速度控制程序。

（5）在线闭环控制。精确测量产品出模孔时的温度变化，通过反馈，在线调节挤压速度等参数，实现等温挤压。

对于铝合金挤压来说，以上方法都能实现等温挤压，不过有的操作较复杂，实现难度较大，如第（1）种和第（2）种；有的效果较佳，且较易实现，因此应用较多，如第（3）种和第（4）种。第（5）种则是等温挤压的理想发展方向。

图 4-21 为产品温度-挤压速度闭环控制时挤压过程中挤压轴速度及模孔出口处产品温度的变化举例[22]。有关等温挤压的详细内容参见第 9 章。

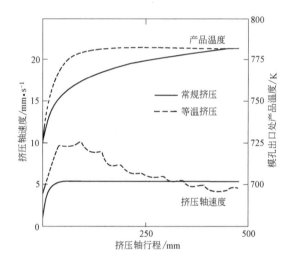

图 4-21　挤压过程中挤压轴速度及模孔出口处产品温度的变化[22]

4.3　铜及铜合金的挤压

铜及铜合金具有许多优良特点，如优良的导电、导热性能，仅次于银，因而被广泛应用于导体材料、热交换材料；良好的耐蚀性能，优于普通钢材，耐大气腐蚀能力极强，耐碱性腐蚀性能优于铝；塑性加工和机加工性能优良，易于成形各种零件和构件。此外，铜及铜合金还具有可焊性和可镀性好，抑菌能力强，装饰性能好等特点。由于上述特点，以及强度较低、价格贵等原因，铜及铜合金主要用于功能材料，或功能结构一体化材料，很少用于单一承受载荷的结构材料。

采用正挤压法可以生产铜及铜合金的管、棒、线材，以及简单断面形状的实心型材和异形空心材。表 4-6 为各种主要的铜及铜合金挤压材料及其用途[4]。

表 4-6　铜及铜合金挤压材料及其应用

应用领域	应用产品	挤压材料种类	材　质
导电材料	各种导体	型材、棒材	微量元素铜合金、韧铜
	整流片、线圈用导体	型材、异形管	韧铜、无氧铜
	电阻焊接用电极	棒	高导电耐热合金
	超导体稳定化用铜材	管	无氧铜
电子工业	电子管用材料	棒、管	无氧铜
热交换器	冷冻机空调管	管	脱氧铜
	产业用热交换器管	管	耐蚀合金（白铜等）
建　筑	配管	管	脱氧铜
	装饰	棒、管	韧铜、脱氧铜
切削、成形	切削	棒、管	铅黄铜
	锻造	棒	各种铜合金

本节主要论述铜及铜合金的热挤压，有关冷挤压可参考 4.6.1 节及表 4-16 等。

4.3.1　可挤压性与挤压条件

除少数铅黄铜、铝黄铜可以在 600℃ 左右挤压之外，大多数铜及铜合金的挤压温度在 700~950℃ 之间，白铜的挤压温度甚至高达 1000~1050℃，远远高于铝合金的热挤压温度。由于坯料的加热温度与挤压筒温度（一般为 400~450℃）相差较大，挤压过程中不但不容易产生过热现象，而且如果挤压速度太慢还会引起坯料表面温度的过分降低，致使金属流动不均匀性增加，挤压负荷上升，甚至产生闷车现象。因此，铜及铜合金一般都采用较高的速度进行挤压。除磷青铜和洋白铜外，其余的铜及铜合金都具有良好的可挤压性。表 4-7 所示为纯铜及各种铜合金的可挤压性与通常所采用的挤压条件范围[4,7,8,23,24]。

表 4-7　铜及铜合金的可挤压性与挤压条件

合　金	成分（质量分数）/%					可挤压性指数①	挤压温度/℃	挤压比	产品流出速度/m·min⁻¹
	Zn	Sn	Pb	Al	Ni				
纯　铜						良 75	810~920	10~400	6~300
黄　铜	15					良	780~870	约 100	6~200
	30					良	750~840	约 150	
	35					良	750~800	约 250	
	40					优 85	670~730	约 300	

续表 4-7

合　金	成分(质量分数)/%					可挤压性指数[①]	挤压温度/℃	挤压比	产品流出速度/m·min⁻¹
	Zn	Sn	Pb	Al	Ni				
铅黄铜	35.5		3			优90	700~760	约300	约(250~300)
	38		2			优95	670~750		
	40		1			优100	600~700		
	40		3			优100	600~700		
	32.5		0.5			良	660~690		
铝黄铜	20			1		良	750~850	约75	约100
	22			2(冷凝管)		良	730~760	约80	约100
	40			2		优85	550~700	约250	约250
海军黄铜	28	1				良	760~820		
	39	1				优85	640~730	约300	
铝青铜				5		可	850~900	约100	约(150~200)
				8		良50	820~870		
				10		良	820~840		
磷青铜		5			P	差	750~800		
锰青铜	39.2			(Mn1，Fe1)		优80	650~700	约250	约250
锡青铜		2					800~900	约100	约150
		6					650~740	约100	约50
		8					650~740	约80	约30
硅青铜					Si3	可	740~840	约30	6~30
					Si1.5	良	760~860		
白铜					20	良	980~1010	约80	约50
					30		1010~1050		
洋白铜	17				18	差	850~900	约100	6~100
	27				18				
	20				15				

①数字是以 59-1 铅黄铜的可挤压指数为 100 时的相对值。

由于氧化铜本身具有良好的润滑性，铜及含锌（质量分数）在 15% 以下的黄铜、锡青铜等通常采用无润滑挤压。但为了有利于压余与挤压模的分离，减少模具、穿孔针的磨损，降低挤压力，提高产品表面质量等目的，可用石墨-植物油系润滑剂对挤压模、穿孔针进行润滑。

铜及铜合金的挤压工艺因产品的种类、使用目的、对产品内外表面质量的要求以及后续加工（冷轧、拉拔加工等）的有无等不同而异。挤压模与穿孔针的寿命，挤压缩尾、氧化表皮的混入，产品挤出模孔后的表面氧化，管材的偏心等，是铜及铜合金挤压技术中较为突出的问题。

　　各种铜及铜合金常用挤压模断面形状如图4-22所示。平面模与圆弧模多用于棒材与简单断面型材的挤压，圆锥模多用于管材挤压。

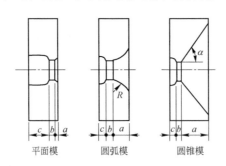

平面模　　　　　圆弧模　　　　　圆锥模

图 4-22　铜材挤压模的形状

a—入口部；b—定径带（工作带）；c—出口部（空刀部）

4.3.2　棒材挤压

　　铜及铜合金棒材多采用平模挤压。但为了减少模孔的磨损，防止模孔变形，通常将模孔入口处设计成半径为 2～5mm 的圆弧。鉴于坯料的氧化表皮容易流入产品内以及挤压后期容易产生缩尾的现象，黄铜棒多采用脱皮挤压（shell extrusion），如图4-23所示，使用外径比挤压筒直径小 2～4mm 的垫片（挤压垫）进行挤压，在挤压垫与挤压筒之间形成一定的间隙，使坯料的表皮部分残留在挤压筒内。挤压结束后，压入外径略大于挤压筒内径的垫片（清理垫），将残留在挤压筒内的坯料表皮清除干净。脱皮厚度一般为 1～2mm。

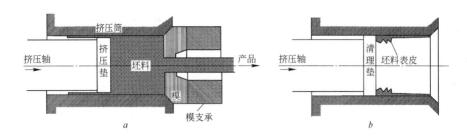

图 4-23　脱皮挤压示意图

a—挤压；b—脱皮的清除

采用脱皮挤压需要较大的挤压力,这将影响中小设备的可生产品种范围。因此,可以采用常规的非脱皮挤压法进行挤压,而在挤压后对产品施以过度酸洗或者刨皮处理,以确保产品表面质量。

对产品表面质量要求高的场合,应对坯料施以刷洗、酸洗乃至剥皮处理,以除去油污、熔渣等坯料表面缺陷[24]。

中心缩尾与皮下缩尾是铜及铜合金棒材挤压中容易产生的缺陷。缩尾的主要原因是挤压不均匀流动在挤压后期产生紊流所致。防止缩尾的有效对策之一是留有足够长的压余。上限模拟分析表明,在工业无润滑热挤压条件下,当坯料的挤压剩余长度减小到与挤压筒半径相等时,死区高度随挤压的进行逐渐减小,整个剩余部分进入明显塑性流动状态;当剩余长度减小到挤压筒半径的1/2以下时,死区几乎完全消失,金属流动进入明显的紊流状态[25]。考虑到缩尾是在金属进入明显的紊流状态后才形成的,推荐压余长度约取坯料直径的15%~25%左右,其中棒材挤压取上限,型材、管材挤压取下限;坯料长径比大时取上限,长径比小时取下限。生产现场挤压压余长度通常按坯料长度来考虑,一般取坯料长度的10%~20%左右[24]。这种比例对于坯料长径比很大或很小的情形显然是不合适的。

4.3.3 管材挤压

无缝铜管的最为典型的成形方法是:热挤压→冷轧→成品,或热挤压→冷轧→拉拔→成品。铜管的热挤压多采用实心坯料穿孔法,但对于 Cu-Ni 系一类的高变形抗力合金,穿孔针的刚度与强度问题较为突出,故也采用空心坯料进行挤压。

与铝合金不同,由于铜合金挤压温度高、变形抗力大,难以采用分流模来挤压管材。由于穿孔针的刚度与强度方面的原因,壁厚很薄或者内径很小的管材一般难以采用挤压法直接成形。

普通穿孔挤压时,由于穿孔料头(图3-20)成为几何废料,对挤压成材率有较大影响。料头直径与挤压模孔(管材外径)直径相等,因而大直径薄壁管材挤压时料头损失相当大,可达坯料的30%~40%。为了减少穿孔料头的损失,直径大于120mm的铜及铜合金管材挤压生产时,可在穿孔前将实心垫片(堵板)置于挤压模前,然后进行穿孔,此时的穿孔过程相当于反挤压过程。当穿孔针前端面离堵板很近时,取出堵板进行正常穿孔,然后进行挤压。该法可减少料头损失80%以上,但穿孔能耗和生产效率要受到一定的影响。

为了提高穿孔针的强度与使用寿命,国外多对穿孔针进行水冷。

穿孔针挤压管材的主要缺陷有内外表面缺陷、管壁内部缺陷、壁厚不均

（主要表现在偏心）等。对于挤压后需进行冷轧、拉拔加工的薄壁管材，确保热挤管材内外表面无氧化物压入、无气泡、模印、划痕存在，管壁内部无各种坯料表层缺陷、油污以及氧化皮的混入十分重要。因此，管材挤压用坯料多预先进行剥皮处理。铜及铜合金在加热中容易形成较厚的氧化皮，为防止挤压过程中氧化表皮流入产品中，也可采用脱皮挤压法。国外管材脱皮挤压应用得较为普遍，尤其是对于各种冷凝管、波导管更是如此。管材脱皮挤压时，应选择较高的挤压温度，合理设计脱皮垫片的结构与尺寸，以减小管材偏心。当穿孔针较细时，不宜采用脱皮挤压，以防产生明显的管材偏心。

为了不使挤压产品流出模孔后产生高温氧化，可采用水封挤压、保护性气氛挤压等方法。此外，为了防止管材内表面的氧化，可以调节穿孔针的长度，使得穿孔料头不被穿破，在挤压过程中形成封闭状态（内部真空状态）[4]。但这种方法不适宜于薄壁管材，因为内部真空状态容易导致管材变形。

偏心是穿孔针挤压管材中最容易产生的缺陷之一。挤压机的机械同心度、穿孔针的刚度是引起管材偏心的主要因素。所以，采用穿孔针挤压法，要使管材完全不产生偏心通常是很困难的。采用瓶式针挤压的管材，其偏心通常要比柱式针管材小，但瓶式针一般只适合于空心坯料挤压。工模具的加工精度、挤压操作、坯料质量等均直接影响管材的偏心。引起管材偏心的主要因素参见图2-39。对于挤压后需要进行冷轧、拉拔的情形，管材的偏心可以在后继加工中得到很大程度上的纠正。

铜和铜合金挤压管材的另一种较为普遍性的缺陷是壁厚不均。除开模孔变形、磨损等少数原因所引起的壁厚不均之外，大多数的壁厚不均是伴随着管材偏心而出现的。

4.3.4　型材挤压

如前所述，由于铜及铜合金的挤压温度较高，模具工作条件恶劣，复杂断面的实心与空心型材的成形非常困难。实际生产中的挤压型材通常限于如图4-24a所示的一类异形棒材和简单型材，以及图4-24b所示的一类异形管材。

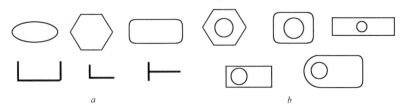

图 4-24　各种异形断面挤压铜材

4.4 镁合金挤压

镁及镁合金是目前最轻（密度最低）的金属结构材料，具有比强度和比刚度高、阻尼减振与电磁屏蔽性能好、导热性能好、易于机加工和回收等许多优点，近年来在航空航天、交通运输、电子通信等领域获得较为广泛的应用。

根据加工工艺性能特点，镁合金可分为铸造镁合金和变形镁合金两大类。适合于采用挤压、轧制、锻造等塑性变形方法进行加工的镁合金，称为变形镁合金。对镁合金进行塑性加工，不但有利于生产尺寸和规格多样化的产品，而且有利于提高合金的致密性，改善晶界和枝晶间粗大第二相的分布，获得细小和均匀的组织，进而改善合金的强度与塑性。因此，挤压、轧制等加工方法，还常被用于镁合金材料的改质改性，如细晶镁合金的制备等。

常用的变形镁合金包括[26]：Mg-Al-Zn 系合金，如国内的 MB2、MB3、MB5 等，美国的 AZ31、AZ61、AZ80 等；Mg-Mn(-Zr) 系合金，如国内的 MB1、MB8 等，美国的 M1、ZM21、ZM31 等；Mg-Zn-Zr 系合金，如国内的 MB15，美国的 ZK60 等。此外，还有 Mg-Li 系合金、稀土（RE）镁合金等。

1990 年代后期以来，国内外关于变形镁合金的研究主要集中在两个方面：一是高性能镁合金材料的研究开发，如采用多元微合金化等手段，提高变形镁合金的强度、耐热、耐蚀等性能；二是变形镁合金的塑性变形机理研究与成形加工技术开发，重点在于提高镁合金的塑性变形能力（可加工性），实现高效、低成本塑性成形加工。

4.4.1 镁合金的可挤压性

4.4.1.1 镁合金塑性变形特点

大多数镁合金的晶体结构为密排六方结构。由于六方晶格仅有 3 个滑移系统（由（0001）密排基面和该基面上的 3 个 $[11\overline{2}0]$ 方向构成的基面滑移系），远少于面心和体心晶格的滑移系统数（12 个滑移系统），因而在室温和较低温度的变形条件下镁合金的塑性变形能力较差[26]，在各自的热加工温度范围内，镁合金的变形抗力明显高于铝合金的变形抗力。

由于塑性变形能力较差，使得镁合金的道次变形量、加工速度受到较大限制，且在加工过程中产品容易产生表面粗糙、粘结、条纹、裂纹等缺陷。因此，与大多数的铝合金、铜合金相比，镁合金属于难加工材料，可挤压性较差。

4.4.1.2 镁合金挤压速度极限

由于镁合金的塑性变形能力较差，变形温升现象较为明显，晶界和枝晶间容易形成粗大网状第二相等原因，镁合金挤压产品容易产生裂纹、表面条纹和粘结等缺陷，严重制约了镁合金的挤压速度的提高。因此，除 Mg-Mn、Mg-Mn-Zr 系的部分合金外，大多数镁合金热挤压时的可挤压速度（产品挤出速度，是可挤压性的重要指标体现）远低于 6000 系铝合金[27,28]。图 4-25 所示为镁合金的挤压加工极限曲线。由图可知，在热挤压条件下，M1 合金具有与 A6063 合金相当的可挤压性，ZM21 合金的可挤压性明显低于 A6063 合金，而 Al、Zn 合金元素含量较多的 AZ31 合金的可挤压性显著下降，AZ61、ZK60 等则属于难挤压合金。

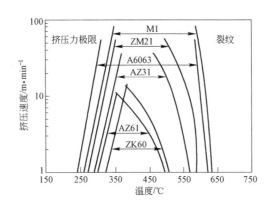

图 4-25　镁合金挤压加工极限曲线[27]

4.4.1.3　提高镁合金可挤压性的措施

改善镁合金的塑性变形能力，提高合金的可挤压性，主要可以从提高变形温度、改善合金组织、优化合金成分、优化挤压工艺和模具结构尺寸等方面采取措施。

A　加工温度

在低于 300℃的温度范围内，镁单晶（六方晶格）棱柱面发生滑移所需临界剪切应力远高于基面滑移所需临界剪切应力；而在高于 300℃的温度条件下，二者的临界剪切应力几乎相等，有利于棱柱面滑移系统的开动，提高塑性变形的能力[29]。在 350~450℃的温度范围内，镁合金具有较低的变形抗力和良好的流动变形能力[30~32]。图 4-26 和图 4-27 所示为纯镁和 ZK60 镁合金在不同温度下拉伸、压缩时的应力-应变曲线。

B　组织调控

组织调控包括晶粒细化和析出相控制。

与单晶相比，多晶镁合金非基面滑移系统启动的临界温度由 300℃下降到 200~250℃，尤其是当晶粒细化到 10μm 以下时，效果更加明显[26]。

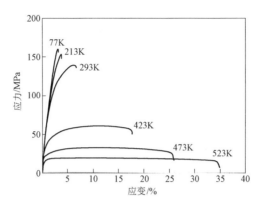

图 4-26 纯镁拉伸应力-应变曲线[30]

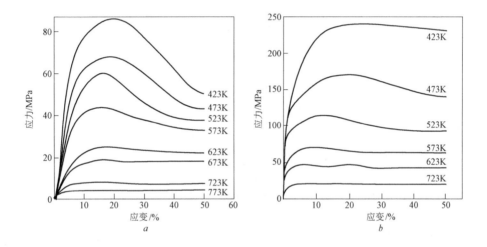

图 4-27 纯镁和 ZK60 合金的压缩应力-应变曲线 ($\dot{\varepsilon} = 2.8 \times 10^{-3} s^{-1}$)[31]

a—纯镁；b—ZK60

多晶体发生塑性变形时，由于各晶粒的取向不同，在变形过程中发生由硬取向向软取向或（和）软取向向硬取向的晶粒转动，而细晶化有利于晶粒转动，增加各晶粒之间的变形协调性。此外，均匀细小晶粒组织还有利于各部位同时、均匀产生塑性变形。因此，尽管细晶化导致晶界增加，对位错滑移的阻碍作用增加，但总体而言，细晶化是提高镁合金塑性变形能力的重要措施。

晶粒细化的措施包括添加合金元素、在中低温度下施加大应变塑性变形、控制热加工过程中的动态再结晶等。

均匀化退火处理是镁合金挤压坯料组织调控的重要措施。AZ 系镁合金在凝固过程中容易形成非平衡的 α-Mg + γ-Mg$_{17}$Al$_{12}$ 共晶组织，且随 Al 含量的增加，γ-Mg$_{17}$Al$_{12}$ 相含量增加，并易呈粗大网状分布于晶界[33]。对该类合金施行均匀化退火处理，可使分布于晶界和枝晶间的粗大网状 γ-Mg$_{17}$Al$_{12}$ 相溶解，以细小颗粒分布于 α-Mg 基体中，从而显著改善镁合金的塑性和可加工性能[34,35]。

C　合金成分优化

通过合理的合金成分设计、微合金化调控等措施改善其力学性能与加工性能，是镁合金领域的重要研究方向之一。例如，Al 是镁合金的主要强化元素之一，当 Al 含量的质量分数超过 6% 时，AZ 系镁合金具有可热处理强化的特点[33,35]。但随着 Al 含量的增加，合金的最大可挤压速度显著下降。降低 Al 的含量，有利于大幅度提高挤压速度，由于 Al 含量降低导致的强度下降，可以通过 Zn、Mn 等合金元素的优化进行补偿[36]。但 Al 含量降低还会显著影响合金的铸造性能和耐蚀性能，需要添加 Ca、Si、RE（稀土）等合金元素进一步优化，或采取工艺措施加以解决。

D　挤压工艺优化

镁合金的挤压温度、挤压速度和挤压比是三个交互作用较为显著的工艺参数。在挤压设备挤压力一定的情况下，提高挤压温度有利于提高挤压速度和挤压比，但在较高温度下以较大挤压比和较高挤压速度进行挤压时，容易由于变形热的原因使产品产生粘结、条纹和裂纹等缺陷。降低挤压比和挤压温度，一般有利于提高挤压速度。因此，在产品断面形状和尺寸一定的条件下，合理选择挤压筒的直径（影响挤压比的大小）和挤压温度，进而合理选择设备，对于获得较高挤压速度非常重要。

此外，在其他条件一定的情况下，适当降低挤压筒和挤压模的加热温度，也有利于提高挤压速度。

E　模具结构与尺寸优化

由于镁合金的室温塑性变形能力较差，热挤压时的加工性能也明显劣于铝合金，挤压模具结构与尺寸的优化设计尤其重要，主要体现在以下两个方面：

一是通过模具结构与尺寸的优化设计可以改善金属流动的均匀性，抑制裂纹等产品缺陷的产生，从而有利于提高挤压速度；

二是镁合金挤压型材的室温矫直是一大技术难题，尤其是扁宽型材挤压时容易产生横向瓢曲，往往成为影响产品质量的重大问题。改善产品纵向弯曲、扭拧和横向瓢曲是模具设计的关键因素。

模具结构与尺寸对挤压加工的影响参见 4.4.3 节。

4.4.2 镁合金挤压工艺

镁合金挤压产品包括棒材、板材、管材、型材等，图 4-28 所示为典型的镁合金挤压产品照片。

图 4-28 镁合金挤压管材和型材

4.4.2.1 坯料均匀化处理

一般而言，镁合金铸造坯料在挤压前均需要进行均匀化退火处理。均匀化处理有利于改善合金的组织，提高其塑性，从而改善其挤压加工性能，降低挤压力，并可为某些挤压产品（可热处理强化合金）的最终热处理（时效处理）进行组织准备。

例如，对铸造 AZ91 镁合金施行均匀化退火处理，其伸长率由 3.2% 显著提高到 11.2%[35]，如表 4-8 所示。

表 4-8 AZ91(Mg-8.4Al-0.88Zn-0.34Mn) 合金不同工艺状态的力学性能[35,37]

工 艺 状 态		屈服强度/MPa	抗拉强度/MPa	伸长率/%
铸造（金属模浇注 φ95mm 坯）		100	163	3.2
均匀化退火	380℃，15h	100	243	11.2
	420℃，5h	100	246	10
挤压（380℃，15h 均匀化后）	320℃，λ =40	213	318	10.9
	380℃，λ =40	239	331	11.7
挤压（无均匀化）	380℃，λ =40	236	339	10.8
时效200℃，10h（380℃，15h 均匀化；380℃，λ =40 挤压）		251	357	10

表4-8表明，不论是否进行均匀化处理，相同条件（$T = 380℃$，$\lambda = 40$）下挤压产品的力学性能无显著差别。其主要原因可以认为是由于在较大挤压比条件下，未均匀化处理坯料铸态组织中的第二相在剧烈变形中得到充分破碎和细化，沿挤压方向呈流线状分布，同时基体晶粒由于动态再结晶而充分细化，从而改善和提高了挤压产品的力学性能。然而，由于此时组织中已有较多的第二相存在，将对随后的时效强化处理带来不利影响[37]。

4.4.2.2　挤压温度

确定镁合金的挤压温度（坯料加热温度），不仅需要依据合金的相图、塑性图和再结晶图等金属学理论，还应根据镁合金的物理化学特点，考虑以下因素：

（1）由于镁合金的塑性流动性能差，对于挤压复杂断面形状的产品，坯料温度应尽可能高；

（2）镁合金挤压时变形区内温升现象明显，且挤压速度越快温升越显著，因而较高挤压速度时坯料温度应较低；

（3）镁合金化学性质活泼，易发生氧化、燃烧现象，一般情况下坯料最高加热温度不宜超过450℃。

镁合金挤压温度的选择，应根据挤压速度、挤压比的大小，考虑挤压过程中可能的温度上升或温度下降，使挤压变形区内温度控制在300～450℃范围内。合金元素含量越高的镁合金，挤压温度应越低。部分镁合金的挤压温度、挤压速度如表4-9所示。

表4-9　几种镁合金的挤压温度、挤压速度[26]

合　金	坯料温度/K	挤压筒温度/K	流出速度/m·min^{-1}
M1	693～713	653～663	6～30
AZ31	643～673	503～593	4.5～12
AZ61	643～673	503～563	2～6
AZ80	633～673	503～563	1.2～2

4.4.2.3　挤压速度

图4-29所示为挤压筒直径95mm，模孔直径25mm（挤压比约为14.4），AZ91镁合金坯料加热温度380℃，挤压筒预热温度350℃，挤压模预热温度300℃，挤压速度$V_{\rm j} = 1～10\rm mm/s$（棒材挤出速度$V_{\rm f} = 0.86～8.64\rm m/min$），模孔定径带长度$l_{\rm d} = 5～25\rm mm$，平模（$\alpha = 90°$）、锥模（$\alpha = 45°$）和流线模（1/4圆弧，凸向挤压轴方向）挤压时，模孔出口处棒材温度、棒材表层附加拉应力的计算结果，其合理性和可靠性得到实验验证[38]。

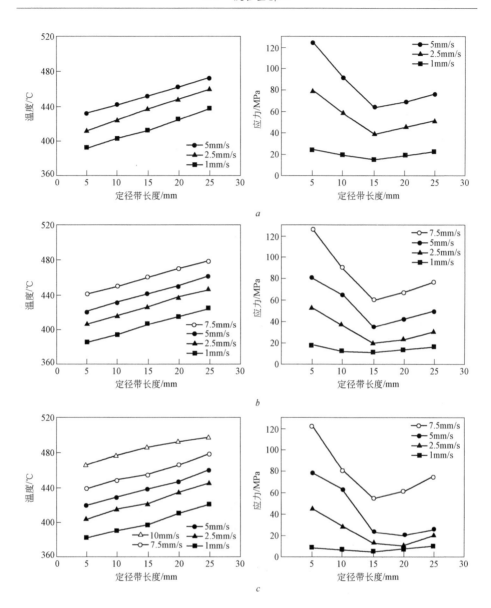

图 4-29　挤压速度、模具结构和定径带长度对 AZ91 镁合金挤压棒材
温度、表层附加拉应力的影响[38]

a—平模；b—锥模；c—流线模

由图 4-29 可知，在所有条件下模孔出口处棒材温度高于坯料加热温度，而挤压速度是影响温升的重要因素之一。挤压速度越高金属热量越不容易逸散，导致挤压时金属的温升越大。图 4-29c 表明，当挤压速度为 10mm/s、定

径带长度为 25mm 时，模孔出口处棒材的温度可达 500℃，比坯料加热温度上升 120℃。

由于挤压金属流动不均匀性特点，产品流出模孔时易在表面层产生附加拉应力，当附加拉应力数值超过相应温度下金属的抗拉强度时，则会导致产品产生横向裂纹。由图 4-29 可知，挤压速度越高，附加拉应力越大，这是因为镁合金流动变形能力较差，且挤压速度越大，金属在挤出模孔时的非接触变形（起因于"流动过冲"现象）越显著等原因所致。

一般而言，镁合金挤压产品的表面质量随挤压速度的上升而下降。例如，AZ31 镁合金挤压时，当产品流出速度低于 4m/min 时，产品表面质量良好；随着挤压速度的提高，表面质量下降；当产品流出速度达到 15m/min 时，表面出现裂纹[28]。几种镁合金的合适挤压速度见表 4-9。

4.4.2.4　挤压比

镁合金的合适挤压比 λ 一般在 10 ~ 100 的范围内。合金成分含量越高，产品断面越复杂，挤压比应越小。从挤压设备的负荷考虑，挤压温度越低，挤压比应越小，但从挤压变形温升考虑，挤压温度越高，挤压比应越小。此外，由于挤压产品的流出速度对表面质量的影响较为明显，选择挤压比的大小时，还应同时考虑挤压速度的选择问题，因为二者之间具有较强的相互制约关系。

挤压比对产品力学性能的影响以伸长率较为显著。关于 AZ31 合金挤压实验的结果表明，在挤压比 λ = 10 ~ 100 的范围内，挤压棒材的强度几乎没有变化，但伸长率随挤压比的增加明显上升[39]。

4.4.3　镁合金挤压模具

镁合金实心和空心断面产品挤压所使用的模具，其设计原则基本与铝合金挤压时的相同，但由于镁合金材料本身的性能特点（如塑性变形能力较差等），模具结构与尺寸设计具有其自身特点。

4.4.3.1　模具结构

在平模、锥模和流线模三种模具结构中（见图 4-29），平模挤压时出模孔处棒材温度最高、挤出棒材表层附加应力水平最高，锥模次之，流线模最低。这是因为平模挤压时在变形区内金属流动均匀性最差，所承受的附加剪切变形最大。与锥模相比，流线模挤压时的温升和附加应力进一步下降，但降低幅度较小。

尽管平模挤压具有温升高、附加拉应力大的缺点，但对于实心和空心断面型材挤压而言，由于模具设计制造和工艺操作方面的原因，一般只能采用平模挤压，这也是镁合金型材挤压困难的主要原因之一。

4.4.3.2　定径带长度

与铝合金挤压模具定径带（工作带）长度较短、一般为 2～8mm 的情形相比，镁合金挤压模具的定径带长度较长，一般为 6～20mm。定径带较短时，产品表面容易产生周期性裂纹。但如图 4-29 所示，镁合金挤压时模孔出口处温度随定径带长度的增加而呈近似线性关系快速增加。因此，较长的定径带不利于采用较高的速度进行挤压。

定径带对挤出棒材表层附加拉应力的影响具有二重性。随定径带长度的增加，由于定径带表面的摩擦作用，一方面提高了挤压变形区和模孔出口附近的静水压力，有利于阻止棒材流出模孔时产生横向裂纹，但另一方面又促进了金属流动的不均匀性。两种因素综合作用的结果，平模和锥模挤压时，定径带长度 $l_d = 15mm$ 时附加拉应力达到最小值，而流线模挤压时 $l_d = 15 \sim 20mm$ 时附加拉应力最小。

图 4-30 所示为模具结构和定径带尺寸对 AZ91 合金挤压棒材表面质量影响的实验结果[38]。挤压速度 $V_j = 4.6mm/s$，其余挤压条件与图 4-29 的相同。

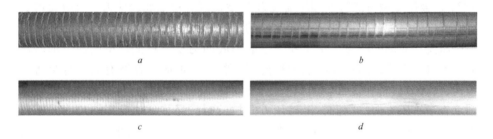

图 4-30　模具结构与定径带长度对 AZ91 合金挤压棒材表面质量的影响[38]
a—平模，定径带长度为 5mm；b—锥模，定径带长度为 5mm；
c—流线模，定径带长度为 10mm；d—流线模，定径带长度为 20mm

由图 4-30 可知，当定径带长度为 5mm 时，平模和锥模挤压时均产生表面周期性裂纹，但锥模挤压时的裂纹密度和深度明显比平模挤压时的小。流线模挤压时，定径带长度为 10mm 时，表面出现周期性细小裂纹，而定径带长度为 20mm 时，棒材表面光亮无裂纹。上述实验结果与图 4-29 关于棒材表面附加拉应力变化规律的计算结果相一致。

4.4.3.3　模角

产品表面质量差是镁合金可挤压性较差的重要问题之一。平模或锥模挤压时，模角对挤压产品的表面质量有显著影响。研究结果表明[36]，采用平模（模角 $\alpha = 90°$）挤压时，表面粗糙度达 2.2μm，而采用 $\alpha = 30° \sim 60°$ 的锥模挤压时，表面粗糙度可降低到 0.2μm 以下。

4.4.3.4　定径带锥度

如上所述，采用锥模挤压可以显著改善挤压产品的表面质量，但锥模挤压仅适合于棒材、管材等简单断面产品的情形，难以应用于复杂断面型材的挤压。对于型材挤压，可采用平模结构，而将定径带做成带 0.5° ~ 1°的正锥，也可以收到与锥模挤压相同的效果[36]。

4.4.3.5　焊合室深度

由于镁合金的流动性较差，在相同或相似断面空心型材挤压时，分流模的焊合室深度 h 应比铝合金挤压（式 2-6 ~ 式 2-8）时的取得大一些，以减小金属流出模孔时产生的"流动过冲"，影响断面尺寸。焊合室深度过小还会加剧型材各部位流动的不均匀性，造成扁宽空心型材产生横向瓢曲。

4.4.4　镁合金挤压材料的各向异性

与铝合金、铜合金挤压材料相比，镁合金挤压材料的各向异性特点较为突出。图 4-31 所示为 AZ31 合金挤压材料的各向异性特性[27]。图 4-31a 为 AZ31 合金挤压型材的拉伸和压缩应力-应变曲线，压缩屈服应力和总应变均明显低于拉伸值。造成这种特殊异向性的根本原因，在于镁合金六方晶格结构和挤压流动变形的特点。由于镁合金晶格底面为易滑移面、挤压加工轴向延伸变形以及变形区内存在剧烈剪切变形等特点，形成一种特有的镁合金挤压织构：（0001）晶格底面转动到平行于挤压型材侧表面的方位，晶格 c 轴转动到垂直于挤压方向。因此，沿挤压方向拉伸时，晶格 c 轴受压缩应力，不利于压缩孪晶变形的发生，因而屈服应力上升；但由于底面平行于拉伸方向，有利于获得较大的拉伸变形。沿挤压方向压缩时，情形则恰恰相反。

图 4-31b 为 AZ31 合金挤压板材沿挤压方向、与挤压方向成 45°、垂直于挤压方向三个方向拉伸时屈服应力随挤压比的变化情况，在所有挤压比的条件下，

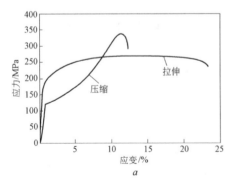
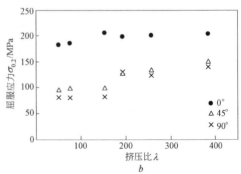

图 4-31　AZ31 合金挤压材料的各向异性特性[27]

a—拉压异向性；b—三向异向性

挤压方向的拉伸屈服应力显著高于其余两个方向，而伸长率则恰恰相反（伸长率变化情况在图中未给出）。AZ61 合金中虽然也可以观察到这一特异现象，但程度则小得很多。镁合金挤压材料力学性能三向异性的上述特点，其机制虽然尚不十分清楚，但可以认为主要与合金的晶格结构与挤压组织特点有关。

4.5　钛合金挤压

钛及钛合金是非常重要的结构材料，也是用途较广的耐蚀、耐热和热交换材料。根据用途、强度和使用温度，变形钛合金分为低强度合金、中强度合金、高强度合金和热强合金。

低强度合金（$\sigma_b < 600\mathrm{MPa}$）：包括工业纯钛 TA2、TA3 和低合金化 TC1 等，主要用来制造不承受大载荷的各种形状的零件。

中强度合金（$\sigma_b = 600 \sim 1000\mathrm{MPa}$）：包括中等合金化的两相合金 TC2、TC3、TC4、TC5 以及单相 α 合金 TA6 和 TA7，通常用于制造非热处理强化的结构件，其中 TC4 合金用得最广。

高强度合金（$\sigma_b \geqslant 1000\mathrm{MPa}$）：包括在热处理状态使用的两相合金 TB1 和 BT15（俄）❶、BT20（俄），以及非热处理强化的 OT4-2（俄）合金。

热强合金：包括两相合金 TC6、TC8、TC9 和 α 合金 BT18（俄），在热处理状态使用。BT18 的热强性最高，其高温比强度是耐热钢 1Cr12Ni2WMoV 的两倍以上。

采用挤压方法可生产各种钛合金棒材、管材、实心和空心断面型材等产品。本节主要论述钛及钛合金的热挤压，有关冷挤压问题，可参考 4.6.1 节。

4.5.1　钛合金热挤压的特点[40]

钛合金产品的热挤压变形过程比铝合金、铜合金、甚至钢的热挤压变形过程更为复杂，这是由钛合金特殊的物理化学性质所决定的。

钛合金的导热率低，在热挤压时会使坯料表层与内层产生很大的温差，当挤压筒的加热温度为 400℃时，温差可达 200~250℃。吸气强化和坯料断面大温差的共同影响，使坯料表面和中心的金属产生极不相同的强度性能和塑性性能。其结果是毛坯中心部分的变形抗力远低于邻近挤压筒内壁及模孔的环形区。在挤压过程中，这会造成很不均匀的变形，在表面层中产生大的附加拉应力，成为在挤压产品表面形成裂口和裂纹的根源。

对工业钛合金挤压流动的研究表明，在对应于各合金不同相状态的温度

---

❶合金牌号后加"（俄）"，表示俄罗斯牌号。

区中，金属的流动行为出现极大的差异。因此，影响钛合金挤压流动特征的主要因素之一是坯料的加热温度。

在 α 相或 α + β 两相温度区挤压与在 β 相温度区挤压相比，金属的流动更加均匀。

要获得高表面质量的挤压型材困难最大。到目前为止，钛合金都必须采用润滑挤压。这主要是因为钛在 980℃ 和 1030℃ 的温度下易与铁基或镍基合金模具材料形成易熔共晶体，从而使模具产生强烈的磨损（蚀损）。

对模具的定径带表面堆焊司太立特合金（B2K 或 B3K），可使其寿命有所提高，但是型材的表面质量仍然不高，这是因为被挤压合金易与工具产生强烈粘着的缘故。

当使用石墨润滑剂时，在型材表面可形成深的纵向刮线，这是钛粘着于模具定径带上的结果。采用玻璃润滑剂挤压型材时，会导致另一类型的表面缺陷"麻斑"，即型材表面层的细小裂口。研究表面"麻斑"的出现是钛及钛合金热导率低而使坯料表面层急剧冷却、塑性剧烈下降的缘故。"麻斑"的侵入深度一般为 0.5mm 左右。所以，这种型材只能用于制造沿整个外形都要进行表面机械加工的零件。

挤压钛及钛合金棒材时，可能产生大的中心挤压缩孔，在个别情况下，其深度达到挤压件长度的一半。

4.5.2　钛合金型材挤压

4.5.2.1　一般型材挤压工艺

钛合金型材一般在卧式水压机上用正挤压法生产。

坯料的准备通常包括下列工序：切成定尺坯料、端面加工、倒棱、前端成形。坯料要用车床机加工到 4 级表面精度。前端要做成一定曲率的球面。

坯料的长度 L 取决于要求的型材长度，并且受到挤压筒工作部分长度的限制。通常 $L = (2 \sim 3)D_t$，坯料直径 $D_\circ = (0.95 \sim 0.96)D_t$，前端曲率半径 $R_q = (0.15 \sim 0.2)D_t$，其中 D_t 为挤压筒直径。

确定钛合金的挤压工艺参数时，应考虑以下原则：

（1）温度。提高温度时，金属流动不均匀性增加，这是大多数合金热挤压的特征。但是，为了便于在最小的压力下实现快速挤压，应在能保证产品良好力学性能的尽可能高的温度条件下进行挤压。对于工业纯钛来说，即使挤压温度高达 1038℃（刚好进入 β 相的温度范围），对其力学性能也无明显的影响。然而，实际上业已证明，在 927℃ 左右的温度下进行挤压是有利的。表 4-10 和表 4-11 列出了部分钛合金的挤压参数[41]。

表 4-10　钛合金棒材的挤压参数[41]

合　金	坯料加热温度/℃	λ	单位挤压力/MPa	流出速度/m·s⁻¹
BT1-1（俄）	750～800		400～700	
TC2	800～900	5～15	500～800	0.5～0.75
TC6	800～900		700～1000	
TA7	850～950		700～1000	

表 4-11　采用综合玻璃润滑剂挤压钛合金的参数[1,8]

合　金	成　品	λ	挤压温度/℃	单位挤压力/MPa
BT1-1（俄）	φ20mm 棒材	33.3	830～850	400
TC6	φ20mm 棒材	33.3	950～1000	650
TA7	φ20mm 棒材	33.3	900～920	800
OT4-0（俄）	35mm×6mm 角材	27.7	885～910	500

α+β 两相合金在 β 相区内加热时，通常会引起塑性下降。对于某些允许在较低强度下使用的合金来说，可以通过退火或热处理来恢复其足够的塑性。同样，对诸如 Ti-5Al-2.5Sn 等 α 相合金来说，在低于 β 相转变点的温度下挤压可获得最佳的力学性能。

（2）润滑。在挤压钛合金时，通常采用两种主要类型的润滑剂：含有诸如石墨等固体薄片的油基润滑剂和玻璃类润滑剂。金属铜包套润滑有时也用于某些钛合金挤压产品。因为钛具有严重的因摩擦而粘结的特性，所以，润滑是特别重要的，而且往往还是一个最困难的问题。润滑不合理不仅会使钛粘附于挤压模上，而且会引起挤压模的快速磨损。这两种情况都可能在产品表面上引起深的划痕和撕裂。此外，钛合金挤压机的主要差别一般体现在润滑方式上。

钛合金热挤压时，以玻璃润滑为多见。采用玻璃润滑挤压可使钛合金在高得多的温度范围内有较均匀的流动。例如，在玻璃润滑条件下，加热至 1000℃ 的 TC6 合金以及加热至 1050℃ 的 TA7 合金，也能获得较均匀的金属流动。

玻璃润滑剂适于钛合金的挤压，一般解释为玻璃有良好的隔热性，可提高坯料温度场的均匀性。例如，润滑油-石墨润滑剂的传热系数为 2.93～6.28W/(cm²·℃)，而玻璃润滑剂的传热系数不超过 0.628～1.256W/(cm²·℃)。

有关玻璃润滑剂的细节可参阅 4.6.3.3 节。

（3）加热。在加热时应尽可能保证钛坯料不产生氧化鳞皮。可采用各种各样的方法，如盐浴槽、感应加热炉和氩气气氛炉来加热钛合金坯料。在氩气气氛下的马弗炉中加热可获得最好的效果。采用惰性气氛下的低频感应炉加热也是较为理想的。

（4）挤压速度。无论是采用油剂还是采用玻璃作润滑剂，均应选用尽可能高的挤压速度。由于油脂类润滑剂在高温下对钛合金坯料的保护作用较小，所以，热坯料与挤压模的接触时间应尽可能短。当用玻璃作为坯料和工具之间的绝热体时，上述问题就不再特别突出。然而，玻璃润滑的主要缺点为，玻璃在开始熔化的状态下往往容易连续不断地从容器中流出，因而亦要求采用高的挤压速度。

挤压时可达到的实际挤压轴速度依合金成分、挤压温度和挤压比而变化，但在一般情况下为 80 ~ 130mm/s（参见表 4-10）。

（5）模具寿命。挤压模寿命与型材的几何形状和被挤压钛合金的品种有关。对于一些确定的型材来说，挤压比较软的金属（如纯钛）时挤压模寿命大大地长于挤压高强度合金（如 Ti-6Al-4V）时的挤压模寿命。采用玻璃润滑剂时，挤压模的使用寿命为每副挤压模挤压 1 ~ 20 次。用玻璃垫挤压钛合金时，采用锥形模和平面模。用平面模时，由玻璃垫的内表面形成金属流动的漏斗形体。为提高平面模的寿命，通常把硬质合金堆焊在定径带表面上，也可将硬质合金镶块安装在钢圈内，如图 4-32 所示。采用入口锥度为 130° ~ 150°模具时，金属流动最好。挤压复杂型材用整体式挤压模在制造上消耗工时太多，因此，最好做成可分式的。

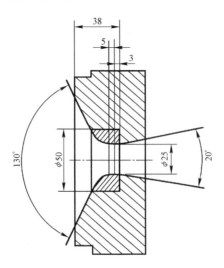

图 4-32　带硬质合金镶块的组合式模具

（6）精整。挤压以后的处理方法在不同的厂家中存在着相当大的差别。拉伸矫直和扭拧矫直几乎对所有的用作飞机骨架、发动机零件或其他用途的结构材料来说都是需要的。尽管某些厂家也应用辊式或冲床式矫直机，但最常用的是液压扭拧拉伸矫直机。

对于大多数工业纯钛挤压件来说，无论在冷态下还是在热态下拉伸矫直均无多大困难。但是，对工业钛合金挤压件来说，由于具有高的屈服强度，特别是由于会产生回弹现象，在冷态下拉伸矫直是十分困难的，它们通常需要在370～540℃左右的温度下进行矫直。

粘附于型材表面上的玻璃必须采用急冷、酸洗或喷射冲击波的方法清除掉。因此，在拉伸和扭拧矫直之前一般需要重新加热。

型材表面氧化鳞皮在挤压之后通常采用蒸汽冲击波和酸洗的方法清除掉。

4.5.2.2 特殊型材的挤压[40,41]

A 变断面型材挤压

典型的钛合金变断面型材为尾翼型材，这种型材把短而粗的实心根部（尾翼）和断面小得多的长型材部分结合为一体，见图4-33。尾翼型材一般采用双工位法进行挤压，如图4-34所示。

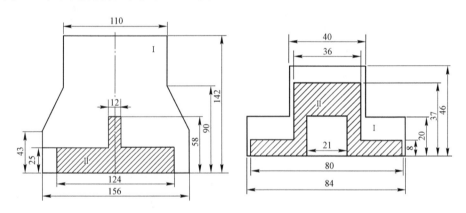

图 4-33 钛合金变断面型材示例

I—大头（尾翼）部分；II—小头（型材）部分

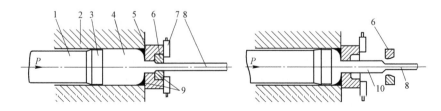

图 4-34 双工位法挤压尾翼型材示意图

1—挤压轴；2—挤压筒；3—挤压垫；4—坯料；5—尾翼模；6—型材模；
7—楔形挡料装置；8—型材；9—润滑垫；10—尾翼

对挤压尾翼型材所用坯料的加热、润滑剂涂敷、润滑垫制备的要求，与一般型材挤压时的要求基本相同。区别只是当挤压尾翼型材时需采用两种润滑垫：一种是圆形的，装入挤压筒中尾翼模前；另一种是异形的，与尾翼模孔的形状一致，装入型材模中。异形润滑垫为两层结构：紧贴于型材模的第一层由熔渣制得，第二层由 No15 玻璃制得。使用双层润滑垫的特点是，软化温度为 1100～1500℃ 的熔渣在挤压过程中实际上不熔化，因而可造成有助于改善型材表面质量的稳定死区。

B　空心型材的挤压

钛合金空心型材采用舌形模或组合模进行挤压，模具应满足如下要求：

（1）可承受瞬时（0.5～3s）高压（可达 1000～1300MPa）和高温（可达 1150℃）作用；

（2）模具的工作表面应该具有高的耐磨性；

（3）应保证环绕模芯周围金属流动的平衡，防止模芯承受附加横向弯曲力作用；

（4）分流桥、焊合室、模芯和定径带的工作表面均应涂敷防热耐磨涂层。

空心型材的挤压工艺与实心断面薄壁型材的挤压工艺相比，具有某些特点。其中之一就是可采用更高的挤压速度。这是因为挤压实心断面型材时，挤压速度取决于改善表面质量的条件，而当挤压空心型材时，挤压速度则取决于模芯的强度和寿命。

有关研究结果表明，挤压速度由 20～40mm/s 提高到 200～250mm/s，型材的表面粗糙度大约增加一级，但仍能符合一般使用要求。

空心型材挤材工艺的第二个特点是，不能采用玻璃润滑挤压，因为这会显著降低焊缝的质量。只有采用脱皮挤压时，才能获得令人满意的焊缝质量，因为脱皮挤压能防止冷的金属表面层进入焊合室。脱皮挤压垫片的直径一般比挤压筒内径小 2～2.5mm。

C　壁板型材挤压

1967～1970 年期间，曾有关于美国试生产钛合金挤压壁板型材的几篇报道，其中包括生产 Ti-6Al-4V 和 Ti-6Al-2Sn 合金壁板型材。

科尔蒂斯-莱特公司拥有供洛克希德式超音速飞机蒙皮采用平面壁板的挤压工艺，可在 120MN 挤压机上挤压宽 409～559mm、厚 6～15mm 的壁板型材。采用涂有厚 0.5mm 二氧化锆的钢组合模具时，壁板型材断面各部位的成形、表面质量以及纵向几何形状就都能获得良好的结果。

挤压用坯料的最佳加热温度为 1020～1050℃ 之间。除了用玻璃泥浆涂敷坯料外，还可用厚度为 20～50mm 的中黏度挤压玻璃纤维垫进行润滑。推荐将挤压速度控制在 100～130mm/s 的范围内。

无机加工余量薄壁壁板型材可在现有设备上由扁挤压筒直接挤压成形，或者由圆形挤压筒挤压成 U 形形状或管状，然后展平为壁板型材。

图 4-35 所示为在 80MN 挤压机上采用扁挤压筒挤压的板面厚度 3mm、宽度 400～600mm 的 Ti-6Al-4V 和 Ti-6Al-6V-2Sn 合金带筋壁板型材的断面形状。

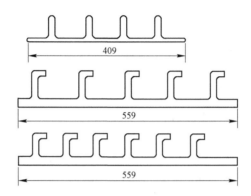

图 4-35　Ti-6Al-4V 和 Ti-6Al-6V-2Sn 合金带筋壁板断面形状

4.5.3　钛合金管材挤压[41]

钛合金管材包括 12 种合金的 2000 多个工业品种规格。根据现行技术条件，钛及其合金管材可分为热挤压管、热轧管、冷变形管和焊接管 4 类，如表 4-12 所示。

表 4-12　常用钛合金管材

管材名称	合金（俄罗斯牌号）	外径/mm	壁厚/mm
热挤压管	BT1-00、BT1-0、OT4-0、OT4-1	45～49	5～20
热轧管	OT4、BT6C、BT8、BT3-1、BT5、BT14、BT15、BT1-00、BT1-0、OT4-1、OT4、AT3、BT5	100～250 60～485	10～35 5～65
一般质量冷变形管	BT1-00、BT1-0、OT4-0、OT4-1、OT4、BT5	6～62	1～4
高质量冷变形管	BT1-00、BT1-0、OT4-0	8～30	0.5～2
焊接管	BT1-00、BT1-0、OT4-0	25～100	1～2

钛及钛合金的无缝管材可采用几种工艺流程来生产，热轧管材一般是在二辊或三辊穿孔轧机上轧制生产。

薄壁无缝管材多按下列流程生产：

（1）挤压—轧制；

（2）挤压—轧制—拉伸；

（3）穿孔—轧制。

管材挤压的主要工艺要求如下。

按照确定的工艺，或者对不同直径的轧棒进行机械加工，或者对坯料进行挤压穿孔，均可获得空心管坯。研究表明，当孔径大于 130mm 时，最好用盲孔模（堵板）对坯料进行穿孔，保留 25～30mm 的料底。过薄的料底会使作用在挤压针上的力急剧增加。因为对直径大于 130mm 的杯形件直通穿孔时，可形成一种料头，其长度为穿孔直径的 1.2～1.3 倍，这会显著增加金属消耗，并使工艺过程变得不经济。

管材挤压用穿孔坯料或轧棒，应车去表面缺陷和吸气层。直径为 80mm 以上的管材一般在 30～50MN 的卧式挤压机上挤压，而直径较小的管材则在 16MN 卧式挤压机或 6～10MN 立式挤压机上挤压。

为了使两相合金管材获得高的塑性指标，应在不高于 1000℃ 的温度下进行挤压。但 950℃ 挤压后在许多情况下都会使宏观组织粗化，这是在完全（α + β）相区进行变形而形成纤维状组织的结果。

在立式挤压机上挤压中等直径和较小直径管材的工艺过程，包括穿孔和随后挤压这两道工序。在采用这种方法以前，是用预先钻孔的坯料进行挤压的。钻孔直径取决于管材的内径。当钻穿通孔时，碎屑量达 20%，钻头的消耗量也相当高。通过大量的研究工作，其结果使得钻孔被穿孔取而代之。

用带有两个定径带的穿孔针实现穿孔挤压的过程如图 4-36 所示。这种形状的穿孔针挤压可获得壁厚不均最小的管材，并在挤压过程中防止金属粘到穿孔针上。

此外，用这种穿孔针还可在无穿孔系统的挤压机上进行穿孔挤压。穿孔针的穿孔部分由导向锥 1（锥角约为 2°）和工作锥 2 组成。与穿孔部分相连的为前定径带 3，其直径比穿孔针工作部分 4 的直径大 1～1.5mm。穿孔针的这种前端形状，可以减少金属料头损失。由于前定径带的直径大于针体直径，在穿孔针工作部分表面上可保留润滑剂，从而实现有效的工艺润滑，减小壁差率。依靠穿孔针穿孔部分的锥度和在坯料 6 上钻出的深度 $h_1 = 40～70mm$ 的定心孔，可大大减小壁差率。可保证最小壁差率的穿孔针最佳锥角 α 为 20°～50°。

坯料定心孔的直径取决于导向锥 1 的直径，而导向锥的直径也与管材内径（挤压针直径）有关。导向锥 1 锥底直径 $d_{锥底}$ 与穿孔针直径 d_z 的关系如表 4-13 所示。

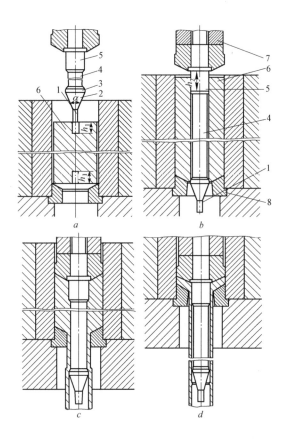

图 4-36 钛合金管材穿孔挤压工艺过程

a—穿孔开始；b—穿孔结束；c—挤压；d—挤压结束

1—导向锥；2—工作锥；3—前定径带；4—穿孔针工作部分；

5—后定径带；6—坯料；7—针座；8—挤压模

表 4-13 导向锥 1 锥底直径 $d_{锥底}$ 与穿孔针直径 d_z 的关系

d_z/mm	36 ~ 49	50 ~ 59	60 ~ 72
$d_{锥底}$/mm	25	30	35

后定径带 5 的直径比前定径带的直径大 0.3 ~ 0.5mm。后定径带的长度应保证由这一部分作为定径带挤压出的管材长度（管材尾端部分）不小于穿孔针的长度。第二个定径带的作用，是为了挤压结束后能够很容易地取出穿孔针，即由于管材尾部的内径较大，当挤压结束时，穿孔针正好处于这个部位。

挤压前，坯料应在高频（2500 ~ 5000Hz）感应炉中加热。不同合金坯料的加热温度见表 4-14。

表 4-14　挤压钛合金管材时的坯料加热温度与产品流出速度

合　金 （俄罗斯牌号）	BT1-00，BT1-0	OT4-0，OT4-1 OT4	BT5，BT14 BT6C	BT3-1，BT8 BT15
$T/℃$	760 ~ 820	840 ~ 940	880 ~ 980	900 ~ 1150
$V_f/m \cdot s^{-1}$	3.0	2.0	1.5	1.0

加热到规定温度的时间一般为 1 ~ 1.5mim。用周期性对炉子通电与断电的方法来均匀坯料的加热温度。坯料断面上的温差不应超过 20 ~ 30℃。

考虑到钛合金与工具材料粘着力较强，应采用下列成分的润滑剂进行挤压：柏油 60% ~ 70%、铅笔石墨 30% ~ 40%。在向穿孔针表面涂抹之前，应将润滑剂预热到 250 ~ 300℃，并仔细地搅拌。

挤压产品的流出速度如表 4-14 所示。

管材外径的挤压公差为 ±0.5mm。允许的壁差率为管材壁厚的 15% 以下。

用带有两个定径带的穿孔针进行穿孔挤压的工艺，可提高成品率 10% ~ 15%，提高生产率和显著减少昂贵钻头的消耗。

4.6　钢铁材料挤压

钢铁材料的挤压与铝、铜等有色金属一样，按挤压方法分有正挤压、反挤压、复合挤压等方法，如图 4-37、图 4-38 所示[42]；按挤压温度分有冷挤压、温挤压、热挤压等几类。本节主要介绍钢铁材料在不同挤压温度下的工艺特点。

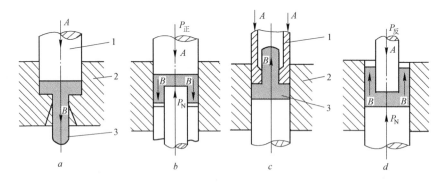

图 4-37　钢铁材料的正挤压和反挤压
a—实心件正挤压；*b*—杯形件正挤压；*c*—实心件反挤压；*d*—杯形件反挤压
1—挤压轴；2—挤压模；3—挤压金属

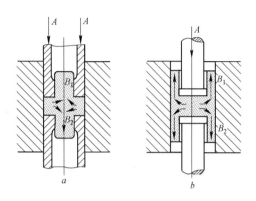

图 4-38 复合挤压的两种基本类型

a—实心件；b—空心件

4.6.1 冷挤压

从金属学的概念出发，冷挤压应定义为温度低于回复温度的挤压，而对于铝、铜、钛等大多数有色金属以及钢铁材料，通常所说的冷挤压一般是指在室温下的挤压（注：铅、锡等低熔点金属和合金在室温下的挤压属热挤压）。

钢铁材料的冷挤压主要用于零件的直接成形或近净形成形（也称近终形成形，机械制造行业习惯上称之为少无切削成形），具有节约原材料、产品尺寸精度高、表面质量好、强度高、生产效率高等优点。

4.6.1.1 冷挤压材料[42,43]

适合于冷挤压的材料应具有较好的塑性、较低的加工硬化能力，例如中低碳钢、低合金钢等。镍含量较高的各种钢一般不采用冷挤压进行成形，因为这类钢容易产生粘结，模具磨损快，挤压工艺复杂，设备吨位要求高。冷挤压生产中常用的钢大致可以分为如下三类。

（1）具有良好可成形性的钢，主要包括碳含量（质量分数）在 0.1% 以下的各种普通碳钢。对这种钢所要求的主要是其可成形性，而不是有较高的挤压强化效果。

（2）要求通过成形硬化（加工硬化）来提高零件的力学性能的钢，如碳含量（质量分数）在 0.20% 左右的低碳钢、低合金钢等。

（3）要求通过热处理来进一步提高零件力学性能的钢，如用作轴类零件、套筒类零件材料的 20Cr、40Cr 等。

一般地讲，所有可以进行热锻的钢均可进行冷挤压成形，但考虑工具和设备能力、经济性等因素的限制，实际生产中主要使用碳含量（质量分数）

在0.5%以下的中、低碳钢和低合金钢，尤其是碳含量（质量分数）低于0.2%的低碳钢和低合金钢应用最为广泛。表4-15是常用冷挤压钢的力学性能。

表4-15　常用冷挤压钢的力学性能

材　料	屈服强度 σ_s /MPa	抗拉强度 σ_b /MPa	伸长率 δ /%	断面收缩率 ψ /%	备　注
10 钢	200	320 ~ 340	32	55	
15 钢	220	360 ~ 380	28	55	
20 钢	230	390 ~ 420	28	55	
30 钢	300	500	21	50	
40 钢	340	580	19	45	软化状态
15Cr	320	450	20	40	
18CrMnTi	600	720	18	45	
1Cr13		400	55		
1Cr18Ni9Ti		550	55		

4.6.1.2　冷挤压坯料

冷挤压坯料的形状与尺寸主要根据成形件的形状与尺寸、挤压成形工艺来确定。确定坯料形状主要有如下几个基本原则：

（1）形状尽可能简单；

（2）所需成形工序尽可能少；

（3）有利于获得均匀的金属流动和均匀性能的产品；

（4）对于多工序成形零件，坯料的形状按中间工序半成品的形状来确定。

图4-39、图4-40为冷挤压常用的坯料形状[42]。坯料的成形方法主要有锯切、车削、剪切、冲裁、冷镦、冲压（压凹）等。前四种方法用于毛坯下料，下料后的毛坯可以直接用作冷挤压坯料，也可通过进一步的车削、冷镦、压

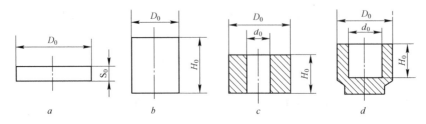

图 4-39　冷挤压坯料基本形状
a—片状；b—圆柱形；c—管状；d—盂形

凹加工进行预成形后用作挤压坯料。

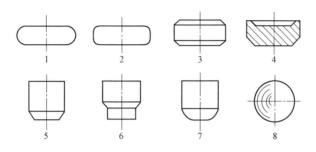

图 4-40 经过预成形的冷挤压坯料形状示例

冷挤压前的坯料一般需要经过退火处理和润滑处理。退火处理（软化热处理）的目的是软化材料，降低变形抗力和成形能耗。软化热处理应采用光亮退火方式，各种低碳钢的软化退火温度为 750~800℃，退火保温时间为 3~5h；低合金钢的软化退火温度为 680~720℃，退火保温时间为 8~12h[42,44]。

4.6.1.3 冷挤压润滑

冷挤压润滑是关系到挤压产品的质量（尤其是表面质量）、工模具的寿命以及冷挤压经济性的非常重要的工艺因素。冷挤压常用润滑剂及其润滑性能如表 4-16 所示[44]。对于低碳钢的冷挤压，广泛采用磷化-皂化处理的润滑方法。

表 4-16 常用冷挤压润滑剂及相应的摩擦系数 μ[44]

变形材料名称	润滑剂	μ
钢	皂化液	0.20
	乳化液（矿物油 + 油脂）	0.20
	乳化液（矿物油 + 油脂 + 极压添加剂）	0.20
	矿物油（20~800）+ 油脂 + 极压添加剂	0.15
	复合矿物油 + 石墨（或 MoS_2）	0.15
	磺化脂肪油	0.10
	石灰 + 复合油	0.10
	铜 + 复合油	0.10
	磷化 + 皂化	0.05
	磷化 + 皂化 + MoS_2	0.05
不锈钢及镍基合金	矿物油（20~800）+ 氯添加剂	0.20
	石灰 + 复合油	0.15
	铜 + 复合油	0.10
	聚合物涂层	0.05
	草酸盐 + 皂化	0.05

变形材料名称	润 滑 剂	μ
铝合金和镁合金	矿物油（10～100）+脂肪衍生物	0.15
	羊毛脂；干皂膜	0.07
	磷化+皂化	0.05
铜及铜合金	肥皂液	0.10
	乳化液（矿物油+油脂）	0.10
	乳化液（油脂）	0.10
	矿物油（20～400）+油脂+氯添加剂	0.10
	油脂；蜡（羊毛脂）	0.07
	皂（硬脂酸锌）	0.05
	石墨或 MoS_2 掺入润滑脂	0.07
钛合金	矿物油（20～800）+氯添加剂	0.20
	聚合物涂层	0.05
	阳极氧化+润滑剂	0.15
	铜（或锌）涂层+润滑剂	0.10
	氟化物-磷酸盐+皂化	0.05

注：1. 矿物油后括号内的数字是40℃时的黏度；

　　2. 极压添加剂为 S、Cl、P，有时为磺化油脂。

磷化处理，是将经过表面洁净处理的钢放入磷酸锰铁或磷酸二氢锌的水溶液中，通过磷酸与铁相互作用，生成不溶于水的、牢固地粘附在钢表面的磷酸盐膜层的过程。这种磷酸盐膜层的主要成分为磷酸铁和磷酸锌，其厚度通常为十几个微米，相当柔软，耐热性好，呈多孔状态，对其他润滑剂具有很强的吸附作用。

但是，磷化膜本身的摩擦系数并不很低，为了提高冷挤压润滑效果，通常在磷化后再施行皂化处理。皂化是利用硬脂酸钠或肥皂作润滑剂，使其与磷化层中的磷酸锌（ $Zn_3(PO_4)_2$ ）反应生成硬脂酸锌（ $(C_{17}H_{35}COO)_2Zn$ ，俗称锌肥皂或金属肥皂）的一种润滑处理方法。其化学反应式如下：

$$Zn_3(PO_4)_2 + 6C_{17}H_{35}COONa \longrightarrow 3(C_{17}H_{35}COO)_2Zn + 2Na_3PO_4 \quad (4-1)$$

经磷化-皂化处理后金属表层的结构如图4-41[42]所示。硬脂酸锌具有优良的润滑性能，其摩擦系数低于0.05。典型的磷化-皂化处理工艺如表4-17所示。

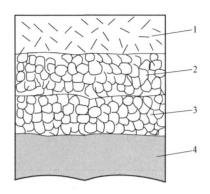

图4-41 磷化-皂化处理后金属表层的结构

1—肥皂（2~3μm）；2—金属皂（0.2~2μm）；3—磷酸盐薄膜（3~10μm）；4—金属坯料

表4-17 典型的磷化-皂化处理工艺[42,43]

工 序	处 理 液	工 艺 参 数	备 注
除 油	NaOH 溶液：60~100g/L	≥85℃，1~5min	除油后冷、热水洗
	Na₂CO₃ 溶液：60~80g/L	≥85℃，1~5min	
	Na₃PO₄ 溶液：25~80g/L	≥85℃，1~5min	
	Na₂SiO₃ 溶液：10~15g/L	≥85℃，1~5min	
酸 洗	HCl 溶液：150~200g/L	室温，2~5min	酸洗后冷、热水洗
	H₂SO₄ 溶液：18%~24%	80~70℃，5~10min	
	HNO₃：H₂SO₄：H₂O=3：1：3	室温，3~5s	
磷 化	磷酸锰铁	70~80℃，20~30min	磷化后冷、热水洗
	磷酸二氢锌	75~80℃，20~30min	
中 和	稀肥皂液：20~40g/L	60~80℃，1~3min	
皂 化	工业肥皂	60~70℃，20~30min	
	硬脂酸钠	60~70℃，20~30min	
干 燥		80~130℃	彻底干燥

4.6.1.4 冷挤压变形程度

冷挤压时，由于金属的变形温度低于回复温度，虽因材料种类不同而有程度上的差异，但总的来讲加工硬化是比较明显的。因此，冷挤压的变形程度受到一定限制，一般远远低于相应的热挤压变形程度。表4-18为部分金属材料的许用冷挤压变形程度，表4-19为典型零件的冷成形尺寸界限[44]。

表4-18　部分金属的许用冷挤压变形程度（断面收缩率/%）[44]

材　料	正　挤	反　挤	材　料	正　挤	反　挤
10	82～87	75～80	纯　铝	95～99	95～99
15	80～82	70～73	软铝合金	95～98	90～95
35	55～62	50	硬　铝	80～90	75～80
45	45～48	40	纯　铜	90～95	80～90
15Cr	53～63	42～50	黄　铜	80～90	75～85
34CrMo	50～60	40～45			

表4-19　典型零件的冷成形尺寸界限[44]

工艺名称	图　示	尺寸关系
反挤压		$d \leqslant 0.86D$ $b > t,\ l \leqslant 3d$ $t \geqslant d/5$
正挤压		$d \geqslant 0.45D$
复合挤压		$d_1 \leqslant 0.86D$ $l \leqslant 3d_1$ $d_2 \geqslant 0.4D$
		$d_1 \text{、} d_2 \leqslant 0.86D$ $l_1 \leqslant 3d_1$ $l_2 \leqslant 3d_2$

工艺名称	图　示	尺寸关系
缩　径	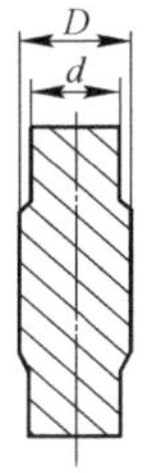	$d \geqslant 0.85D$
内台阶反挤	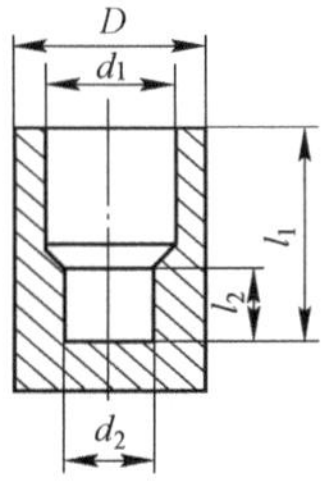	$d_1 \leqslant 0.86D$ $l_2 \leqslant 3d_1$ $l_2 \leqslant d_2$

4.6.2　温挤压

挤压温度低于再结晶温度而高于回复温度时的挤压称为温挤压。对于铝、铜、钛等大多数有色金属以及钢铁材料，通常将高于室温低于再结晶温度下的挤压统称为温挤压。和冷挤压一样，温挤压也主要用于零部件的直接成形或近净形成形。与冷挤压相比，温挤压的主要特点是：

（1）被加工金属的变形抗力低，挤压能耗下降；

（2）模具磨损减轻、寿命提高；

（3）道次变形量大，可以减少成形工序；

（4）金属可成形性提高，利于成形形状较为复杂的产品；

（5）可用于冷挤压难加工材料的零部件成形，如析出硬化型不锈钢、中高碳钢、耐热钢、钛及钛合金等材料零部件的挤压成形。

4.6.2.1　挤压温度

对于温挤压来说，温度是影响挤压成形的十分重要的因素。这是因为下述两个方面的原因。一方面，随着挤压温度的升高，通常变形抗力下降，可成形性提高，如图 4-42 所示[45]；但随着挤压温度升高，挤压产品的强度、尺寸精度、表面质量下降；另一方面，以软钢为代表的部分金属存在着低温蓝脆现象，对于挤压温度的选择具有制约作用。

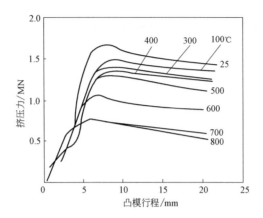

图 4-42 不同温度下正挤压力-行程曲线

（45 号钢，坯料 φ37.2mm，模角 2α = 120°，变形程度 65%）

　　所谓蓝脆现象，是指软钢在较低的温度范围内，随着变形温度的升高，变形抗力上升，塑性指标急剧下降，如图 4-43 所示。由图可知，出现蓝脆的

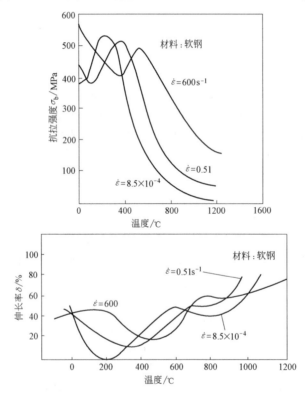

图 4-43 温度与速度对软钢（15 号钢）抗拉强度与伸长率的影响

温度范围与变形速度密切相关，随着变形速度的增加，蓝脆温度范围向较高温度方向移动。

与软钢不同，不锈钢没有明显的蓝脆现象，如图 4-44 所示。但由图可知，在低于 800~1000℃ 的温度范围内，不锈钢的塑性比室温时差，这也是不锈钢成形加工性较差的原因之一。

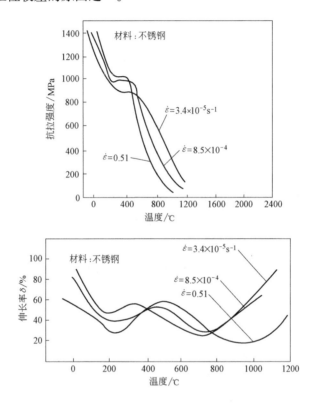

图 4-44　温度与速度对不锈钢（0Cr18Ni9）抗拉强度与伸长率的影响

选择温挤压温度，主要应综合考虑产品性能、形状与尺寸精度、表面质量、工模具强度、设备能力等因素。表 4-20 为各种材料的温挤压温度范围[44,45]。

表 4-20　各种材料的温挤压温度范围

材　料	温挤压温度/℃	备　注
10、15、20、35、40、45、50、40Cr、	550~800	液压机挤压
45Cr、30CrMnSi、12CrNi3	650~800	曲柄机挤压
调质合金结构钢 38CrA	600~800	

材　料	温挤压温度/℃	备　注
中合金结构钢 18Cr2Ni4WA	670 ± 20	
T8、T12、GCr15、Cr12MoV、W9Cr4V2、W6Mo5Cr4V2Al	700 ~ 800	
2Cr13、4Cr13、1Cr13、Cr17Ni2	700 ~ 850	
1Cr18Ni9Ti	260 ~ 350，800 ~ 900	
高温合金（如 GH140）	850 ~ 900，280 ~ 340	
铝及铝合金	≤250	
铜及铜合金	≤350	
HPb59-1	300 ~ 400，680	冷挤压困难合金
钛及钛合金	260 ~ 550	

4.6.2.2　变形程度

温挤压可以成形冷挤压难以成形的具有较高强度的材料，或者在其他条件相同的情况下，温挤压可以获得比冷挤压更大的变形程度。表 4-21 为各种钢铁材料温挤压时的最大变形程度。

表 4-21　温挤压最大变形程度

材　料	断面收缩率/%
碳含量（质量分数）低于 0.1% 的钢	85 ~ 90
15、20、20Cr、20Mn	80 ~ 85
30、40、45、45Cr、50	70 ~ 75
1Cr13、GCr15、T12、30CrMnSi	65 ~ 70
1Cr18Ni9Ti、W9Cr4V2	60

4.6.2.3　润滑

润滑是温挤压的重要工艺环节，对于产品表面质量、尺寸精度、挤压能耗、模具寿命均有重要影响，润滑剂的好坏甚至直接影响成形加工的可行性。对温挤压用润滑剂的主要要求如下：

（1）耐高压，可以承受 2000MPa 以上的压力作用；

（2）在挤压温度范围内具有足够的黏性和较强的表面吸附能力、较好的流动性能；

（3）尽可能低的摩擦系数；

（4）良好的高温稳定性，要求在 800℃ 以下的温度范围内不发生化学反应；

（5）良好的抗金属质点黏附性能。

实际温挤压生产时，润滑剂可按表4-22选择。

表4-22　温挤压用润滑剂

材　料	挤压温度/℃	可选用润滑剂
碳　钢	200～400	磷酸盐处理后，热猪油拌 MoS₂ 覆盖 MoS₂ 水悬浮液
	400～600	40% 氯化石蜡 +60% 氯有机化合物 胶体石墨 50% 氮化硼 +50% MoS₂ 磷酸盐处理后，石墨 + 油剂（比例1∶2）
	600～800	57% 油酸 +17% MoS₂ +26% 石墨 石墨 + 油剂（比例1∶2）
不锈钢	200～250	草酸盐处理后，85% 氯化石蜡 +15% MoS₂ 覆盖
	300～400	40% 氯化石蜡 +60% 氯有机化合物
	500～600	硼酸铝/甘油糊剂 焦磷酸钠/甘油糊剂
	600～800	57% 油酸 +17% MoS₂ +26% 石墨
合金钢、工具钢	200～450	磷酸盐处理后，石墨 + 汽缸油或（比例1∶2） 磷酸盐处理后，MoS₂ + 汽缸油或（比例1∶2）
	400～600	胶体石墨
	600～800	石墨 + 油剂（比例1∶2）
钢、不锈钢、高温合金		Na₂B₄O₇ +10% Bi₂O₃，或 Na₂B₄O₇ +10% PbO B₂O₃ +25% 石墨（2～3μm）或 B₂O₃ +33% MoS₂ （2～3μm）

4.6.3　热挤压

4.6.3.1　钢铁材料热挤压特点

热挤压是在再结晶温度以上的温度条件下的挤压。如第1章所述，早在1930年代，以欧洲为中心试图采用热挤压方法挤压碳钢棒材和管材，但由于采用油脂和石墨作润滑剂，无法满足耐高温高压的要求，导致润滑性能差，挤压产品缺陷多，模具寿命短。钢铁材料热挤压成形技术取得飞跃发展，是在1941年法国的 J. Sejournet 发明了玻璃润滑挤压法之后。现在，不仅是碳钢型材、空心材，各种合金钢、不锈钢、高强度钢、镍基高温合金等的型材、管材也能采用热挤压的方法成形。图4-45为热挤压钢铁材料断面形状示例[4]。

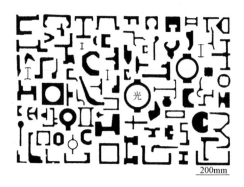

图 4-45　钢铁材料热挤压产品断面形状示例

　　钢铁材料热挤压时，在挤压温度、挤压压力、挤压速度、润滑条件与方式等方面，与铝及铝合金、铜及铜合金等有色金属的热挤压相比，具有如下特点：

　　（1）挤压温度高，通常在 $1000 \sim 1250℃$；

　　（2）挤压压力高，工模具工作条件恶劣；

　　（3）为了防止挤压过程中工模具过度升温而影响其强度，通常采用高速挤压；

　　（4）为了确保高温润滑性能，一般采用玻璃润滑热挤压，挤压完成后需对产品进行脱除玻璃处理；

　　（5）良好的玻璃润滑可使金属流动均匀性大为改善。

　　由于以上特点，钢铁材料的热挤压生产成本要比铝合金及铜合金的高得多。

4.6.3.2　玻璃润滑挤压的基本原理

　　如上所述，钢铁材料的热挤压几乎全部采用玻璃润滑挤压法。图 4-46 为

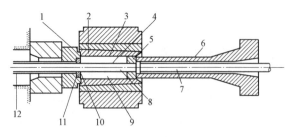

图 4-46　管材玻璃润滑挤压示意图

1—模支承；2—挤压筒；3—外表面玻璃；4—内表面玻璃；5—挤压垫片；

6—挤压轴；7—针支承；8—穿孔针；9—坯料；10—玻璃盘（模面润滑）；

11—挤压模；12—挤压产品

玻璃润滑挤压管材示意图。挤压模与坯料之间插有玻璃盘，这种玻璃盘通常是用水玻璃将玻璃粉固结而成的。在挤压筒与坯料、穿孔针（芯杆）与坯料之间也加有玻璃润滑剂。挤压时，玻璃受坯料的高温作用而熔化，产生良好的润滑作用。玻璃润滑剂同时具有良好的隔热作用，有助于抑制工模具温度上升，延长其使用寿命。

4.6.3.3　玻璃润滑热挤压工艺

A　挤压条件

钢铁材料热挤压时的坯料温度一般为：碳钢、低合金钢 1100 ~ 1200℃，铁素体不锈钢 1000 ~ 1100℃，奥氏体不锈钢 1150 ~ 1250℃，镍含量高的耐热合金 1000 ~ 1200℃。

钢铁材料热挤压时，由于坯料温度高达 1000 ~ 1250℃，而挤压筒的温度一般为 300 ~ 450℃，为了防止坯料装入挤压筒后温度过于下降、工模具温度过于上升，一般采用高速挤压，即要求一次挤压在数秒内完成，挤压轴速度一般为 50 ~ 400mm/s。因此，钢铁材料热挤压多采用蓄压式水压机。

钢铁材料热挤压的挤压比一般在 3 ~ 60 的范围内。

B　玻璃润滑剂

挤压模与坯料之间润滑用玻璃盘多采用窗玻璃系的 SiO_2-Na_2O-CaO-MgO 玻璃，这种玻璃在 1000℃ 下的黏度约为 100Pa·s。坯料内外表面用润滑玻璃主要根据坯料的温度、接触时间等因素，通过调整玻璃的成分和玻璃粉末的粒度，调整挤压温度下玻璃的黏度。表 4-23 为碳钢、合金钢热挤压用润滑玻璃的成分与粉末粒度[4]。

表 4-23　碳钢、合金钢用润滑玻璃的成分（%）与粉末粒度

类别	SiO_2	Al_2O_3	B_2O_3	Na_2O	K_2O	CaO	MgO	使用位置	玻璃粉末粒度尺寸/mm
A	33.6	1.7	36.1	16.0	0.8	7.9	3.9	外表面	0.115 以上
B	46.0	22.0	1.0	19.0		8.5	4.5	内表面	0.295 ~ 0.175（<50%） 0.175 ~ 0.115（>50%）
C	72.0	1.8		13.6	1.0	8.0	3.6	模/坯间	0.833 ~ 0.295（70%） 0.295 ~ 0.175（30%）

C　挤压工艺流程

从坯料准备到挤压产品的最终检查入库，玻璃润滑热挤压的工艺流程如图 4-47 所示[4]。

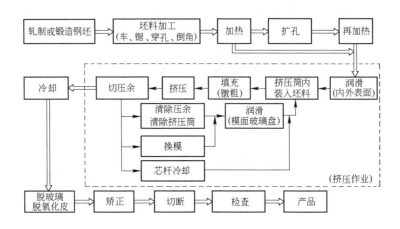

图 4-47   玻璃润滑热挤压工艺流程

D   挤压产品的缺陷

玻璃润滑挤压产品的缺陷主要有表面缺陷和尺寸缺陷两大类。表面缺陷主要有条纹、裂纹、粘结、异物压入等，表 4-24 为玻璃润滑挤压管材的常见缺陷、产生原因及改善措施[4]。

表 4-24   玻璃润滑挤压管材的表面缺陷

缺陷名称	缺陷形状	缺陷特征	产生原因	防止对策
线状重皮		折叠堆积形缺陷，呈线状	坯料加工筋条	将坯料表面加工光滑
山形重皮		树叶、飞边状缺陷呈山形折叠在管材表面	坯料缺陷；坯料前端形状加工不良	清除坯料表面缺陷；前端圆弧 $R > 20$
箭羽花纹		内外表面环状花纹	坯料表面车削不良	提高表面光滑度，改善环向车削条纹
纵向裂纹		轴向裂纹，易在内表面形成	塑性较差的合金急速加热时产生的热裂纹	防止急速加热
横向裂纹		垂直于管轴方向或呈一定倾角形成的裂纹	润滑剂黏度不合适；加热温度过高	调整润滑剂黏度；降低加热温度

缺陷名称	缺陷形状	缺陷特征	产生原因	防止对策
内外表面粘结		内外表面沿轴向形成线状粘附	工具表面粗糙；润滑层破裂造成金属与工具面直接接触	防止工具表面粗糙；改善润滑剂黏度；增加润滑剂量
橘皮		管材内表面产生的橘皮状凹凸不平	内表面玻璃润滑剂过多；内表面玻璃黏度不合适	调节内表面玻璃润滑剂的量；调节润滑剂黏度
波纹		内外表面形成的波纹状凹凸缺陷，多见于管材尾部	玻璃润滑剂过剩；t/D较小时易产生	调整润滑剂的量；调整挤压速度
金属压入		内外表面金属压入	粘结在挤压筒表面的金属压入坯料表面	挤压筒清理彻底
异物压入		内外表面沙子等异物压入	坯料表面粘附异物	坯料输送道清扫；加热炉内壁破损部位修复

尺寸缺陷中，影响最大的是管材的壁厚偏心。钢管偏心的特征为，沿长度方向头尾部偏心大，中部偏心小，如图4-48所示[4]。头部偏心大主要是由于挤压开始时，芯杆自动对中过程所引起的，偏心长度较短；尾端偏心主要是由于设备偏心、工模具定位不良所引起的；中部偏心主要是坯料偏心、坯料圆周方向温度差、润滑不均匀（包括坯料下部玻璃润滑层脱落）以及工模具磨损、设备中心与工模具中心不一致等因素综合作用所引起的。

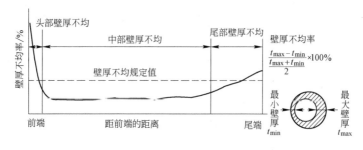

图4-48 管材偏心特征图

4.6.3.4　工模具

钢铁材料热挤压中，挤压模、芯杆、挤压筒、挤压垫片等工模具的工作条件十分恶劣。用作工模具的材料，既要求具有高强度，又要求具有优良的耐高温、耐磨损性能。实际生产中所用工模具材料主要有 H13（美国）、SKD61、SKD62、SKD6（日本）、3Cr2W8V（中国）。

挤压工模具的报废以磨损、变形、裂纹等形式最为多见，挤压模的报废以磨损最为突出。表4-25 为钢铁材料热挤压工模具的报废原因与寿命[46]。一般每挤压一次需要将挤压模从模支承上取下进行冷却，并检查其磨损程度。即使采用玻璃润滑剂挤压，一只挤压模的寿命也非常短，国外先进水平为数十次挤压，国内则往往只能挤压数次即报废。芯杆在挤压结束后变成红热状，一般采用水冷法进行冷却。挤压筒温度则由于玻璃润滑隔热和热容量大（体积大）等原因，一般为 400～500℃。

表4-25　挤压工模具的报废原因与寿命

工模具	硬度（HRC）	报废原因	可挤压次数
挤压轴	45～51	裂纹、折断、压塌、弯曲	约54000
芯杆	37～52	缺损、筋条、伸长、折断、弯曲	60～260
挤压模	42～52	磨损、压塌、裂纹、条纹、塑性变形	20～60
挤压垫片	43～50	裂纹、磨损	200～1650
模支承	41～50	裂纹、磨损、压塌	500～6000
挤压筒内套	41～52	磨损、压塌、缺损、裂纹	6000～12000

由上述可知，挤压模的成本与寿命是影响钢铁材料挤压生产成本的十分重要的因素。因此，低成本一次性使用的铸造挤压模、高耐热陶瓷挤压模的开发应用是钢铁材料挤压生产中的重要课题。

4.6.4　空心材包芯挤压

由于钢铁材料的挤压温度高（可达1000～1250℃），变形流动应力大，因而采用挤压法直接生产小孔径无缝钢管的技术难度很大。主要原因是：

（1）由于高温高压作用下的模具强度上的限制，无法采用铝及铝合金空心型材挤压生产中广泛采用的分流模挤压法来生产特钢空心型材和管材；

（2）穿孔针挤压法生产小孔径管材受到限制。由于穿孔针强度限制，采用瓶式针挤压法，即使是最容易挤压成形的软铝合金（挤压温度低于450～500℃），可挤压最小管材内径也被限制在 ϕ20～25mm 以上；而对于铜合金、钛合金等较高挤压温度的合金，可挤压最小管材内径被限制在 ϕ30～40mm 以上。

为了满足某些特殊用途的需要，可以采用包芯挤压法生产内孔尺寸
$\phi20mm$ 以下的无缝钢管或简单断面空心型材。包芯挤压法的原理如图 4-49
所示。

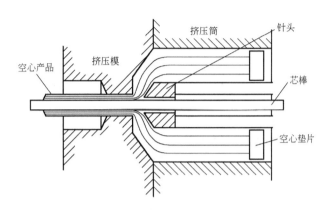

图 4-49 空心材料包芯挤压成形示意图

包芯挤压是结合了固定针挤压和随动针挤压两种方法的特点而发展起来
的一种方法，芯棒（芯材）从挤压机后部，通过空心针支承和空心针进入模
孔，在被挤压金属施加在芯棒表面的摩擦力带动下，与挤压产品同步流出模
孔。挤压结束后，将芯棒从产品中拔出（抽芯），获得空心管材或型材。在整
个挤压过程中，芯棒不产生塑性变形，因而可在生产中循环使用。为了便于
芯棒与挤压产品同步流出模孔，空心针支承和空心针的内孔直径应大于芯棒
直径，芯棒与模孔的对中由位于空心针头部的针头内孔保证。通过选用不同
直径的芯棒及之匹配的空心针针头，便可以挤压生产不同内孔的管材。采
用包芯挤压工艺，山东三山集团公司生产出内孔直径最小为 $\phi5 \sim 6mm$ 的钎钢
管材[47]。

包芯挤压工艺的关键问题有如下几个方面：

（1）芯棒与针头内孔的间隙。当芯棒与针头内孔之间的间隙过大，易造
成芯棒偏心（从而导致挤压空心产品偏心），甚至产生返钢现象（即金属返流
进入针头内孔），造成芯棒被卡住，不能与金属同步流出模孔；间隙过小，则
由于芯棒平直度、表面光滑度等原因，同样会影响芯棒与被挤金属的同步
流动。

（2）针头（保护套）头部的形状。针头头部的形状直接影响金属的流
动，头部锥度太大，针头前端面与模具之间的几何空间变小，阻碍金属流动，
增加挤压力，同时头部容易磨损；头部锥度太小，金属对芯棒的包裹力减小，
影响芯棒与金属的同步流动。

（3）针头前端面与模孔入口处之间的距离。如距离过小，针头前端面与模具之间的几何空间变小，将影响模孔附近的金属流动，并造成针头磨损厉害；如距离过大，如图4-50所示，则容易在针头前端面形成金属流动死区，阻碍芯棒的运动；同时，在挤压结束阶段，易产生向垫片孔内返钢现象，影响压余和挤压垫片的分离。

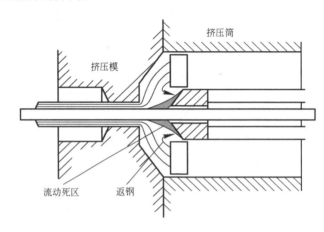

图4-50　产生死区和后期返钢现象示意图

（4）采用包芯挤压法生产小孔径产品时，挤压后拔出芯棒的难度较大，因而挤压前对坯料内表面施加全面、均匀的润滑十分重要。

包芯挤压法的另一典型应用是包覆线材挤压成形，参见8.4.1.4节"带张力挤压法"。

参 考 文 献

［1］刘静安. 轻合金挤压工具与模具（上册）［M］. 北京：冶金工业出版社，1990.

［2］刘静安. 铝型材生产实用技术［M］. 重庆：重庆国际信息中心，1995.

［3］王祝堂，田荣璋. 铝合金及其加工手册［M］. 长沙：中南工业大学出版社，1989.

［4］日本塑性加工学会. 押出し加工［M］. 东京：コロナ社，1992.

［5］日本轻金属协会. アルミハンドブック［M］. 东京：轻金属协会，1994.

［6］松下富春. 塑性と加工［J］，1986，27（300）：106.

［7］日本金属学会. 金属データブック（改订3版）［M］. 东京：丸善株式会社，1993.

［8］Laue K，Stenger H. EXTRUSION ［M］. Ohio：ASM，1981.

［9］日本轻金属株式会社. 产品目录.

［10］刘静安，张胜华. 铝材在铁道车辆轻量化中的开发与应用文集［C］. 长沙：中南工业大学出版社，1995.

［11］刘静安. 轻金属［J］，1998，（1）：60～63.

[12] 刘静安. 轻合金加工技术[J], 1998, 26(10): 33.

[13] 刘静安. 世界有色金属[J], 1995, (11).

[14] 刘静安. 铝加工[J], 1995, 18(1,2).

[15] Marchive D. Light Metal Age[J], 1983, (4): 6~10.

[16] Scharf G, et al. Proc. 2nd Int. Al. Extru. Tech. Semi. [C], 1977, 1: 311.

[17] Yanagimoto S, et al. Proc. 3rd Int. Al. Extru. Tech. Semi. [C], 1984, 1: 247.

[18] 友弘一郎ほか. (日) 轻金属[J], 1985, 35(2): 112.

[19] 冈庭茂. アルミニウム合金押出形材の生产性と品质の向上[C]. 东京: 日本轻金属学会, 1992.

[20] Langerweger J. Proc. 3rd Int. Al. Extru. Tech. Semi. [C], 1984, 1: 41.

[21] 谢建新, 李静媛, 冷智勇. 中国有色金属学报[J], 1998, 8(4): 643.

[22] Ruppin D. Strehmel W. Aluminum[J], 1983, 59: E285.

[23] 田中浩. 非铁金属の塑性加工[M], 东京: 日刊工业新闻社, 1970.

[24] 日本伸铜协会. 铜および铜合金の基础と工业技术[M]. 东京: 日本伸铜协会, 1988.

[25] Xie J X (谢建新), Ikeda K, Murakami T. J Mater. Proc. Tech[J], 1995, 49(3-4): 371~385.

[26] 陈振华. 变形镁合金[M]. 北京: 化学工业出版社, 2005.

[27] 村井勉. マグネシウム合金の押出し加工と形材の利用[J]. 塑性と加工, 2007, 48(556): 379~383.

[28] Lapovok R Y, Barnett M R, Davies C H J. Construction of extrusion limit diagram for AZ31 magnesium alloy by FE simulation[J]. Journal of Materials Processing Technology, 2004, 146: 408~414.

[29] 余永宁. 金属学原理[M]. 北京: 冶金工业出版社, 2000.

[30] Ono N, Nowak R, Miura S. Effect of deformation temperature on Hall-Petch relationship registered for polycrystalline magnesium[J]. Materials Letters, 2003, 58: 39~43.

[31] Galiyev A, Sitdikov O, Kaibyshev R. Deformation behavior and controlling mechanisms for plastic flow of magnesium and magnesium alloy[J]. Materials Transactions, 2003, 44(4): 426~435.

[32] 王智祥, 刘雪峰, 谢建新. AZ91镁合金高温变形本构关系[J]. 金属学报, 2008, 44(11): 1378~1383.

[33] 潘复生, 韩恩厚, 等. 高性能变形镁合金及加工技术[M]. 北京: 科学出版社, 2007.

[34] Murai T, Matsuoka S, Miyamoto S, Oki Y. Effects of extrusion conditions on microstructure and mechanical properties of AZ31B magnesium alloy extrusions[J]. Journal of Materials Processing Technology, 2003, 141: 207~212.

[35] 金军兵, 王智祥, 刘雪峰, 谢建新. 均匀化处理对AZ91镁合金组织和力学性能的影响[J]. 金属学报, 2006, 42(10): 1014~1018.

[36] 村井勉. マグネシウム合金の押出加工[J]. (日)轻金属, 2004, 54(11): 472～477.

[37] 王智祥, 谢建新, 刘雪峰, 李静媛, 张丁非, 潘复生. 形变及时效对 AZ91 镁合金组织和力学性能的影响[J]. 金属学报, 2007, 43(9): 920～924.

[38] 黄东男, 李静媛, 谢建新. 模具结构对 AZ91 镁合金挤压成形性能的影响[J]. 塑性工程学报, 2009, 16(4): 105～110.

[39] 村井勉, 松冈信一, 宫本进, 冲善成. AZ31Bマグネシウム合金押出形材の组织と机械的性质に及ぼす押出条件の影响[J]. (日)轻金属, 2001, 51(10): 539～543.

[40] 亚历山德罗夫 B K, 等. 钛合金半成品加工[J]. 宁兴龙等译. 稀有金属材料与工程, 1996, (3).

[41] Wood R A, Favor R J. 钛合金手册[M]. 刘静安等译. 重庆: 科学技术文献出版社重庆分社, 1983.

[42] 杨长顺. 冷挤压工艺实践[M]. 北京: 国防工业出版社, 1984.

[43] 上海交通大学《冷挤压技术》编写组. 冷挤压技术[M]. 上海: 上海人民出版社, 1976.

[44] 周大隽. 锻压技术数据手册[M]. 北京: 机械工业出版社, 1998.

[45] 吴诗惇. 温挤技术[M]. 北京: 国防工业出版社, 1979.

[46] 日本钢铁协会. 钢铁便览(第3版)[M]. 东京: 丸善株式会社, 1980.

[47] 李明锁, 张乐林. 中空钢热挤压生产工艺: 中国, ZL02135367.0[P]. 2007-05-23.

5 金属反挤压

5.1 概述

1870 年英国人第一次采用反向挤压法（简称反挤压法）挤压铅管之后，反挤压在挤压铜材和铝材方面得到了一定的应用，但由于存在一些技术问题，限制了它的进一步发展。1970 年以来，人们对金属反挤压开始了重新评价，并对其产生了浓厚的兴趣。尤其是近二十多年来，随着挤压技术的进步，专用挤压机的出现和反挤压工具的改进，反挤压技术又有重新兴起的趋势。由于反挤压法特别适合于硬铝合金和易切削黄铜的大批量生产，因此已成功地获得了工业规模的应用和发展，各国对反挤压机的需求量也大大增加。美国、日本、德国、意大利和俄国等工业发达国家都已设计制造并安装了专用反挤压机或正/反联合挤压机，吨位大多在 39～100MN 之间，20MN 以下的小型反挤压机因效率低下而未能得到大量使用[1]。

美国在 1926 年制造了一种适于规模生产的反挤压机，1971 年设计制造了一种专用的 T. A. C 反挤压机，大大促进了反挤压法在铝及铝合金生产中的应用。Sutton 公司是美国较大的挤压机制造厂商，它可设计制造从 6MN 到 100MN 的带穿孔系统和不带穿孔系统的反向和正/反向联合挤压机。目前世界上吨位最大的反挤压机是安装在美铝公司的 140MN 反挤压机。采用反挤压法除了生产铝合金和铜合金管材外，还生产航空用的硬铝合金棒材、型材以及大直径铜管。

前苏联在 1950 年代采用带活动挤压筒内衬的反挤压法挤压重有色合金产品，并采用特殊结构的模子-挤压垫实现了反向脱皮挤压。1970 年代推广使用了两种新的反挤压工艺：（1）在无穿孔系统的双轴挤压机上，采用多孔模反挤压直径小于 35mm 的铝合金棒材，模孔数为 4～16 个；（2）在 50MN 单轴挤压机上用反挤压法挤压大型材。这种挤压机的挤压筒密封用堵板上装有分离压余用的穿孔针，可采用单孔、双孔、四孔或六孔模进行挤压。目前，俄罗斯的 $\phi12～300mm$ 的硬合金棒材和要求控制粗晶环组织的型材绝大多数采用反挤压方法生产，近来也开始用反挤压法生产大型铝合金和铜合金管材。

日本东芝机械公司于 1973 年成功地制造了第一台 18MN T. A. C 反挤压

机，1974 年新日铁也制造了一台 40MN 反挤压机，安装在住友轻金属，主要用于挤压高强度铝合金棒材和型材。此后，神户制钢设计制造了一台 60MN 正/反向两用挤压机，并已投入生产。

德国是最先研究开发反挤压技术的国家之一。施洛曼-西马克公司在发展反挤压机方面进行了大量工作，反挤压机吨位为 25 ~ 50MN，主要用来反挤压黄铜管棒材以及铝合金管棒型材。

中国于 1960 年代开始进行反挤压研究，曾成功地利用现有的 49MN 型、棒正挤压机改造成正/反两用挤压机，用反挤压法生产了单孔和多孔棒材和型材。1980 年代从日本引进一台现代化的 27MN 管棒型反向双动挤压机和一台 23MN 型棒正/反两用单动挤压机，使我国反挤压技术进入了一个新阶段。

随着经济的发展和科学技术的进步，对产品质量的要求越来越高，甚至在某些方面提出了特殊的要求，因而促进了金属反挤压技术的快速发展。反挤压技术的主要发展趋势是[2,3]：

（1）在进行广泛试验的基础上，研制开发出适合于各种铝、铜、钢及其他合金工业性生产的新型反挤压工艺；

（2）为适应各种合金不同规格和种类产品的挤压生产需求，反挤压机正在向大型化、专业化、精密化、多级别方面发展；

（3）挤压机的结构不断创新和改进，研制开发不同用途、不同结构的新型反挤压机；

（4）研制开发新结构反挤压工具及新型工模具材料。

5.2　反挤压方法及其特点

传统意义上把挤压产品的流出方向与挤压轴运动方向相反的挤压定义为反挤压（参见图 1-3b）。这种定义方法对于较为古老但现在仍被采用的管材套轴反挤压法是非常合适的。对于带堵头的专用反挤压机，只有一根用来支承挤压模的空心轴（简称模轴），挤压是通过机头（也可视为长度很短的挤压轴）推压堵头并使挤压筒向前移动来实现的。而现代正反两用挤压机一般配有两根挤压轴：主挤压轴（简称主轴）和模轴，且挤压时挤压筒随主轴一起移动。此时，产品的流出方向与主轴移动方向一致，而与模轴的相对移动方向相反。因此，经典的反挤压定义有较大的局限性。反挤压的较为准确的定义应该是，在挤压过程中坯料与挤压筒之间无相对运动的挤压叫做反挤压。这一定义反映了反挤压的本质特点，而其他特点都是由于这一特点而引申出来的。

5.2.1 反挤压方法

反挤压法的种类根据其分类方法不同而异[2~9]，即：

（1）按挤压机类型分：反挤压法可分为正/反两用挤压机挤压和专用反挤压机（如 T. A. C 反挤压机）挤压两种。其中每种又可分为带独立穿孔装置和不带独立穿孔装置两类。

（2）根据设备结构特点分：反挤压法可以分为中间框架式、挤压筒剪切式和后拉式三种。中间框架式是通过中间框架的作用来实现正/反挤压的；而挤压筒剪切式和反拉式只能实现单一的反挤压（专用反挤压机）。

（3）按挤压产品的种类分：有型棒材反挤压和管材反挤压两种。其中，型棒材反挤压法主要有带固定或活动堵头的反挤压法（图 5-1a）、采用双挤压轴的反挤压法（图 5-1b）、T. A. C 反挤压法等。带活动堵头反挤法（图 5-2）的主要优点是可使主柱塞的行程大大缩短，减少辅助时间。T. A. C 反挤压法的特点是用一根特殊的挤压轴代替通常的空心模轴，增大了模轴的强度和刚度，扩大了产品的规格范围，可同时反挤压多根产品。

反挤压管材的主要方法有穿孔针法和套轴法。带独立穿孔装置的双动型

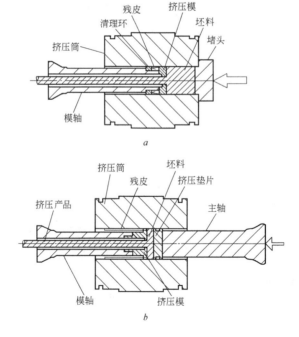

图 5-1 典型的型棒材反挤压法

a—带堵头的反挤压法；b—双轴反挤压法

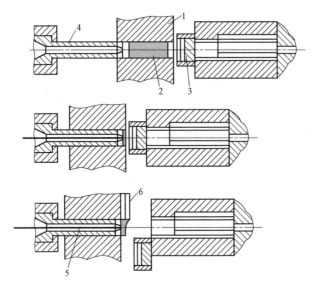

图 5-2　带活动堵头的反挤压法

1—挤压筒；2—坯料；3—活动堵头；4—模轴；5—产品；6—剪刀

反挤压机的基本结构如图 5-3 所示，挤压时的工作过程如图 5-4 所示。除图 5-4所示的活动模挤压法外，也有将挤压模固定在模轴上的固定模挤压法。

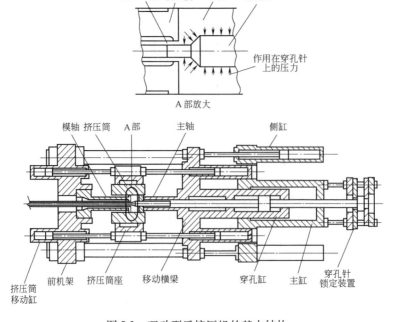

图 5-3　双动型反挤压机的基本结构

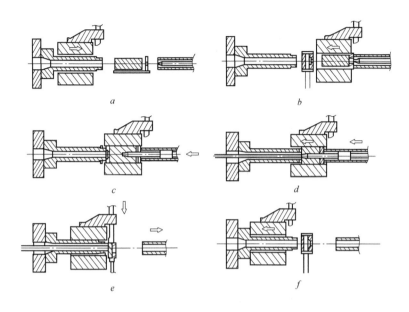

图5-4 双动型反挤压机上挤压管材的工作过程

a—装入坯料和垫片；*b*—装入挤压模；*c*—穿孔；*d*—挤压
（同时清理筒内表面）；*e*—切压余；*f*—取出挤压模和清理环

套轴法主要用于大尺寸管材和钢铁材料零件的直接成形，是较传统但现在仍被广泛采用的反挤压法，其操作程序如图5-5所示。

5.2.2 反挤压金属的变形行为

5.2.2.1 金属的流动与变形

金属反挤压时，具有如下流动与变形特征：

（1）反挤压时金属的变形区紧靠模面，变形区后面的金属不发生任何变形。沿产品长度方向金属流动均匀性优于正挤压，如图5-6所示[9]。

（2）靠近模面处仅产生一高度很小的金属流动死区，该死区金属几乎不参与变形❶，直到挤压最后阶段，挤压筒内剩余坯料长度很小时才产生显著的横向流动（此时挤压力增加）。

（3）轴向主延伸变形的实测结果（图5-7）表明：开始变形（挤出棒材的长度为棒材直径的1倍左右）时，模孔附近坯料中心部位的变形量为5.582，为正挤压时的3倍以上。可知此时反挤压产品的中心变形程度大于正

❶这里所说的几乎不参与变形是相对于正挤压的情形而言。实际上，无论是正挤压还是反挤压，流动死区并非绝对不参与变形，尤其是正挤压，死区的形状与大小在挤压过程中自始至终是变化的。

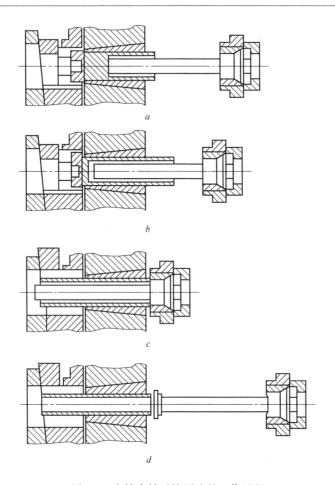

图 5-5　大管套轴反挤压法的工作过程

a—套轴挤压；b—挤压完毕；c—分离压余；d—推出管材、清理挤压筒

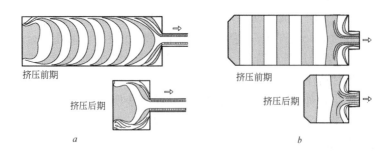

图 5-6　正挤压与反挤压金属流动示意图

a—正挤压；b—反挤压

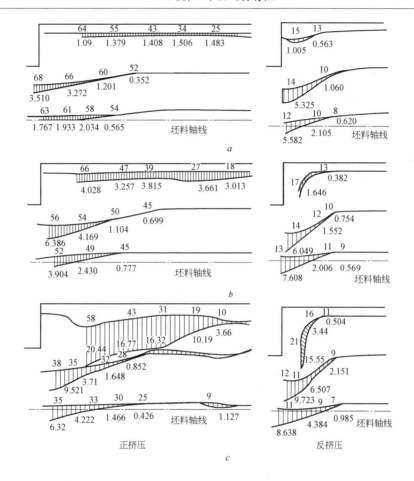

图 5-7　正挤压与反挤压时挤压筒内轴向延伸变形状态的比较
（挤压棒材直径 ϕ62mm，各曲线上方的整数数字表示被观测网格点的编号）
a—棒材挤出长度为其直径的 1 倍；*b*—棒材挤出长度为其直径的 2 倍；
c—棒材挤出长度为其直径的 5 倍

挤压的，因而前端组织比正挤压的好；随着被挤出棒材的长度从 $1d_{棒}\to2d_{棒}\to$
$5d_{棒}$，正挤压中心部位的主延伸变形程度变化为 1.767→3.904→6.32，反挤
压的为 5.582→7.608→8.638。可见反挤压产品头尾部变形程度较正挤压的要
均匀得多。其边部主延伸变形与中心主延伸变形之比，正挤压的为 1.09/
1.767→4.028/3.904→20.44/6.32，而反挤压的为 1.005/5.582→1.648/
7.608→15.55/8.638。可见，正挤压时产品中部至尾部的边部变形比中心
变形大得多。所以，反挤压产品横断面组织要比正挤压产品的均匀
得多[3,4]。

（4）反挤压时坯料边部无激烈摩擦而产生的强附加剪切变形[7,8]。

（5）反挤压时，坯料最表层（＜2mm）被阻止在模面附近的死区内，而稍深层金属可能直接流入产品表层中，尾端金属无倒流现象。

5.2.2.2　挤压过程中坯料温度的变化[10~13]

反挤压时塑性变形区在靠近模面较小的范围内，产生的变形热比正挤压的少，而且因坯料与挤压筒之间无相对滑动，故不产生摩擦热。因此，反挤压过程中温度波动很少，如在反挤压黄铜棒材时，模孔出口处棒材温度的波动范围仅为±10℃，变形区内的温度也比正挤压时的低。

5.2.2.3　产品的组织与性能[3~6,10,13]

反挤压过程中，金属温度变化比正挤压时的均匀，因此，产品沿长度和截面上的组织和性能比正挤压的均匀。试验证明，为了获得铝合金挤压产品所需的力学性能指标，必须具有足以破碎铸造组织和挤压后获一定晶粒度所必需的一定数值的最小变形量。反挤压时，当 $\lambda \geqslant 3$ 时即可得到这样的变形量，而正挤压时只有当 $\lambda \geqslant 7 \sim 8$ 时才能满足上述要求。又如，用正挤压法挤压 2017-T4 合金棒材时，在棒材中部粗晶环厚度约为棒材直径的 8%，而尾部高达 45%，这将导致棒材约有一半要成为废品；而用反挤压法挤压 2017-T4 合金棒材时，热处理后的粗晶环薄且沿长度上变化不大，在产品中部仅为其直径的 5%，甚至在尾部也和中段相同。

5.2.3　反挤压的优缺点和选择原则[3~8,11,13,14]

5.2.3.1　优点

（1）在相同的挤压条件下，反挤压法由于挤压筒壁与坯料表面之间无相对滑动，不产生摩擦损耗，因而所需的最大挤压力比正挤压可降低 30% ~ 40%，如图 5-8 所示。

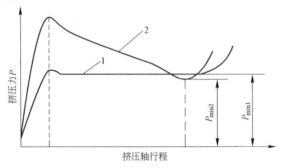

图 5-8　在相同挤压条件下正、反挤压法所需挤压力的比较

1—反挤压法；2—正挤压法

（2）可在较低的温度下挤压有较大挤压比的小断面产品，生产效率提高。

（3）所需最大挤压力与坯料长度无关，因而可采用长坯料挤压长尺寸产品。

（4）坯料和挤压筒之间不产生摩擦热，而且变形区体积小，变形热小，因而模孔附近产品的温升小，可采用较高的速度进行挤压，产品表面和边角不易产生裂纹。

（5）挤压筒和模具的磨损少，使用寿命长。

（6）沿产品截面上和长度上的变形比正挤压时更均匀，因而产品沿截面和长度上的组织与性能比较均匀。用正挤压法挤压2024-T4合金型材，其头尾端的 σ_b 相差100MPa，而用反挤压的仅为 30 ~ 40MPa；用正挤压法挤压 ϕ35mm 的 2017-T4 棒材，其最大粗晶环深度可达 8mm，而反挤压时仅为 0.5mm，甚至可以消除粗晶环组织。因而反挤压的成品率可大为提高。

（7）反挤压时尾端金属无倒流现象，因而其挤压残料厚度可比正挤压的减少50%以上。

（8）产品尺寸精度高。在反挤压过程中，由于金属流动、变形均匀，坯料温度变化小，同时，用空心坯料挤压管材时可采用对中装料工艺，模轴（模支承）始终处于挤压筒内，挤压管材壁厚偏差小，型棒材头尾尺寸变化小。

5.2.3.2　缺点

（1）产品表面质量较差。在反挤压时,由于模面附近的死区较小,坯料外层金属可能直接流向产品表层,形成气泡、针孔、斑点、夹杂等缺陷。因而对坯料表面质量要求很严。反挤压前,坯料必须进行热剥皮（脱皮）或机加工车皮,如采用空心坯料,内表面粗糙度 R_a 应达到6.3,坯料端面切斜度应小于0.5°。

（2）采用反挤压所生产的产品，其外接圆直径受空心轴（模轴）内腔直径的限制，因而较正挤压的要小30%左右。

（3）必须采用专用反挤压机或挤压筒行程大的挤压机，一次投资费用比正挤压的高 20% ~30%。

（4）装卸工模具比较麻烦，辅助时间长。

5.2.3.3　反挤压法的选择原则

（1）根据不同金属正挤压时的流动特点（见图2-27），可以确定哪些材料应当考虑采用反挤压。试验和经验证明，用反挤压法挤压钢和钛材没有实际性的优越性，而用平模无润滑反挤压铝及铝合金和铜及铜合金的线材、棒材、型材和管材，对于提高产品的组织性能均匀性一般都是有益的。

（2）对于需要进行润滑挤压的材料，使用反挤压较为有益，因此时只需润滑模子端面。

（3）反挤压特别适用于要求尺寸精度高、组织细小而无粗晶环（或浅粗晶环）的产品和挤压温度范围狭窄的硬铝合金管、棒、型、线材的挤压生产。

5.3 反挤压工艺

本节讨论各种金属反挤压时的共同工艺特点,不同合金反挤压时的特殊工艺在 5.4 节讨论。

5.3.1 坯料与脱皮[3~6,11~14]

5.3.1.1 反挤压对坯料的特殊要求

由于反挤压时金属塑性变形区小,死区高度小,金属流动较为均匀,很容易将坯料表面的污物带入产品表面而造成起皮、气泡、成层等缺陷。在反挤压管材时,由于坯料端面不平、内外径尺寸偏差大容易引起断针等事故。因此,对坯料具有较苛刻的要求:

(1) 用于热扒皮的坯料,其外表面的偏析层和表面缺陷总深度不得大于 5mm;

(2) 经机械车削(或热扒皮)的坯料,其内外表面应平滑光洁,没有手感的刀痕,不允许存在明显的灰尘和污物;

(3) 端面切斜度小于 ±0.5°;

(4) 长度公差小于 ±4.0mm;

(5) 内孔非直线度小于 0.5mm;

(6) 内径比挤压针外径大 (1±0.5) mm;

(7) 经扒皮或车皮后,外径偏心度小于 1mm。

5.3.1.2 坯料的脱皮

坯料的脱皮方法有最初的机械车削法和最近开发的热坯扒皮法,两者的对比如表 5-1 所示。从表中可看出,无论从产品质量还是从成本来看,热扒皮都是今后发展的主要方向。表 5-2 为日本神户制钢所生产的坯料扒皮机的主要技术参数。

表 5-1 坯料机加工车削法和热坯扒皮法的比较

方 法	优点和缺点
机加工车削法	(1) 坯料的加工精度良好; (2) 需要设置一条碎屑处理线,其中包括捣碎机或打包机; (3) 碎屑重熔费用高,烧损大,回收率低; (4) 必须保持车削后坯料的清洁; (5) 要配备机械车削加工的操作手; (6) 要求快速加热,以防止坯料表面氧化
热坯扒皮法	(1) 坯料扒皮后立即进行挤压,因而表面可保持最佳洁净状态; (2) 扒皮后的碎屑可直接重熔; (3) 碎屑重熔费用较低、回收率较高; (4) 热坯扒皮机组装在自动挤压机生产线上,不需另外配备操作手; (5) 加热方法采用气体加热炉或感应加热炉均可; (6) 一次投资费用较高

表5-2　日本神户制钢所坯料扒皮机的主要技术参数

扒皮机型号/MN		7.35	4.41	1.95	1.18
扒皮力/MN		7.35	4.41	1.95	1.18
扒皮速度/mm·s⁻¹（最大）		55	58	50	50
坯料外径/mm	扒皮前	ϕ400.5~469.9		ϕ248	ϕ289
	扒皮后	ϕ381~450.8		ϕ242	ϕ284
坯料长度/mm		635~2286	500~1500	400~1100	500~1200
配套挤压机能力/MN		58.8	49	22.54	35.28

5.3.1.3　坯料尺寸的确定

反挤压时坯料直径的选择与正挤压的相同。因反挤压力不是坯料长度的函数，因此可用较长的坯料挤压长尺寸产品。但是，坯料的最大长度受到空心挤压轴（模轴）长度的限制。在一般情况下，最大的坯料长径比以6~7为佳。

5.3.2　挤压工模具[2,5,6]

5.3.2.1　挤压筒尺寸的确定

挤压筒的内孔直径，一般由挤压机吨位和挤压时所需的最大单位挤压力（俗称比压）来确定。在反挤压铜铝等有色合金时，一般取比压为350~600MPa。合适的单位挤压力有益于延长挤压工具和模具的寿命。在反挤压形状复杂的硬合金型材和管材时，有时单位挤压力可达到800MPa以上，但此时会给生产带来很多困难。为了降低单位挤压力，应尽量降低挤压比。表5-3为24.5MN反挤压机用挤压筒及其最大单位挤压力（比压）。

表5-3　24.5MN反挤压机的最大单位挤压力（比压）

挤压筒直径/mm	穿孔针直径/mm	环形垫片面积/mm²	最大单位挤压力（比压）/MPa
ϕ260	ϕ60	50266	487
	ϕ75	48675	503
	ϕ100	45239	542
ϕ240	ϕ60	42412	578
	ϕ75	40821	600

5.3.2.2　挤压模、穿孔针和针尖规格的确定

先设定一些产品的典型规格进行挤压力计算，根据计算结果筛选或补充一些规格，使之在挤压机能力范围之内。再从这些规格中选出典型产品，根据不同的最大单位挤压力、挤压比、温度、速度等工艺因素进行强度校核，

最后确定挤压筒、挤压模、穿孔针和针尖的规格。在确定挤压工具规格时还应考虑以下两个附加条件：

（1）产品最大内径≤穿孔针直径 -5mm；

（2）产品最大外径≤模轴内径 -40mm。

应该注意，在确定工模具尺寸和产品规格范围时，需从产品尺寸到工模具尺寸，再从工模具尺寸到产品尺寸反复验证，才能最后确定工模具规格范围的最佳方案。

5.3.2.3　挤压工模具的预热温度

为了保证反挤压能够顺利进行，对于与坯料及产品直接接触的挤压工具都要预热，其温度见表5-4。

表5-4　反挤压工具预热温度

工具名称	最高温度/℃	最低温度/℃	工具名称	最高温度/℃	最低温度/℃
模　子	450	400	穿孔针	450	400
模　垫	450	400	穿孔针		软合金350
模支承	450	400	挤压垫	450	300
环	450	375			

5.3.2.4　挤压筒内壁的清理

新坯料装入挤压筒之前，必须保证挤压筒内壁为附着一层薄而均匀金属的状态，以防止残皮卷入产品中。目前已开发出多种清理挤压筒内壁的方法。

一种为采用清理环方式，如图 5-1a 所示。清理环装在活动模后方，挤压完成时，挤压筒的清理也同时完成，有利于缩短挤压周期。这种方法在铝合金、铜合金反挤压上广泛采用。

另一种是采用带环向凹槽的挤压垫片进行清理的方法，如图 5-1b 所示。挤压完成后，将挤压筒向右移动，以完成挤压筒的清理工作。在此种情况下，挤压模与挤压筒之间的间隙较大，而挤压垫和挤压筒之间的间隙甚小。这种方式不影响挤压模的装卸，有利于采用固定模挤压方式，但增加了挤压作业时间。

5.3.3　坯料梯度加热与镦粗排气

5.3.3.1　坯料镦粗与梯度加热

如在挤压筒中出现坯料的两端部首先镦粗而中央部位后镦粗的情况，则容易造成空气封入，形成高压气体进入坯料表层，使挤压产品表面产生起皮、起泡等缺陷。这种现象尤其在坯料长度较大时容易产生。最好的解决办法是对坯料进行梯度加热，使坯料一端的温度高于另一端，从而实现由高温端开始逐步镦粗。

5.3.3.2 挤压筒内排气方法

排气方法随挤压机类型、挤压产品种类不同而不同。大致可以归纳为以下三种：

（1）实心坯料穿孔，模轴离开排气法，其操作过程如下：

1）镦粗：要求不将坯料完全填充满与挤压筒之间的间隙，以便穿孔时将空气全部排挤到模面与筒壁交叉的角落；

2）穿孔：因为穿孔是由后部逐渐向前进行的，所以坯料直径也由后部逐渐向前扩大，挤压筒内上部的空气被逐渐由后部排挤至前端模面处，并形成高压气体；

3）模轴稍微离开排气：当模轴稍微离开后，高压气体便可顺利地排出；

4）正常挤压：排气后，模轴回到原位进行正常挤压。

采用该方法排气的挤压机一般均设有排气程序，可以自动地进行排气操作，十分方便。这种方法适用于短实心坯料穿孔挤压管材，而对于长坯料或穿孔针尺寸、刚性较小的情形不适用，因为容易造成管材偏心。

（2）坯料梯度加热、堵头（或模轴）离开排气法，这种方法的操作过程如下：

1）将有温度梯度的长实心坯料装入挤压筒内，高温端朝向模轴，开始镦粗；

2）镦粗变形由靠近模轴的前端逐步向后端进行，筒内气体也被排挤到堵头处并形成高压气体；

3）堵头离开挤压筒，排出高压气体；

4）堵头重新靠紧挤压筒，进行正常挤压。

如果将坯料高温端朝向堵头/主轴（双挤压轴时），则排气方向为模支承方向。这种堵头（或模轴）离开排气操作过程也可自动进行。坯料温度梯度一般为 50~100℃，大致为 10℃/100mm。温度梯度可由三相工频感应电炉加热后获得。这种方法适用于长实心坯料挤压型、棒材。

5.3.3.3 抽真空排气法

在挤压筒的一端设一特殊结构的堵头，坯料镦粗前将挤压筒一端封死。挤压筒内装有带温度梯度的坯料，其高温端朝模轴方向。一边镦粗，一边进行抽真空。

5.3.4 闷车处理方法

反挤压时要处理闷车（挤不动）的坯料是一件十分麻烦的事情，所以要求必须严格执行工艺规程、避免闷车事故的发生。图 5-9 是实心坯料反挤压型棒材发生闷车时的三种处理方法。

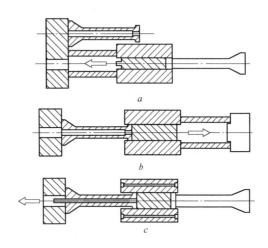

图 5-9　闷车时的基本处理方法

a—主轴顶出法；*b*——模轴顶出法；*c*—挤压筒加热后继续挤压或更换大规格挤压模

（1）在滑架的另一位置上，安设一个套筒并将其移动到挤压中心位置上（图5-9*a*），主轴便可将挤压筒内坯料推入套筒内取出。

（2）把一套筒置于主柱塞和挤压筒之间，通过模轴将坯料向后推入套筒内取出。

（3）采用感应加热线圈对坯料进行快速加热，然后进行挤压；或者更换一个尺寸规格较大的挤压模进行挤压，以减少挤压比，降低所需的挤压力。

前两种方法主要用于铜及铜合金挤压，第三种方法多用于铝及铝合金挤压。对于挤压管材来说，由于有挤压针，处理挤不动坯料时要复杂一些，但也不外乎以上三类方法。

5.3.5　压余分离方法

压余（残料）分离是反挤压时的重要环节。反挤压机的类型不同，分离的方法也不同。

（1）对于中间框架式反挤压机，当挤压完毕后，框架和挤压筒后退，使模支承置于框架之内，而压余凸出在框架之外，利用设置在框架之下的剪刀向上移动将压余剪切掉。

（2）对于挤压筒剪切式反挤压机，当挤压周期完毕后，挤压筒向前移动，挤压轴后退，将压余凸出挤压筒外，安设在挤压筒上方的剪刀向下移动，将压余分离掉。

（3）对于后拉式反挤压机，当挤压周期完毕后，挤压筒、模轴一起稍微向前移动，活动横梁柱塞后退，将剪切模置于挤压中心位置。挤压筒和模轴向后，将压余推入剪切模内。横向活动柱塞前进，将压余、垫片切除并送到压余垫片清理机构上进行分离。

（4）用冲头分离压余是多孔反挤压成败的关键问题。图 5-10 所示为用冲头分离压余的示意图[15]。多孔反挤时需要多个冲头，对中困难。用较大冲头（比模孔直径小 10 ~ 15mm）分离后，压余可能紧紧箍在冲头上退不下来。为了解决以上问题，可采用以下措施：

1）采用带台肩的模子，使压余厚度减薄；

2）挤压终了后将压余推出挤压筒，用堵头上压，将压余镦粗，使压余厚度减薄；

3）为了便于对中，将大冲头改为小冲头（比模孔直径小 20mm 以上）。

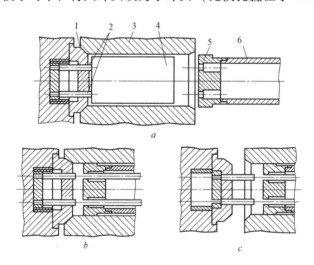

图 5-10　用冲头分离压余的反挤压示意图

a—工模具配置；*b*—挤压终了；*c*—开始分离压余

1—堵头；2—穿孔棒；3—挤压筒；4—坯料；5—挤压模；6—模轴

5.3.6　工艺参数选择

5.3.6.1　挤压比 λ 的确定

在反挤压中，挤压比的确定不像正挤压要求得那样严格。因为正挤压的挤压比过小（一般要求 λ 不小于 7 ~ 8）就会出现金属变形不充分，造成产品内部组织不均匀，产品的力学性能不合格，而挤压比过大又会造成挤压闷车，使生产无法正常进行。反挤压由于变形均匀及节省挤压力，一般不存在上述问题，挤压比的范围可以大得多。一般来讲，反挤压软合金，λ可选在 300 以下；反挤压硬合金，λ 可选 20～100。当然，确定 λ 值范围时还要同时考虑坯料的长度、挤压后产品的中断、与其他设备生产产品规格的合理匹配、生产效率和几何损失的比例等问题。在条件允许的情况下，λ尽可能选择大一些。

5.3.6.2　挤压速度

图 5-11 示出了管材反挤压的一般速度控制模型。图中的标号（例如 W650）代表计算机存储器内的存储代码与相应的控制值。在确定挤压速度规程时主要应考虑以下几点：

（1）对不同的合金应采取不同的挤压速度；

（2）对不同的产品规格，它们的挤压比可能相差悬殊，挤压速度也应有较大的改变；

（3）开始加压及初速挤压期间，速度只能取相当于正常挤压速度的 20%～40%，否则容易断针；

（4）减速度挤压的时间间隔可视具体情况而定，大多数情况下可取为零；

（5）生产特殊规格产品时，可不受图 5-11 所示控制模型限制。例如，生产盘管拉伸毛料时，开始挤压的速度应提高到正常挤压速度的 70%～80%，然后再降至初速，再升速，否则管毛料无法顺利盘到盘管机上；挤压大规格管材，有时需要手动操作，也不能遵循速度控制模型的规定。

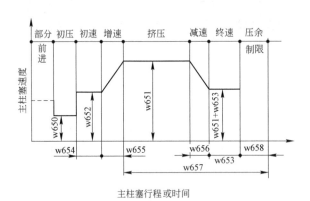

图 5-11　管材反挤压速度控制模型图

5.3.6.3　挤压温度

反挤压极易使产品产生气泡，因此制订合适的挤压温度规程至关重要，不仅要考虑能否挤得动，而且要满足除气的要求。

先进的温度规程是对坯料采用梯度加热方式，达到顺次排气的效果。对于挤压筒的温度也要实行多点控制，在端面增加加热元件，以保证挤压筒两个端头没有温降，使整个挤压筒温度均匀，保证挤压过程中坯料温度自始至终保持稳定一致。

表5-5列出了38.7MN反挤压机坯料及挤压筒的温度设定值，表中"坯料温度梯度"栏内所列数值代表头、中、尾部电流强度的相对值。

表5-5 反挤压温度设定值之例

产 品	材 质	设 定 值			坯料温度/℃	挤压筒温度/℃
		坯料温度梯度				
		头部	中部	尾部		
滚筒用管	Al-Mg3Mn	6	5	5	470	460
	Al-Mg3	5	4	4	490	480
	Al-Mg1	5	4	4	460	450
	Al-MgSi	5	4	4	480	470
	包覆铝	5	4	4	500	490
大 管	5056	5	4	4	490	480
	5052	5	4	4	480	470
	2014，2017	5	4	4	440	430
	6063	6	5	5	470	460
	6061	6	5	5	480	470

5.3.6.4 压余厚度的确定

反挤压型棒材时，压余厚度可以较小，一般可取为 20~30mm。如压余厚度过小会使挤压后期挤压力急剧上升，降低挤压速度。

反挤压管材时压余厚度不能太小，以防金属倒流进入空心垫片孔内。此时，可按下式计算反挤压的压余厚度：

$$H = 30 + \frac{D_z - d_z}{2} \tag{5-1}$$

式中，D_z 和 d_z 分别为穿孔针和针尖的直径。一般情况下，管材反挤压的压余厚度为 50~60mm。这个范围既可保护挤压过程正常进行而不损坏工具，又能使压余顺利分离。

5.4　反挤压的应用

5.4.1　铝及铝合金的反挤压

5.4.1.1　铝及铝合金反挤压品种范围及工艺特点

几乎所有的铝及铝合金都能用反挤压方法生产管、棒、型、线材。由于反挤压与正挤压相比，具有挤压力小，可用较长的坯料在较低温度下用较高的挤压速度和较大的挤压比挤压断面较小的产品，且沿产品截面和长度上的变形较均匀，因而其组织和性能也较均匀等优点，所以铝合金反挤压有进一步发展的趋势。特别是有些用于航空航天、兵器、机械制造等工业部门，要求组织和性能均匀，严格控制粗晶环缺陷的硬铝和超硬铝合金棒材与型材以及大直径薄壁无缝铝合金管材等，用反挤压法生产有很强的优势。目前世界上已有 60MN 以上的专用反挤压机多台。俄国采用 200MN 卧式水压机反挤压硬铝合金带筋管，然后将其剖分矫平，以获得 2500mm 宽的带筋壁板；美国和法国在 350MN 的立式挤压-模压水压机上采用套轴反挤压法生产 φ1500 ～ 2000mm 的大型铝合金管材。

铝及铝合金反挤压的一般工艺特点和要求如下：

（1）坯料：反挤压坯料成分必须均匀，外表面低成分层和缺陷深度不得超过 5mm；各种合金均应经过均匀化退火处理；挤压管材（型管）的空心坯料内表面应经过机械加工，表面光洁。端面切斜度不大于 2.0mm（或小于 30′）；内径等于或小于穿孔针直径 1.5mm。

（2）挤压温度与速度：铝及铝合金反挤压坯料的加热温度范围可参考正挤压的加热温度，但首料的加热温度应等于或略高于上限温度。各种合金的挤压速度见表 5-6。

表 5-6　主要合金产品的反挤压速度

合　金	流出速度/m·min⁻¹		合　金	流出速度/m·min⁻¹	
	型、棒材	管　材		型、棒材	管　材
纯铝，3A21	20 ～ 50	20 ～ 30	2A11	0.8 ～ 2.5	2 ～ 3
2A50	1 ～ 4	2 ～ 4	2A12，7A04	0.7 ～ 2.0	1.5 ～ 2.0
5A02，5A03	8 ～ 10	8 ～ 10	6A02，6061	15 ～ 20	10 ～ 15
5A05，5A06	2.5 ～ 3.5	2.0 ～ 3.5	6063	20 ～ 50	20 ～ 30

（3）坯料扒皮速度：硬合金的为 25 ～ 30mm/s，软合金的为 35 ～ 50mm/s。

（4）其他要求：硬铝合金和软铝合金最好单独使用专用挤压筒。如必需共用时，允许用内衬有硬铝合金黏层的挤压筒挤压软铝合金，但不允许内衬有软铝合金黏层的挤压筒挤压硬铝合金。使用之前还必须用挤压垫片对挤压筒内衬进行多次清理。挤压中因事故停车或安装工具时间太长致使工具冷却时，必须用表面温度计测量，只有当大针、针尖、模子温度不低于370℃时，方可进行挤压。否则，要用专用加热器进行补充加热。

5.4.1.2 硬铝合金棒材反挤压

硬铝合金棒材反挤压时具有下述工艺特点：

（1）在挤压力允许条件下可采用较长的坯料，一般采用1000mm以上的坯料，以保证挤压出较长的产品；

（2）反挤压硬铝合金棒材时，挤压比一般控制在8~25的范围内；

（3）挤压压余长度取20~35mm为宜；

（4）为了减小粗晶环的厚度，硬铝合金棒材反挤压应尽可能在较低的挤压温度下进行。同时由于坯料与挤压筒壁之间无相对运动、变形区发热少等特点，可以采用比正挤压较高的挤压速度进行挤压。表5-7为正、反挤压棒材的温度和速度比较实例。在相同条件下，棒材反挤压速度为正挤压的1.5~3倍。表5-8为棒材反挤压的温度、速度规范。

表5-7 50MN挤压机正、反挤压棒材温度、速度比较实例（ϕ420mm挤压筒）

合 金	棒材规格 /mm	挤压比 λ	反 挤 压			正 挤 压		
			产品流出速度 /m·min^{-1}	坯料温度 /℃	筒温 /℃	产品流出速度 /m·min^{-1}	坯料温度 /℃	筒温 /℃
2A12	ϕ100 ϕ105	17.6 16.0	1.06~1.80 0.96~1.63	360~380	400	0.25~1.0	380~450	400
2A11	ϕ105	14.6	1.49~3.50	365~390	400	0.3~1.2	380~450	400
7A04	ϕ110	14.6	1.40~1.93	365~380	400	0.18~0.8	380~450	400
2A50	ϕ120	12.2	2.93~5.85	345~360	400	0.62~2.5	380~470	400

表5-8 50MN挤压机反挤压棒材温度与速度规范（ϕ420mm挤压筒）

合 金	坯料温度/℃	挤压筒温度/℃	产品流出速度/m·min^{-1}
2A12, 2A14	380~400	370~400	0.7~2.0
2A11	380~400	370~400	0.8~2.5
7A04	370~390	350~390	0.6~1.4
2A02, 2A50	380~400	360~380	1.5~4.0

反挤压棒材与正挤压相比，成材率可提高5%~10%，生产效率提高20%~40%，能耗降低15%~20%。

5.4.1.3 铝及铝合金管材的反挤压

A 坯料

反挤压管材可选用较长尺寸的坯料,但为减少气泡,应尽量缩小锭、筒、针之间的间隙,镦粗系数以 1.03 ~ 1.06 为宜。弯曲度和切斜度要严格控制。为了保证产品组织性能均匀,坯料应进行均匀化处理。反挤压前应对坯料进行车皮或热扒皮。

B 主要工艺参数确定原则

各种铝合金管材反挤压的挤压比、挤压温度和速度,坯料和压余长度范围列于表 5-9 中。

表 5-9 反挤压管材的主要工艺参数范围

合 金	最大 挤压比	合适的 挤压比范围	挤压温度 /℃	产品流出速度 /m·min⁻¹	坯料长度 /mm	压余长度 /mm
纯铝,3A21	80	40 ~ 60	380 ~ 420	15 ~ 20	500 ~ 1000	35 ~ 55
6A02 5A02	70	40 ~ 50	370 ~ 440	6 ~ 8	500 ~ 900	35 ~ 55
2A11	60	30 ~ 40	380 ~ 440	2.0 ~ 2.5	500 ~ 700	35 ~ 55
2A12	60	30 ~ 35	380 ~ 440	1.5 ~ 1.8	400 ~ 600	35 ~ 55
7A04	50	25 ~ 30	370 ~ 440	1.5 ~ 1.8	400 ~ 600	35 ~ 55
5A05,5A06	55	25 ~ 35	370 ~ 420	1.8 ~ 2.0	500 ~ 600	35 ~ 55

C 成材率与生产效率

在相同条件下,反挤压管材与正挤压管材相比,成材率可提高 7% ~ 12%,生产效率可提高 15% ~ 20%。

5.4.1.4 产品的组织性能与尺寸精度

A 组织性能

如前所述,反挤压时变形只发生在模孔附近,金属流动比较均匀,因而产品的组织性能比较均匀。反挤压棒材时不易形成环状缩尾,粗晶环很浅,但可能出现中心缩尾、纺锤体核组织和粗晶芯组织,见表 5-10。反挤压压余厚度取 30mm,切尾长度为 600mm 时可保证上述缺陷不进入产品。而正挤压棒材时压余长度一般需要 90 ~ 110mm。

表 5-10 反挤棒材缩尾、粗晶环和粗晶芯沿长度分布(单孔模,φ420mm 挤压筒)

合金及状态	棒材规格 /mm	缩尾长度 /mm	粗晶环深度和长度 /mm	粗晶芯长度 /mm
2A12T4	φ105	400	很浅,可至棒材中段	距尾端 600
2A50T6	φ120	260	很浅,可至棒材中段	距尾端 600
7A04	φ110	230	很浅,距尾端 800	距尾端 400(细晶芯)
2A11	φ110	400	很浅,可至棒材中段	距尾端 600

反挤压棒材表面易形成起皮和气泡，出现成层。通常单孔反挤压ϕ95～160mm 棒材时，成层深度为 0.1～1.0mm；多孔反挤压 ϕ55～90mm 棒材时，成层深度为 0.2～0.6mm。一般切尾 600mm 可去掉成层。为减少成层和气泡，要保证坯料和工具的清洁度和间隙尺寸，采用合适的挤压排气工艺。

反挤压管材沿纵向和横截面有比较均匀的力学性能和组织，几乎不产生粗晶环。采用合理的生产工艺，可以获得内外表面质量都能满足技术标准要求的管材。

B 尺寸精度

反挤压产品沿长度方向的尺寸变化很小，其尺寸误差比正挤压要小得多，如图 5-12、图 5-13 所示[16]。

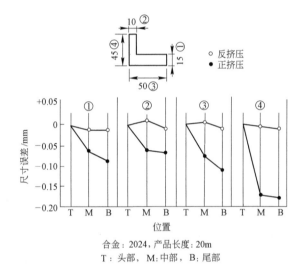

图 5-12 型材正、反挤压时尺寸精度的比较

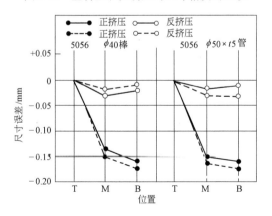

图 5-13 管棒材正、反挤压时尺寸精度的比较

5.4.1.5　模具设计特点

一般来讲，用于反挤压的挤压模结构较为简单，因而模具设计也较为简单，但应注意以下特点[9]。

正挤压用挤压模模孔的配置，通常优先考虑模孔边缘距挤压筒内壁的距离，使产品断面（模孔）外接圆圆心与挤压模中心重合；而反挤压时，一般应优先考虑金属的流动平衡，使产品的重心与挤压模中心重合，如图 5-14 所示。

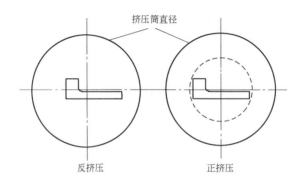

图 5-14　正、反挤压时模孔的配置

反挤压时模孔定径带的长度，主要根据型材断面各部分壁厚的大小比例来确定，一般不需像正挤压那样特别考虑模孔距挤压筒内壁的距离。但对于多孔模挤压的情形，如图 5-15 所示，由于靠近挤压模中心的内侧金属的供给量较外侧的少，往往导致流动不均匀，产品向挤压模中心弯曲，致使产品之间产生相互摩擦，影响产品表面质量和尺寸精度。正挤压时，这一问题可以

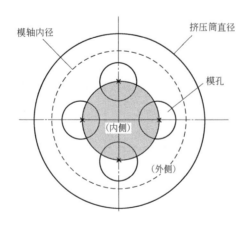

图 5-15　多孔模挤压模孔配置

通过增加模孔外接圆的直径来解决。而对于反挤压，模孔外接圆受到模轴内径的限制，一般需要通过改变模孔定径带的长度来调节。

5.4.2 铜及铜合金的反挤压

铜的反挤压历史比铝的长，早在 100 多年前就开始用反挤压法生产黄铜和青铜棒材与管材。虽然中间停滞了一段时间，到 1970 年代铜的反挤压又开始受到重视。1980 年代 SMS Hasenclever 公司制造了一台 35MN 的铜管棒反挤压机。Clecim 公司制造了多台带有穿孔装置的 18MN 管材反挤压机。1982 年 Clecim 公司为美国改造了 36MN 施洛曼正挤压机，使之成为一台技术先进的现代化反挤压机，主要生产紫铜和黄铜管棒材。由于铜合金的挤压温度高，要求采用高速挤压，棒材和管材的用量大，且许多情况下管材的直径大而壁厚薄，因而更适于采用反挤压法生产。

反挤压紫铜、黄铜及硬合金时，金属的流动介于图 2-27 的 I 型和 II 型之间。挤压过程中温度和压力变化甚小，组织和性能比较均匀。在正挤压时，同一合金，挤压温度不同，外摩擦条件就不同，流动景象也就不同。如 H59 黄铜，在 780℃ 下挤压，合金呈单相 β 黄铜组织，摩擦系数为 0.15，其流动景象接近于 II 型；若在 725℃ 下挤压呈 α + β 两相组织，摩擦系数增加至 0.24，其流动景象介于 III 型和 IV 型之间，流动很不均匀。而反挤压时，由于金属和筒壁之间不存在摩擦，挤压温度对流动类型的影响很小，因而总能获得较为理想的金属流动景象。

5.4.2.1 反挤压铜材时比压的确定

如前所述，挤压时可对垫片施加的最大单位挤压力称为比压。所需比压的大小主要由被挤压金属及其挤压条件确定，但当挤压机的吨位和挤压筒直径确定后，比压值即随之确定。由于反挤压时挤压力比正挤压的低 20% ~ 50%，所以在相同工艺条件下，可在比正挤压低 20% ~ 50% 的比压条件下实现挤压。挤压所需比压越低，则意味着同一挤压机上可以采用较大直径的挤压筒生产具有较大外接圆尺寸的产品。

目前国内外铜合金正挤压所选用的比压值示于表 5-11 中。如按以上比例考虑，则铜合金反挤压时的比压值可按表 5-12 中推荐的范围选择。

表 5-11 铜合金正挤压用比压值（挤压温度 625 ~ 900℃）

挤压机/MN	挤压筒直径/mm	挤压筒面积/cm²	比压/MPa
5	80	50.2	995
	95	71	705
6	100	78.5	764
	120	113.8	528

挤压机/MN	挤压筒直径/mm	挤压筒面积/cm²	比压/MPa
	100	78.5	1020
8	125	123	650
	150	176	455
	125	123	975
12	150	176	682
	185	269	446
15	200	314	474
	250	490	306
	200	314	795
25	250	492	508
	300	709	354
	250	492	712
35	300	709	495
	370	1080	324

表 5-12 推荐的反挤压比压值（挤压温度 625~900℃）

挤压机吨位/MN	8	12~16	20~25	31.5~50
比压值/MPa	310~700	280~670	250~600	160~580

5.4.2.2 工模具尺寸及产品最大外接圆直径

挤压筒直径的上限一般由所需最小比压值来确定，而下限应根据工具允许的最大强度来确定。生产实践中，正挤压黄铜时其比压在 700MPa 以下，正挤压紫铜时其比压在 500MPa 以下。如考虑反挤压比正挤压最大挤压力下降 20%~50%，则在相同挤压机上反挤压时，其挤压筒截面积上限可比正挤压时增大 20%~50%。如 20MN 挤压机上，正挤压铜合金时挤压筒最大直径为 $\phi200$mm（截面积为 314cm²），而在反挤压时可取 $\phi240~250$mm，见表5-13。反挤压筒的最小尺寸由工具允许的抗压强度及工艺的合理性来决定。对于目前常用的工具材料 3Cr2W8V，4Cr5MoSiV1 等，取比压值低于 1000MPa 来确定是可靠的。

表 5-13 反挤压时的比压值（20MN 挤压机）

挤压方式	挤压筒尺寸		比压/MPa	比压下降/%
	直径/mm	面积/cm²		
正挤压	$\phi200$	314	637	
反挤压	$\phi240$	452	442	30.6
	$\phi250$	490	407	36.1

反挤压时空心模轴的内径是由其纵向稳定强度来确定的，而反挤压时产品最大外接圆尺寸由空心模轴的最大内径尺寸来决定。表 5-14 示出了 20MN 挤压机上正、反挤压时产品最大外接圆尺寸。

表 5-14　20MN 挤压机正、反挤压时产品最大外接圆尺寸

挤压方式 项 目	正挤压	反挤压	挤压方式 项 目	正挤压	反挤压
挤压筒直径/mm	$\phi200$	$\phi250$	模轴内径/mm		$\phi180$
比压/MPa	637	407	产品最大外接圆直径/mm	$\phi160$	$\phi160$

挤压筒的长度由坯料长度加上垫片或清理组合垫片厚度来确定。一般地，反挤压的坯料长度可为正挤压时的 2 倍左右，但也不能取得过大。铜合金的挤压温度较高，坯料与挤压筒之间的温差较大，热量易散失，当坯料长径比 $L_0/D_0 > 5$ 时，坯料尾端温度往往会低于允许挤压温度的下限，故在生产中通常取 $L_0/D_0 = 3 \sim 5$，穿孔挤压时以不超过 4 为宜，型棒材挤压时不应超过 5。

反挤压时，模孔边缘离挤压筒内壁的最小距离为 15 ~ 50mm，大挤压机取上限。根据产品的尺寸，可进行单根或多根挤压。

5.4.2.3　温度-速度规范

铜合金反挤压时，应在最低的允许温度下以最高的允许速度进行挤压。表 5-15 和表 5-16 分别列出了常用铜合金的反挤压温度和速度。

表 5-15　铜及铜合金反挤压坯料加热温度

合　金	产　品	坯料直径/mm	坯料加热温度/℃	加热时间/h
紫　铜	管材和棒材	≤97	720 ~ 750	1.5 ~ 2
		145 ~ 200	800 ~ 850	2 ~ 2.5
		200 ~ 250	850 ~ 900	2.5 ~ 3.5
		250 ~ 300	850 ~ 900	3.5 ~ 4
		300 ~ 400	900 ~ 950	3.5 ~ 4
H96	棒	145 ~ 200	820 ~ 870	2 ~ 2.5
H62 HP59	管、棒、管坯	145 ~ 250	700 ~ 750	1.5 ~ 2.5
		250 ~ 300	680 ~ 750	2.5 ~ 3.5
H68 HAl70-1 HSn77-2	管、棒、管坯	≤97	740 ~ 780	1
		145 ~ 200	770 ~ 820	1.5 ~ 2.0
		250 ~ 300	780 ~ 850	2.5 ~ 3.5

合　金	产　品	坯料直径/mm	坯料加热温度/℃	加热时间/h
QAl10-3-1.5	管、棒	175	800~870	1.5~2
		200~250	820~880	2~2.5
		250~400	850~900	2.5~3.5
QBe2.5	管、棒	≤83	780~820	1~1.5
		>145	800~850	2.5~3.5
QSn4-0.3	管、棒	83~97	730~770	1~1.5
		200~250	800~870	2~2.5

表 5-16　不同合金挤压速度的推荐值

合　金	T2~T4 H96	H62 HPb59	H68 HAPb59-1 HPb62-1	H68 HAl70-1 HSn77-2	QAl10-3-1.5	QBe2.5	QSn4-0.3
产品流出速度 /m·min⁻¹	≤85	≤80	≤35	≤15	≤6	≤3	≤2

5.4.2.4　合理挤压比的确定

在实际生产中，反挤压所节省的挤压力已经用来增加挤压筒直径（即相应降低了比压、增加了坯料重量，提高了生产能力）、降低挤压温度、增加金属流出速度，因此挤压比的可提高幅度不大，一般可取正挤压时挤压比范围的上限。

5.4.2.5　压余厚度与几何损失

与正挤压相比，反挤压所需压余厚度要小得多。生产实践表明，反挤压时取压余厚度为挤压筒直径的 10% 就已经足够了，此时可以取消黄铜的断口检验。如在 25MN 反挤压机上采用直径为 370mm 的挤压筒挤压时，压余厚度仅需 37mm 即可，比正挤压时要小得多。表 5-17 和表 5-18 列出了正、反挤压时几何损失的比较。

表 5-17　铜合金正、反挤压几何损失比较

挤压方法		正挤压	反挤压	反正挤压数值之比
挤压机吨位/MN		25	25	
比压/MPa		600	600	
坯料尺寸/mm		φ220×700	φ220×1330	
坯料质量大小/kg		226	430	1.9 倍
几何损失/kg	压余量	13.4	7.6	
	壳　重	4.1	7.8	
	小　计	17.5	15.4	
几何损失占坯料质量比/%		7.8	3.6	减少 50%
一次挤压成品量/kg		208.5	426.4	2.05 倍

表 5-18 HPb62-2 电工黄铜正、反挤压几何损失比较

挤压方式	挤压机吨位/MN	挤压筒径/mm	比压/MPa	坯料尺寸/mm	坯料重/kg	压余厚度/mm	压余和壳的总损失/kg	几何损失比/%	每次挤压成品重/kg
正向挤压	16	170	710	165×670	122	47	14	11.5	108.2
	20	190	705	184×750	169	52	18.5	11.0	150.5
	25	215	690	208×850	245	60	26	10.6	219.0
	31.5	240	695	235×950	344	67	35.1	10.2	308.9
反向挤压	16	205	485	200×1075	287	21	16.7	5.8	270.3
	20	230	480	223×1200	398	23	21.5	5.4	376.5
	25	255	490	247×1350	549	26	27.9	5.1	521.1
	31.5	285	490	277×1500	768	29	36.4	4.7	731.6

5.4.2.6 产品的组织性能

（1）反挤压的研究和生产实践都表明，由于金属流动比较均匀，所以产品的组织与性能，无论沿横截面还是沿纵向上的分布，都比正挤压更为均匀。

（2）正挤压黄铜棒材，易于出现缩尾和缩孔，为确保质量，必须作断口检查。而反挤压黄铜棒材，不易产生缩尾，所以实际上可以取消断口检查。在正挤压电工铅黄铜（HPb61-1）时，坯料加热温度为670℃，由于变形热使坯料温度升高，产生铅的集聚，破坏了铅沿晶界呈细小颗粒分布的状态，因而对切削性能产生不良影响。反挤压时，坯料加热温度可降低到630℃，在挤压过程中没有变形热使坯料温度升高，从而保证了铅粒子沿晶界的细小分布，改善了切削性能。

（3）反挤压黄铜棒材，实测棒材出模口的温度波动在±10℃以内。相应沿棒材整个长度上测得的 σ_b、σ_s、δ 值，几乎是不变的，如图5-16所示[9]。

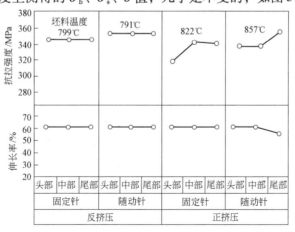

图 5-16 H65 黄铜正、反挤压棒材的力学性能

（4）平面模非润滑正挤压黄铜时，由于压余厚，死区大，所以产品表面质量较好。条件相同的反挤压时死区很小，没有金属的回流现象，所以坯料表面的脏物和缺陷易于显露在产品表面上，降低了产品的表面质量。为弥补这一缺陷，国外在反挤压紫铜、黄铜时，普遍采用脱皮挤压法，从而保证了反挤压产品的表面质量。

（5）为了简化脱皮挤压的工艺过程，广泛采用组合清理垫片。组合清理垫片的工作原理与图 5-1a 相同，其结构如图 5-17 所示。该组合清理垫片的优点在于，集挤压模与清理垫片为一体，使挤压和清理脱皮壳的过程一次完成，挤压周期中的辅助时间减少了 20% ~ 25%，克服了脱皮挤压周期长的缺点。脱皮壳带来的几何损失重量的增加，不会使其总几何损失量超过正挤压时的总损失量。

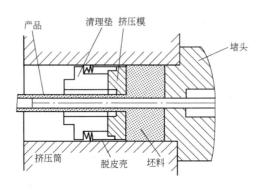

图 5-17　铜合金反挤压用组合清理垫片

（6）反挤压产品的尺寸精度也优于正挤压，挤压管材时尤为显著，即反挤压管材的壁厚偏差比正挤压要小得多。如前所述，这一效果除工艺原因（流动均匀，温度均匀）外，还有设备上的原因。正挤压时，穿孔针在挤压筒内由挤压垫片来定心。脱皮穿孔挤压时，因为垫片与挤压筒之间存在一个相当于脱皮壳厚度的间隙，在垫片未压入坯料之前，多数情况不能在挤压中心线上定心，在垫片压入坯料之初，尚不能保证挤压针在挤压中心线上定心，因此产品前端的壁厚偏差较大，直到挤压中期和末期，挤压针才有可能保证正确定心。而反挤压时，穿孔针是由空心堵板定心的，空心堵板装在主柱塞上，因此就保证了挤压针在整个挤压周期都能很好地对中，从而保证挤压管材有较小的壁厚差。同理，反挤压比正挤压能生产壁厚更小的管材。

5.4.3　钢铁材料的反挤压

由于设备结构、挤压工艺等方面的原因，钢铁材料热挤压时较少采用反挤压的方法。但许多钢铁材料杯形或圆筒形零件往往采用冷反挤压或温反挤压的办法进行成形，如图5-18和图5-19所示。

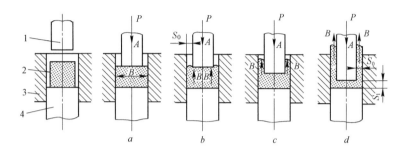

图 5-18　杯形件反挤压成形过程示意图
1—凸模；2—毛坯；3—凹模；4—顶杆

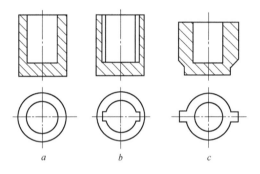

图 5-19　钢铁材料反挤压成形零件

在冷挤压条件下，反挤压还常与正挤压相组合同时进行（即采用所谓联合挤压法），用来对比图5-18所示形状更为复杂的、杯杆类零件进行直接成形。

冷反挤压时，除工模具的结构、挤压操作过程外，其他工艺原理，如毛坯的准备、润滑条件、变形速度、变形条件等，基本与冷正挤压相同，较详细的讨论参见4.6.1节。

参 考 文 献

[1] 刘静安. 国外铝加工技术现状与发展[M]. 重庆：中国科学技术文献出版社重庆分社，1990.

[2] 刘静安. 轻合金挤压工具与模具(上册)[M]. 北京：冶金工业出版社，1990.

[3] 古河アルミニウム株式会社. 间接押出の特征. 1988.

[4] 神户制钢所. アルミ合金间接押出プレス. 1986.

[5] 黄贞源. 铝加工技术[J], 1987, (1): 15.

[6] 郭士安. 轻合金加工技术[J], 1995, (9): 20; (10): 28.

[7] 野依辰彦. 塑性と加工[J], 1981, 22(249): 990.

[8] 永森卓一. アルミニウムおよびその合金の押出加工[M]. 东京: 轻金属协会, 1970.

[9] 日本塑性加工学会. 押出し加工[M]. 东京: コロナ社, 1992.

[10] 王祝堂, 田荣璋. 铝合金及其加工手册[M]. 长沙: 中南工业大学出版社, 1989.

[11] 浅利明, 上田正一ほか. 神户制钢技报[J], 1984, 34(1): 88; 34(2): 85.

[12] 张宏辉. 铝加工技术[J], 1988, (3): 1.

[13] 刘静安. 铝加工[J], 1999, (3): 33.

[14] A. Φ. 别洛夫. 铝合金半成品生产[M]. 刘静安译. 北京: 冶金工业出版社, 1982.

[15] M. 3. 叶尔曼诺克, 等. 铝合金型材挤压[M]. 李西铭等译. 北京: 国防工业出版社, 1982.

[16] Asari A. Proc 3rd Int Al Extru Tech Semi[C]. 1984, 2: 84.

6 静液挤压

6.1 概述

利用高压黏性介质给坯料施加外力而实现挤压的方法，称为静液挤压法。这一思想首先见于英国人 Robertson 在 1893 年发表的专利[1]。但直到 1960 年代和 1970 年代，静液挤压以其金属流动变形接近于理想状态、可在较低温度下实现大变形挤压等特点，才开始受到较为广泛的重视。1970 年代初静液挤压开始真正在工业上得到应用，而进入 1980 年代后静液挤压的工艺和技术才趋于成熟。

6.1.1 静液挤压方法

静液挤压的原理如图 6-1 所示。与正挤压、反挤压等方法不同，静液挤压时金属坯料不直接与挤压筒内表面产生接触，二者之间介以高压介质（黏性液体或黏塑性体），挤压轴施加于垫片上的挤压力 P 通过高压介质传递到坯料上而实现挤压。按照挤压温度、高压介质的种类、挤压机的结构形式等的不同，静液挤压有如图 6-2 所示的一些方法。

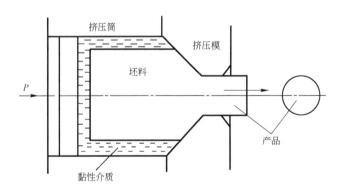

图 6-1 静液挤压原理图

与普通挤压法一样，根据需要，静液挤压可在不同的温度下进行。一般将金属和高压介质的温度均为室温时的挤压过程称为冷静液挤压；在室温以上变形金属的再结晶温度以下的挤压过程称为温静液挤压；而在再结晶温度

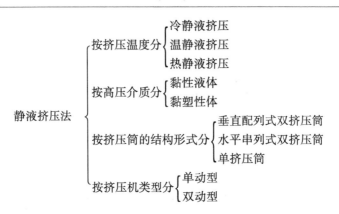

图 6-2 静液挤压法的分类

以上的挤压过程称为热静液挤压。静液挤压时的操作过程较长，由于工模具的耐热能力、高温密封和安全性等问题，热静液挤压采用得较少，冷静液挤压和温静液挤压应用得较多。

静液挤压所使用的高压介质，一般有黏性液体和黏塑性体。前者如蓖麻油、矿物油等，主要用于冷静液挤压和 500 ~ 600℃以下的温、热静液挤压；后者如耐热脂、玻璃、玻璃-石墨混合物等，主要用于较高熔点金属的热静液挤压（坯料加热温度在 700℃以上的挤压）。

挤压时高压介质的升压方式有双挤压筒升压法和单挤压筒直接升压法。双挤压筒法配置一个升压筒和一个工作筒，二者之间用管道连通（见图 6-12）。两个挤压筒的相互配置关系，一般采用垂直配列和水平串列配置两种形式。单挤压筒直接升压法的原理如图 6-1 所示，挤压时通过垫片直接对工作筒内的高压介质升压实现挤压。

用于静液挤压的挤压机结构与常规正挤压机一样，分单动型和双动型两种，前者用于实心断面型棒材的挤压，后者用于管材和异形空心材挤压。

6.1.2 静液挤压的特点

静液挤压时坯料不与挤压筒壁接触，作用于坯料表面上的摩擦力为高压介质的粘性摩擦阻力；在变形区内，金属与锥模表面接近于流体润滑状态。因此，静液挤压时的金属流动均匀，接近于图 2-27 所示的 I 型理想状态。这一特性使得静液挤压特别适合于各种包覆材料的挤压成形，如钛包铜电极、多芯低温超导线材的成形（见 6.5.4 节、8.4.1.2 节）。

静液挤压时坯料处于高压介质中，有利于提高坯料的塑性变形能力，实现低温、大变形加工。因而静液挤压适于难加工材料成形和精密型材成形，还可利用大变形加工的特点简化成形工艺。

但是，由于静液挤压中使用了高压介质，需要进行坯料预加工、介质充填与排泄等操作，降低了挤压生产成材率，增加了挤压周期，加之设备造价高，静液挤压的应用受到了很大限制。图 6-3 表明了静液挤压的工艺特征、优点、缺点以及它们之间的相互影响关系[2]。

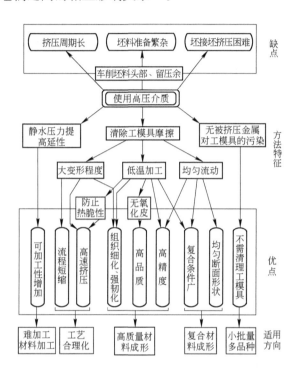

图 6-3 静液挤压特征及其相互影响关系

6.2 静液挤压用坯料

适于进行静液挤压的材料有铝合金、铜合金、钢铁等主要金属材料，以及各种复合材料、粉末材料等。

用于静液挤压的坯料准备比普通挤压时的要求高。为了在挤压初期顺利在挤压筒内建立起工作压力，一般需要将坯料的头部车削成与所用挤压模模腔相一致的形状。为了提高挤压产品的质量，防止污染高压介质，需要对坯料进行车皮处理。坯料表面的车削状态对挤压产品的表面质量影响较大。当挤压比较小时，要求表面粗糙度在几个微米的范围内；当挤压比较大时，要求表面粗糙度在十几个微米以下。对于用于管材挤压的坯料，还要进行镗孔。

6.3　挤压力

挤压力是选择挤压设备、挤压比、挤压温度以及高压介质的很重要的工艺参数。影响挤压力的因素有挤压比、挤压温度、挤压速度、高压介质的种类、挤压模模腔的形状等，其中前三种为主要影响因素。这三种主要因素对 0.4%（质量分数）碳钢静液挤压时的挤压力的影响如图 6-4 所示[3]。

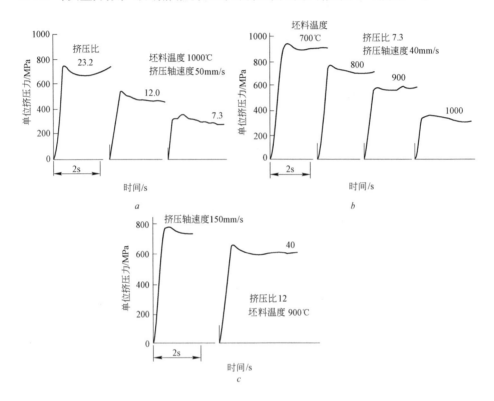

图 6-4　挤压比、挤压温度和挤压速度对 0.4%
（质量分数）碳钢静液挤压时挤压力的影响
a—挤压比的影响；b—坯料温度的影响；c—挤压轴速度的影响

常规挤压中，挤压力与挤压变形程度（一般用挤压比的自然对数表示）的试验关系一般成近似的直线关系。影响其线性关系的因素主要有挤压筒内坯料温度分布的不均匀性、坯料长度方向上摩擦条件的不均匀性等。静液挤压时，由于坯料处于均匀的外摩擦和温度条件中，挤压力与挤压变形程度一般都具有良好的线性关系。图 6-5 所示为几类典型材料静液挤压时挤压力与挤压比的关系[3]。

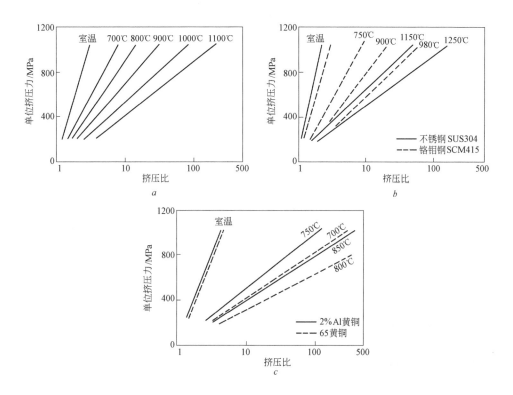

图 6-5　静液挤压时挤压力与挤压比的关系

a—w(C) =0.4% 的碳钢；b—不锈钢和铬钼钢；c—黄铜

采用黏性液体作高压介质的冷静液挤压和 500～600℃ 以下的中、低温静液挤压，坯料长度对挤压力的影响几乎可以忽略不计。采用黏塑性体作高压介质的 600～700℃ 以上的高温静液挤压中，坯料长度对挤压力的影响取决于黏塑性体在给定挤压温度和挤压速度条件下的黏性摩擦阻力。黏性摩擦阻力越大，坯料的长度对挤压力的影响也就越大。

静液挤压时所需挤压力的大小，也可采用理论计算的方法来预测。例如，对于圆棒或简单断面实心型材的静液挤压的情形，当高压介质为黏性液体时，挤压筒内坯料表面的摩擦力几乎可以忽略，在式（3-33）中取 $m_t = 0$，即可得到以下静液挤压单位挤压力的计算式为：

$$p = \frac{2\sigma_k}{3\sqrt{3}\sin^3\alpha}\{[m_z(1 - \cos^3\alpha) + \sqrt{3}\sin^3\alpha]\varepsilon_e +$$

$$(2 - 3\cos\alpha + \cos^3\alpha)\} + \frac{4\sigma_k}{\sqrt{3}} \cdot \frac{m_d l_d}{d} \qquad (6-1)$$

式中，α 为模角；σ_k 为变形区内金属的平均变形抗力，其确定方法见 3.4.2 节；m_z 为模锥面上的摩擦因子，定义 $m_z = \tau_z/k, k = \dfrac{\sigma_k}{\sqrt{3}}$，$\tau_z$ 为模锥面上的摩擦应力；m_d 为定径带上的摩擦因子，其定义方法与 m_z 相同。一般可取 $m_z = m_d = 0.1 \sim 0.15$。

采用黏塑性体作为高压介质时，黏塑性体与挤压筒内壁之间存在较明显的摩擦作用。此时可根据所使用的黏塑性体介质的种类不同，选取 $m_t = 0.1 \sim 0.3$，$m_z = m_d = 0.3 \sim 0.5$，代入式（3-33）中进行计算。应注意的是，此时应以坯料的外径代替式（3-33）中的挤压筒直径进行计算。

当产品的断面积相等时，管材与型材的静液挤压力比圆棒的高 5% ~ 30% 左右，其中挤压比越大时，挤压力的上升比例越小。一般管材挤压力比圆棒的挤压力高 5% 左右，矩形断面型材的挤压力比圆棒的高 5% ~ 10%，带筋条棒材的挤压力比圆棒的高 15% ~ 20%，复杂断面型材的挤压力比圆棒的高 20% ~ 30%[5]。

6.4　挤压工艺

6.4.1　挤压温度

如前所述，根据挤压温度不同，静液挤压可分为冷静液挤压、温静液挤压和热静液挤压三种。冷静液挤压主要用于软质材料（如纯铝、软铝合金）挤压、尺寸要求高的精密型材挤压（如复杂断面的异型材）、希望通过冷加工改善材质的挤压（如碳钢）、需要获得高表面质量的挤压（如贵金属）。

温静液挤压和热静液挤压主要用于各种铝合金与铜合金、室温下难变形的镁合金和钼，以及粉末材料、包覆材料等。挤压温度越高，挤压力越低，挤压比可选择得越大；但挤压温度越高，越容易产生挤压裂纹、粘结、晶粒粗大化、界面反应（包覆材料）等缺陷。静液挤压温度的一般选择范围如下[5]：

铝合金：250 ~ 400℃；铜合金：600 ~ 900℃；铝基复合材料：450 ~ 500℃；钛包铜等包覆材料：700 ~ 800℃。

6.4.2　挤压比

如前所述，静液挤压时金属处于较为理想的流动状态，且强烈的三向静水压力有利于提高金属的塑性变形能力。因而在其他条件相同的情况下，静液挤压可以在较大挤压比的条件下实现挤压。

由于挤压力的大小与挤压比的对数成线性关系，实际生产中，挤压比的选择应考虑高压介质与工模具的最高允许工作压力、密封性能等因素的影响。

例如，冷静液挤压时，介质的工作压力可能高达 1500MPa；而热静液挤压时，介质的工作压力一般选取在 1000MPa 以下[5,6]。

另一方面，由于挤压力随挤压温度的升高而下降，所以当使用设备等其他条件相同时，挤压温度越高，挤压比可选择得越大。图 6-6 所示为单位挤压力保持为 980MPa 不变的条件下，代表性合金的最大挤压比与挤压温度的关系[5]。图中各曲线是按以下方法确定的：首先通过实验确定不同温度条件下各种合金的挤压力与挤压比的关系，然后通过计算得出单位挤压力为 980MPa 时可能达到的最大挤压比。

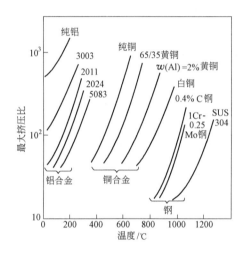

图 6-6 各种合金最大挤压比与挤压温度的关系
(单位挤压力为 980MPa 时)

6.4.3 挤压速度

挤压速度对挤压过程的稳定性有重要影响。由于坯料的周围为黏性介质，远不如常规挤压时坯料直接与挤压筒内壁接触所受到的约束刚性大，因而挤压时有可能产生间断式变形现象：挤压产品不连续或以不均匀的速度从模孔流出，挤压力曲线上产生锯齿形振动。这种现象称之为粘结-滑动式变形（stick-slip flow）现象。当挤压速度选择不合理，坯料直径与挤压筒直径之差过大（高压介质的量过多），或挤压粘结性高的金属时，容易产生粘结-滑动式变形。

挤压速度的确定，主要应考虑设备的能力、挤压过程的稳定性、产品质量、生产效率、挤压金属的材质等因素的影响。实际生产中一般取挤压轴速度为 10~50mm/s，而对于容易产生粘结的金属，挤压轴速度可低至 2~5mm/s 左右。

6.4.4　高压介质

静液挤压用高压介质主要有各种植物油和矿物油、耐热脂、熔融盐和氧化物、玻璃以及低熔点金属等。蓖麻油具有良好的润滑性能和合适的黏性，常被用作冷静液挤压与中、低温静液挤压的高压介质。较高温度范围内的静液挤压（热静液挤压）可用呈黏塑性变形行为的耐热脂、熔融盐乃至玻璃作高压介质，其中耐热脂在实际生产中获得较广泛的应用。热静液挤压时，高压介质同时起到润滑剂、隔热材的作用。

图 6-7[5] 和与表 6-1[6] 为各种高压介质的适用条件范围。

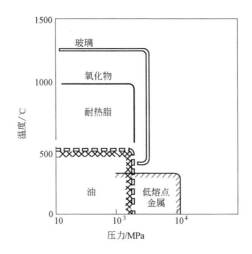

图 6-7　高压介质的工作条件

表 6-1　高压介质的种类与工作条件

工作条件		高压介质
冷挤压	工作压力：<1000MPa	蓖麻油、煤油、机油、锭子油、气缸润滑油等
	工作压力：≥1000MPa	甘油、乙二醇及其各种混合物、MoS_2 或石墨与水的混合物
中低温挤压（≤500℃）		蓖麻油、气缸润滑油、气缸润滑油＋石墨（＋MoS_2）、沥青、沥青＋石墨
高温挤压（700~1200℃）		耐热脂、沥青、沥青＋石墨、有机硅液体、玻璃、熔融盐等

6.4.5　润滑

当采用黏性液体作高压介质（冷、温静液挤压）时，由于高压作用可形成较理想的强制流体润滑效果，且随着挤压过程的进行，坯料表面的粗糙度下降，最终产品表面的精度可达到 $R_{amax} = 3 \sim 4\mu m$ 左右，如图6-8所示。因此，一般情况下，挤压时可不对坯料表面进行特殊的润滑处理。

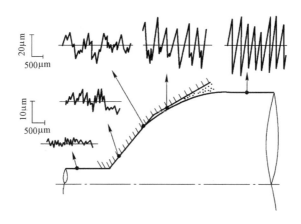

图6-8 静液挤压坯料表面粗糙度的变化

（铝合金，挤压比100）

但是，对于表面质量要求高，或者为了降低挤压力，根据挤压金属的种类和挤压温度不同，可以采用不同的润滑剂进行挤压。表6-2为静液挤压用各种润滑剂。为了提高润滑效果，还可在坯料表面打麻孔，或车削凹槽。

表6-2 静液挤压用润滑剂

材 料 \ 挤压温度	润滑剂的种类			
	室 温	室温~500℃	500~1000℃	>1000℃
铝合金	黏性石蜡、金属肥皂	石墨、石墨与高分子材料粉末混合物		
铜合金	大多数情况不需润滑，或黏性石蜡、金属肥皂		石墨与玻璃粉混合物	
钢 铁	磷酸盐膜、草酸膜		石墨与玻璃粉混合物	玻璃粉
钛合金	氧化膜、石蜡		石墨与玻璃粉混合物	

6.5　静液挤压的应用

6.5.1　异型材挤压

由于静液挤压时可以获得良好的润滑条件和均匀的金属流动状态，因而特别适合于内表面或外表面带有细小复杂筋条，且形状与尺寸精度、表面质量要求高的各种异型管材与棒材的成形，图 6-9 所示为静液挤压异型材的代表例。

图 6-9　静液挤压异型材代表例

铝合金型材在多数情况下采用无润滑热挤压方法（普通热挤压）成形。但是，对于一些高强度铝合金，由于高温脆性的缘故，在普通热挤压温度下，只能采用很低的速度进行挤压。如能将挤压温度降低至 200~300℃，则可回避高温脆性，大幅度地提高挤压速度。但另一方面，随着挤压温度的降低，金属变形抗力急剧上升，带来设备能力不足、挤压变形程度小、能耗大等方面的问题。而静液挤压可以在较低温度下实现大变形程度的高速挤压，表 6-3 为部分铝合金在 200℃温度下进行静液挤压的工艺参数之例[2]。

表 6-3　铝合金静液挤压工艺参数（挤压温度 200℃）

合　金	挤压产品		产品流出速度 /m·min^{-1}	挤压比 λ	坯料尺寸/mm
	形　状	尺寸/mm			
2017 7075	管	$\phi23.5 \times 7.5$	100~120	113	$\phi115$
2014 3003	管	$\phi16 \times 1$ $\phi8.5 \times 0.5$		375 1413	$\phi155$
2011 5052 2024	圆棒	$\phi7$ $\phi10$ $\phi13$	225 160 100	522 256 151	$\phi160$

小规格铜管的常规生产工艺为，由铸造坯料热挤压成外径 60 ~ 70mm、壁厚 5 ~ 6mm 的管坯，然后通过冷轧管、拉拔、退火等多道工序（有时拉拔与退火需要反复多次），加工成最终尺寸规格的产品，不仅工艺复杂，而且成材率很低。如表 6-4 所示，采用静液挤压法，铜及铜合金小尺寸管材可用高达数百的挤压比实现一次挤压成形（荷兰 Lips 公司）[2]，大大简化了生产工艺。同时，由于挤压温度较低，可获得细小再结晶组织的产品。

表 6-4　铜及铜合金管材静液挤压例

合　金	管材尺寸/mm	挤压温度/℃	挤压比 λ	坯料尺寸/mm
Cu	φ15 × 1	550	450	φ158
CuZn37	φ18 × 1.4	600	250	φ155
CuZn20Al	φ29 × 1.5	600	140	φ155
CuZn28Al	φ28 × 1.4	600	160	φ155

虽然钢铁材料的热挤压仍以玻璃润滑挤压占主导地位，静液挤压应用例还很少，但在 700 ~ 900℃ 的温度范围内，如采用静液挤压法进行成形，可以获得尺寸精度高、表面质量好的挤压产品。采用冷静液挤压，可以成形螺旋状齿轮等断面形状复杂的型材。钢铁材料静液挤压应用的最大问题在于模具的强度与寿命。

6.5.2　难加工材料挤压

由于所需挤压力较小、坯料处于强烈静水压力作用状态等特点，静液挤压适合于钛合金、高温合金、难熔金属材料等的管棒型材加工。

6.5.2.1　钛合金挤压[6]

钛合金型材，特别是薄壁型材，采用普通正挤压的方法成形非常困难。因为高温下挤压钛合金型材极易产生裂纹、组织性能不均匀等缺陷，模具强度与寿命也是一个不易解决的难题。静液挤压可望在钛合金挤压方面发挥较好的作用。

在中等变形程度以下，可以采用冷静液挤压法成形具有简单断面的管棒型材。且挤压产品具有尺寸精度高、表面质量好、性能均匀等特点。利用冷加工硬化，还可积极地提高产品的力学性能。

采用热静液挤压法挤压钛合金时，与常规挤压相比，挤压温度可大大降低。例如，在静液挤压条件下，将坯料的加热温度由 800℃ 降低到 500℃，所需挤压力上升不多，而金属流动均匀性却大大提高。因为坯料加热温度较高时，与挤压筒和高压介质的温度相差较大（采用高温静液挤压的情形除外），导致坯料横断面上温度的不均匀分布，影响金属流动的均匀性。在较低的温

度下挤压，还可减少钛合金的吸气与氧化，省除分阶段加热和防氧化加热等
措施，简化加热工艺。

钛合金热静液挤压的推荐工艺参数为：坯料加热温度 500 ~ 550℃，挤压
筒和高压介质的加热温度 400℃，高压介质组成为 70% 五号沥青 + 30% 石墨，
挤压模角 $2\alpha = 90°$（半模角 45°），定径带长度 4mm。

钛合金管材静液挤压时，一般采用固定穿孔针挤压法。若采用随动针挤
压，则由于高静水压力增加了针表面的摩擦，使挤压力上升，甚至导致断针。
固定针一般采用针尖与针体通过螺纹联结的组合式结构（见图 6-16）。为了减
少针体上的摩擦阻力，可将针体直径设计成比针尖的大头直径略小。这样，
挤压时坯料处于挤压筒内的部分与针体之间存在一个间隙，既可有效提高针
尖部分的润滑效果，又可减少作用于针体的摩擦力，延长其使用寿命。不过，
这种结构的固定穿孔针对本身的刚性有一定影响，从而有可能影响挤压管材
的壁厚精度。

6.5.2.2 高温合金挤压

镍基合金、金属间化合物等高温合金具有优秀的耐高温、耐腐蚀性能，
但其最大的缺点是塑性低，加工温度范围窄，塑性成形、车削、焊接加工性
能差。利用静液挤压强烈的三向压应力作用，可以改善金属的塑性变形能力，
进行高温合金零部件的直接成形或近终形成形。

在所有的镍基合金中，ЖС6-КП 合金（俄罗斯牌号，主要成分为：
$w(C) = 0.10\%$ ~ 0.15%，$w(Cr) = 10\%$ ~ 12%，$w(Co) = 5\%$ ~ 9%，
$w(Mo) = 5\%$ ~ 6.5%，$w(W) = 3\%$ ~ 5%，$w(Ti) = 2.6\%$ ~ 3.6%，$w(Al) =$
4.3% ~ 5.0%，$w(Fe) \leqslant 1.5\%$）是加工性最差的合金之一。若采用冷静液挤
压法以 50% 的变形量（挤压比 $\lambda = 2$）进行挤压成形，所需挤压力高达 1700 ~
1900MPa。因而冷静液挤压的应用存在较大的困难。

ЖС6-КП 合金的热加工温度范围为 1100 ~ 1150℃，在此温度范围内的抗
拉强度为 150MPa，伸长率为 15% ~ 25%。当温度降低至 1000℃ 时，强度显著
上升而塑性下降。采用温静液挤压（400℃）时，为了解决坯料装入挤压筒后
表面层温度急剧下降的问题，可采用包钢套的办法。研究表明，采用附加反
向压力的静液挤压法，可有效防止挤压产品易产生裂纹的倾向[6]。

显然，采用黏塑性体作高压介质进行高温静液挤压，对于提高高温合金
的静液挤压加工性非常有利。例如，可以在 ЖС6-КП 合金坯料上涂上 0.2 ~
0.8mm 的软化点为 650 ~ 800℃ 的玻璃润滑剂，然后将其装入壁厚相当于 0.1 ~
0.15 坯料直径的石墨基或玻璃基包套材料（黏塑性体）中，两端用相同材质
的垫片密封。然后将包套的坯料加热至 1000 ~ 1100℃，以 500 ~ 1000mm/s 的
速度进行挤压[6]。这种方法具有工艺较简单，适用温度范围宽（1000 ~

1600℃），对工模具结构和密封要求低，可以保证挤压过程中坯料温度均匀，有效减少和防止加热过程中坯料的吸气、氧化等优点。

6.5.2.3 难熔金属材料挤压[6]

难熔金属是指熔点温度超过 1875℃（铬的熔点）的金属，如铬（Cr）、钒（V）、铌（Nb）、钽（Ta）、钨（W）、钼（Mo）等。除 Nb 和 Ta 外，大多数难熔金属因其变形抗力大、塑性差而被列入难加工材料之列。在 900 ~ 1500℃的高温下，难熔金属不能在空气介质中成形，因为金属易与气体发生作用，使性能显著劣化。采用常规挤压法挤压难熔金属（特别是 W 和 Mo）难度大，因而静液挤压法具有较大的吸引力。

表 6-5 为在 16MN 曲柄压力机上，以玻璃-石墨混合物为高压介质，挤压速度为 750mm/s 时，Nb、Cr、W 和钨基合金 ВНЖ-90 的合适静液挤压工艺参数。

表 6-5　几种难熔金属的合适静液挤压工艺参数①

金　属	挤压温度/℃	挤压比 λ	挤压压力/MPa	产品质量
Nb	800	3	650	优
	1000	4	620	
	1100	4	600	
Cr	800	3	580	良
	1000	4	560	
	1200	6	540	
W	1200	3	1350	前端部有细小裂纹
	1400	4	1200	
	1600	9	1450	
ВНЖ-90	800	3	1200	好，无肉眼可见缺陷
	800	7	1800	
	900	7	1750	
	1000	7	1620	
	1100	7	1600	

① 挤压速度为 750mm/s；模角 2α = 90°；ВНЖ-90 合金的组成（质量分数）为 W 颗粒 90%，Fe、Ni 粘结体总量 10%。

6.5.3　粉末材料挤压

粉末材料致密化的最有效手段，就是在高静水压力作用下进行大剪切变形，促进孔隙的变形收缩，并使粉末颗粒表面的氧化层得以破碎。因此，静液挤压是粉末材料致密化的有效手段之一。

　　粉末材料静液挤压的工艺过程如图 6-10 所示[5]。粉末材料的静液挤压分为冷静液挤压和热静液挤压两种。为了防止高压介质渗入预成形坯料内部，用于挤压的坯料一般需要经过压坯-烧结，或包套-密封处理。冷静液挤压时，挤压比较小时，由于模孔附近不能建立足够的静水压力，挤压产品容易产生横向和纵向裂纹。其解决措施是提高变形区内的静水压力值，例如增加挤压比，或在出模孔处施加背压。根据合金种类与产品质量要求不同，有些情况下挤压前还需对坯料进行 HIP（热等静压）致密化处理。

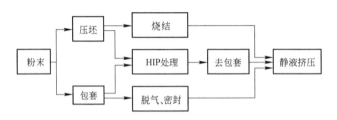

图 6-10　粉末材料静液挤压工艺

　　热静液挤压同时具有 HIP 处理和挤压成形两种功能，尤其适合于粉末材料的直接挤压成形。例如，在钢质包套中以 70% 的相对密度填充高速钢粉末，然后进行热静液挤压，可以获得具有与铸造坯料经锻造后材料相近质量的产品。对于某些材料，根据需要也可以先进行 HIP 处理，然后再进行热静液挤压，以提高产品的质量。例如，对于 SiC 纤维强化铝基复合材料，可以先进行 HIP 处理，然后在 400～500℃ 下进行静液挤压，可以获得致密无缺陷的纤维强化复合材料。

6.5.4　包覆材料挤压

　　利用金属流动均匀和具有高静水压力作用等特点，静液挤压非常适合于各种包覆材料（或称层状复合材料）的成形。例如，冷静液挤压的铜包铝复合材料，具有界面接合强度好，沿圆周和长度方向包覆层尺寸均匀等优点。静液挤压可以在室温或较低的温度下实现大变形挤压的特点，尤其适合于在高温下容易形成金属间化合物的包覆材料的成形。

　　热静液挤压过程中由于同时存在高压和高温作用，容易获得具有完全冶金接合（金属学接合）的界面接合质量（在高温条件下容易形成金属间化合物的金属配对除外）。热静液挤压成形包覆材料的典型应用例有如下三个方面：

　　（1）钛包铜电极材料，广泛应用于化工、电镀行业。传统的钛包铜棒主要采用爆炸焊接或拉拔复合法成形，存在界面复合质量较差，可靠性低等缺陷。钛包铜热静液挤压一般在 650~750℃下进行，可以获得界面接合强度高、质量稳定的包覆材料[7]。

（2）多芯低温超导线材的成形。将 Cu 与 Nb/Ti 或 Cu 与 Nb_3Sn 复合在一起的低温超导复合线一般采用静液挤压法在 600℃以下（300~500℃较为合适）成形[8]。

（3）Fe-Ni 合金、低碳钢等与铜的复合导线，广泛用于电子元器件和电子设备的导线。

由于复合层厚度均匀和界面接合强度高等特点，热静液挤压法受到广泛重视，正在逐步取代传统的拉拔成形法。此外，用作各种装饰材料的贵金属、镍合金包覆钛或钛合金，双金属管等，也常采用热静液挤压法成形。有关静液挤压成形包覆材料的更多详细讨论参见 8.4 节。

6.5.5 产品组织性能与缺陷

如前所述，与普通的正挤压相比，由于静液挤压可以在较低的温度、较大的变形程度（挤压比）和较高的速度下进行，且金属流动均匀，因而挤压产品的组织性能具有如下一些特征：

（1）可以获得晶粒细小、微细析出相均匀分布的组织；

（2）挤压硬铝合金材料时，不易产生粗晶环组织；

（3）组织、性能沿产品断面与长度方向均匀；

（4）表面质量与尺寸精度高。

但是，当挤压工艺条件、模具设计等选择不合理时，静液挤压时同样会产生各种各样的缺陷。表 6-6 所示为静液挤压的一般缺陷、复合材料成形的特有缺陷及其防止对策[5]。由表可知，各种缺陷几乎都可以通过改变挤压条件予以消除。

表 6-6 静液挤压材料常见缺陷与防止对策

类　别	缺陷种类	对　策
般缺陷	晶粒粗大化、软化	降低挤压比、挤压温度，强化冷却
	粘结	选择合适的润滑剂和模具材质
	表面裂纹	增加挤压比，提高挤压温度
	周向机加工纹痕	提高坯料机加工精度
	橘皮表面	降低高压介质黏度，加大挤压模角
	高压介质焦苔	强化产品冷却，增加模孔出口处的对流
	管材偏心	增设坯料导路，减少坯料与挤压筒直径差
	外径周期性波动	防止产生粘结-滑动式变形

续表 6-6

类　别	缺陷种类	对　策
复合材料静液 挤压特有缺陷	包覆层破断 芯材破断 包覆层胀凸、皱纹 包覆层厚度不均 界面接合强度不足 界面金属间化合物	改变挤压比、模角，保证坯料界面洁净 改变挤压比、模角，保证坯料界面洁净 界面洁净、脱气，选择合适的复合比 改善挤压模形状 增加挤压比，提高挤压温度 降低挤压温度

6.6　挤压设备与工模具

6.6.1　静液挤压设备[5]

　　静液挤压机按挤压筒的个数和相互配置关系，有如图 6-11 所示的三种基本类型。早期的静液挤压机与普通挤压机在结构上有较大差别，多采用双挤压筒结构形式：一个用作高压介质的升压，一个用作实现挤压的挤压筒，如图 6-11a、b 所示。随着高压介质性能的改善，热静液挤压技术的开发，近年来静液挤压机在结构上不断简化，多采用单挤压筒结构，如图 6-11c 所示，与普通的正挤压机的差别越来越小。

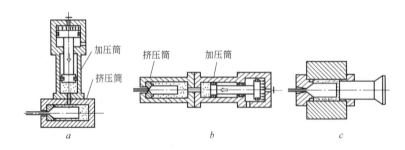

图 6-11　静液挤压机的基本结构类型
a—垂直配列式双挤压筒；b—水平串列式双挤压筒；c—单挤压筒

　　根据挤压机的主要用途不同，静液挤压机又有单动与双动之分。如上所述，现代静液挤压机一般采用单挤压筒，无论是单动式或双动式，其主要结构与单动或双动的普通正挤压机基本相同。当采用黏性液体（通常为蓖麻油）作高压介质时，单动挤压机上设有专门的液体充填阀，如图 6-12a 所示，挤压时的供液和挤压结束时的液体回收均通过供液阀进行。这种方式具有操作繁杂、生产周期长、坯料温度下降明显、润滑性能劣化、产生点火危险等缺点。

且由于点火危险的限制，挤压温度一般控制在 500～600℃ 以下。

采用黏塑性体（例如耐热脂）作高压介质时，单动静液挤压机的结构如图 6-12b 所示。此时，不需要专门的介质充填阀，介质以块状供给，便于快速操作，可有效抑制坯料温度的下降，减轻工具的热负担，并可缩短操作周期。

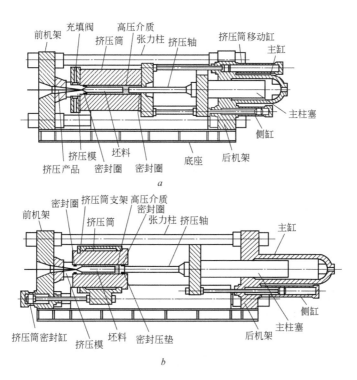

图 6-12　单动静液挤压机的结构

a—采用黏性液体作高压介质；*b*—采用黏塑性体作高压介质

双动静液挤压机用于成形空心产品、双金属管等。图 6-13 所示为双动静液挤压机的工作过程。首先将挤压模送入所定位置，然后将坯料装入挤压筒内，再将块状黏塑性体介质与密封垫片装入挤压筒内，然后通过挤压轴加压，即可在挤压筒内形成高压，实现挤压。

6.6.2　挤压工模具

6.6.2.1　挤压筒

冷静液挤压时，高压介质的工作压力可高达 1500MPa。由于密封与强度方面的要求，挤压筒需要采用特殊的多层结构（例如多层缠绕式），其外径与

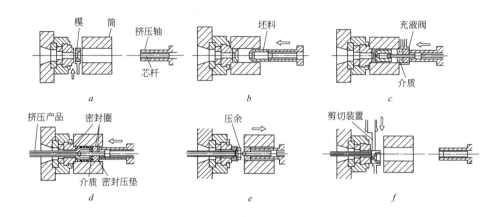

图 6-13　双动静液挤压机的工作过程

a—供模；b—供坯；c—加介质；d—挤压；

e—挤压筒后退；f—切压余

长度较普通正挤压的要大得多。而热静液挤压时，工作压力一般在 1000MPa
以下，挤压筒采用与普通正挤压相同的 2 层或 3 层热装结构形式，即可满足
强度要求。

6.6.2.2　挤压模

挤压模模腔形状有单锥形与多锥形，图 6-14 所示为用于铝合金挤压的三
锥结构挤压模[3]。与采用锥形模相比，采用接近于自然流动曲面的曲面模，
所需挤压力最小[9]，但容易产生粘结等缺陷。采用接近于自然流动曲面的三
锥式结构，可以有效防止粘结现象。这是由于各圆锥交界处有利于介质的存

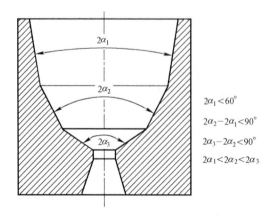

图 6-14　铝合金用三锥式挤压模

储，强化了润滑效果的缘故。对于强度高而较容易产生粘结的铜合金，可以采用双锥形挤压模（例如 $2\alpha_1 = 100°$，$2\alpha_2 = 135°$）。而对于纯铜一类不容易产生粘结的合金，则可采用单锥模（一般可取 $2\alpha = 90°$）。

由于模面和定径带需要承受高温、高压、高摩擦作用，容易产生变形和磨损，可以考虑采用组合式模代替整体模，如图 6-15 所示。起决定产品外形尺寸作用的模圈可采用硬质合金或超耐热合金加工，其余部分可采用合金工具钢或超耐热合金。

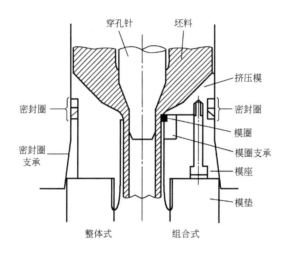

图 6-15 整体式与组合式挤压模

6.6.2.3 穿孔针（芯杆）

与普通正挤压的情形相同，挤压管材或异形空心材所使用的穿孔针有固定式和随动式两种。由于穿孔针的前端部工作条件非常恶劣，如图 6-16 所示，穿孔针可以采用组合式，针尖部分采用抗粘结性好、耐热且具有较好韧性的超耐热合金、硬质合金加工，针体采用工具钢。对于挤压温度高于 600 ~ 700℃ 的情形，可以将穿孔针设计成空心的，挤压时进行通水冷却。

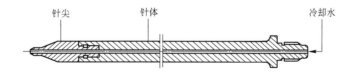

图 6-16 静液挤压用穿孔针

6.6.2.4 高压密封圈

为了防止高压介质的泄漏，挤压模与挤压筒、挤压垫片（密封压垫）与挤压筒之间必须密封良好。挤压模处采用固定式密封圈，而挤压垫片处采用滑动式密封圈。由于耐高压、低摩擦系数的要求，常用密封圈的材质为铜合金，断面形状为梯形或矩形，一般以几个为一组同时使用。

参 考 文 献

[1] Robertson J. British Patent No. 19356，1893.

[2] 清藤雅宏，参木贞彦. 塑性と加工[J]，1980，21(238)：942.

[3] 西原正夫. 塑性と加工[J]，1987，28(319)：765.

[4] Avitzur B. Handbook of Metal-forming Processes[M]. New York：John Wiley & Sons，1983.

[5] 日本塑性加工学会编. 押出し加工—基础から先端技术まで—[M]. 东京：コロナ社，1992.

[6] A. И. 柯尔巴什尼可夫. 金属材料的热液体挤压[M]. 薛永春，周光垓译. 北京：国防工业出版社，1984.

[7] 松下富春，野口昌孝，有村和男. 材料[J]，1988，37(413)：107.

[8] 横田稔. 塑性と加工[J]，1988，29(335)：1261.

[9] 高桥裕男，村上紤，成田亮一. 塑性と加工[J]，1984，25(285)：921.

7　连 续 挤 压

7.1　概述

与轧制、拉拔等加工方法相比，常规挤压（包括正挤压、反挤压、静液挤压）的主要缺点之一是生产的不连续性，一个挤压周期中非生产性间隙时间较长，对挤压生产效率的影响较大。并且，由于这种间隙性生产的缘故，使得挤压生产的几何废料（坯料压余与产品切头尾）比例大为增加，成材率下降。因此，挤压加工领域很早以来一直致力于尽可能地缩短挤压周期中的非生产性间隙时间，并同时力求减少挤压生产几何废料。人们先后开发了各种挤压新技术，例如，无压余挤压（或称无残料挤压、坯接坯挤压）[1~3]、固定垫片挤压[4,5]、卷状坯料静液挤压[6,7]等，可以显著减少几何废料，或缩短非生产性间隙时间。

真正意义上的连续挤压，则是在 Fuchs（1970 年）和 Green（1971 年）先后提出利用黏性流体摩擦力挤压的方法[7]和 Conform 挤压法[7~9]以后才得以实现的。此后，各种连续挤压方法在 20 世纪 70 年代前后相继被提出来。这些方法（包括部分半连续挤压法）大致可以分为两大类。第一类是基于 Green 的 Conform 连续挤压原理的方法，其共同特征是通过槽轮或链带的连续运动（或转动），实现挤压筒的"无限"工作长度❶，而挤压变形所需的力，则由与坯料相接触的运动件所施加的摩擦力提供。例如，连续摩擦筒挤压法（Continuous chamber extrusion，Fuchs 等，1973 年）、轧挤法（Extrolling，Avitzur，1974 年）、轮盘式连续挤压法（Disk extrusion，Sekiguchi 等，1975 年）、链带式连续挤压法（Linex method，Black 等，1976 年）、连续铸挤（Castex，英国 Alform 公司，1983 年）[10,11]等。第二大类是源于 1960 年代后期为了克服静液挤压生产周期中间隙时间过长，而试图使挤压生产连续化的努力。这一类方法的共同特点是，利用高压液体的压力或黏性摩擦力，或再辅之以外力

---

❶本书引入挤压筒工作长度这一概念，以区别挤压筒的实际长度。对于常规的正挤压和反挤压等情形，挤压筒的工作长度小于或等于挤压筒的实际长度；而对于本章所讨论的各类连续挤压，工作长度可以大于挤压筒的实际长度。例如随着 Conform 槽轮（挤压轮）的连续旋转，就可获得任意或"无限"工作长度的挤压筒。

作用，实现半连续或连续的挤压变形。例如，半连续静液挤压-拉拔法（Wire coil hydrostatic extrusion-drawing，Sabroff 等，1967 年）、黏性流体摩擦挤压法（Viscous drag continuous extrusion，Fuchs，1970 年）、连续静液挤压-拉拔法（Continuous hydrostatic extrusion-drawing，松下富春等，1974 年）等。所有这些方法中，Conform 连续挤压法是目前应用范围最广、工业化程度最高的方法。

7.2　Conform 连续挤压

7.2.1　Conform 连续挤压原理

由于在常规的正挤压和反挤压中，变形是通过挤压轴和垫片将所需的挤压力直接施加于坯料之上来实现的，在挤压筒的长度有限、需要通过挤压轴和垫片直接对坯料施加挤压力来进行挤压的前提下，要实现无间断的连续挤压是不可能的。一般来讲，为了实现连续挤压，必须满足以下两个基本条件：

（1）不需借助挤压轴和挤压垫片的直接作用，即可对坯料施加足够的力以实现挤压变形；

（2）挤压筒应具有无限连续工作长度，以便使用无限长的坯料。

为了满足第一个条件，其方法之一是采用如图 7-1a 所示的方法[7~9]，用带矩形断面槽的运动槽块和将挤压模固定在其上的固定矩形块（简称模块）构成一个方形挤压筒，以代替常规的圆形挤压筒。当运动槽块沿图中箭头所示方向连续向前运动时，坯料在槽内接触表面摩擦力的作用下向前运动而实现挤压。但由于运动槽块的长度是有限的，仍无法实现连续挤压。

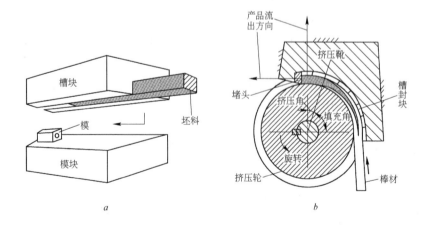

图 7-1　Conform 连续挤压原理图

　　为了满足上述的第二个条件，其方法之一就是采用槽轮（习惯上称为挤压轮）来代替槽块，如图 7-1b 所示。随着挤压轮的不断旋转，即可获得"无限"工作长度的挤压筒。挤压时，借助于挤压轮凹槽表面的主动摩擦力作用，坯料（一般为连续线杆）连续不断地被送入，通过安装在挤压靴上的模子挤出成所需断面形状的产品。这一方法称为 Conform 连续挤压法，是由英国原子能局（UKAEA）斯普林菲尔德研究所的格林（D. Green）于 1971 年提出来的[9]。

7.2.2　Conform 连续挤压金属变形行为

7.2.2.1　金属流动过程

　　Conform 连续挤压时，由挤压轮、挤压模、挤压靴构成大约为四分之一至五分之一圆周长的半封闭圆环形空间（该长度可根据需要进行调整），以实现常规挤压法中挤压筒的功能。为了区别于常规挤压法的情形，一般将这种具有特殊结构和形状的挤压筒称为挤压型腔。

　　如图 7-2 所示，稳定挤压阶段挤压型腔内的金属流动变形过程可分为两个阶段：填充变形阶段和挤压变形阶段。在填充变形阶段，圆形坯料在外摩擦力的作用下被连续拽入挤压型腔。随着挤压轮的转动，圆形坯料与凹槽的侧壁和槽封块的接触面积逐渐增加，金属逐渐向型腔的角落部位填充，直至矩形断面被完全充满，填充过程完成。从坯料入口至型腔完全被充满的区段称为填充段（或填充区），所对应的圆心角称为填充角。

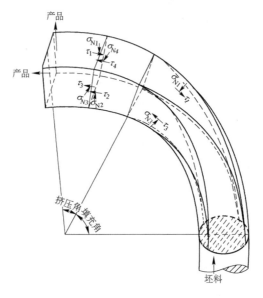

图 7-2　挤压型腔内金属流动变形过程与受力分析

　　填充完成后，金属继续向前流动，到达堵头附近时所受到的压应力（平行于挤压轮切向的应力）达到最大。当挤压型腔足够长时，模孔入口附近的压力值（可高达1000MPa以上）足以迫使金属流入设在堵头或槽封块上的进料孔，最终被迫通过安装在挤压靴内的模子实现挤压变形。由于挤压变形所需的变形功主要来自从型腔被完全充满到进料孔之间的区段内作用在金属表面的摩擦力所作的功，故将该区段称为挤压段（或称挤压区），所对应的圆心角称为挤压角。

　　稳定挤压成形时模孔附近所需压力的大小依挤压条件（例如挤压比）的不同而发生变化。由图7-2不难推断，即使在挤压轮直径、凹槽尺寸、槽封块的包角等不变时，挤压段所需长度会随其他挤压条件的不同而产生变化。因此，在进行挤压工模具设计时，需要考虑挤压条件可能的变动范围，确定挤压段的最小所需长度（近似的计算方法见7.2.2.3节）。

7.2.2.2　变形金属受力分析

　　挤压型腔内变形金属的受力情况如图7-2所示。位于挤压轮缘上的凹槽槽底和两个侧壁作用在金属接触表面上的摩擦应力方向与金属流动方向相同，而槽封块作用在金属上的摩擦力与金属流动方向相反。因此，挤压轮旋转时，凹槽槽底部分作用在金属表面上的摩擦力（τ_2）的方向与槽封块（固定在挤压靴上）作用在金属表面上的摩擦力（τ_1）的方向相反，作为粗略估计，可以认为二者数值大小近似相等，相互抵消，对挤压塑性变形功没有贡献，但具有使变形金属温度升高的作用；而凹槽两个侧壁上的摩擦力（τ_3 和 τ_4）的合力，构成实现挤压变形所需的挤压力，提供整个变形过程的塑性变形功。

　　由连续挤压变形和受力特点可知，挤压型腔内变形金属横断面上的压应力（平行于挤压轮缘切线方向的应力）越靠近模孔越大。理论分析表明[12,13]，与横断面上压应力的变化规律相同，变形金属内各点的静水压力、凹槽侧壁与槽封块上所受到的正压力也随着靠近模孔而迅速增加。

　　需要指出的是，图7-2关于挤压时的金属受力模型，是一种较为理想的状态。实际挤压成形时，尤其是铝和软铝合金的挤压成形时，由于强烈的摩擦热和变形热作用，金属处于完全热变形状态，凹槽表面与变形金属之间产生完全粘着摩擦状态，形成较薄的黏塑性剪切变形层。这种全粘着摩擦状态，确保槽轮与变形金属之间不容易产生打滑，从而将杆状坯料连续、稳定地拽入挤压型腔中。

　　此外，由于实际密封上的原因，槽封块与挤压轮缘之间、堵头与凹槽侧壁之间均存在由于金属泄漏而产生的强摩擦作用。在进行挤压力、挤压功耗计算时，必须充分考虑这一影响因素[12]。

7.2.2.3　填充段和挤压段长度的理论计算

A　填充段的长度 l_1

假设挤压轮凹槽深度与宽度均为 w，填充段内坯料与凹槽侧壁间的摩擦系数为 μ，金属的平均流动应力（变形抗力）为 σ_k，则为了实现稳定、连续成形，填充段凹槽侧壁作用于金属上的总摩擦力应大于使金属产生镦粗变形充满整个型腔横断面所需的力[14]：

$$2\mu\sigma_k l_1 x \geqslant \sigma_k w^2 \tag{7-1}$$

式中，x 表示填充段内凹槽侧壁与金属坯料之间的平均接触宽度，对于采用圆杆坯料的情形可取 $x = w/4$ 进行计算。因而

$$l_1 \geqslant 2w/\mu \tag{7-2}$$

由此可知，填充段所需的最小长度只与凹槽的断面尺寸和接触摩擦状态有关，而与其他挤压条件无关。

式（7-2）是在假定填充段内沿圆弧长度上金属的流动应力相同、摩擦系数保持不变的条件下得到的。实际上，坯料进入挤压型腔时为室温状态，随着坯料向前运动其温度逐渐升高，流动应力 σ_k 逐渐下降。此外，填充段内金属坯料与凹槽侧壁之间的接触率较低，接触面上的摩擦状态较复杂，要准确确定 μ 的大小较为困难。故采用式（7-2）难以对 l_1 的大小进行精确设计，只能进行近似预测。而对于挤压铝和软铝合金的情形，由于凹槽侧壁上一般形成均匀的粘结层，且达到稳定状态后挤压轮缘的温度在填充段内变化较小，可以认为凹槽侧壁与金属坯料之间的摩擦主要是粘结层内的摩擦，达到极限状态，即从分析槽壁与金属坯料之间的摩擦作用的观点来看，可近似认为填充段内流动应力 σ_k 基本上保持不变，$\mu = 1/\sqrt{3}$ 一定（即摩擦因子 $m = 1.0$）。于是

$$l_1 \geqslant \frac{2}{\sqrt{3}} w \tag{7-3}$$

不难理解，采用式（7-3）所得到的 l_1 值是极限最小值，实际设计时应在此基础上留有一定的余量。

B　挤压段的长度 l_2

由于高温高压的作用，挤压段内接触摩擦应力一般达到极限状态（$\sigma_k/\sqrt{3}$）。设为使金属通过挤压模挤出成形而在槽封块或堵头上入口处所需单位压力为 p_e，且入口处附近的应力状态近似于三向等压力状态，则由力平衡条件知 l_2 应满足：

$$2l_2 w \frac{\sigma_k}{\sqrt{3}} + \sigma_k w^2 \geqslant p_e w^2 \tag{7-4}$$

$$l_2 \geqslant \frac{\sqrt{3}(p_e - \sigma_k)w}{2\sigma_k} \tag{7-5}$$

式（7-4）左边的第一项代表挤压段凹槽两侧的摩擦力，第二项为挤压段起始横断面上的合力。需要指出的是，一些文献[12,14]在推导 l_2 的计算式时，忽略了第二项的作用，因而所得结果与上述式（7-5）不一致。

7.2.2.4　挤压功率

连续挤压时的功率消耗主要用于两个方面：其一是通过凹槽槽壁作用在金属坯料表面上的摩擦力，用于实现填充变形、挤压变形以及克服槽封块对金属坯料施加的摩擦阻力；其二是槽封块与轮缘之间的摩擦功耗，因为实际挤压成形时由于密封的原因而不可避免地在挤压轮缘上产生飞边。

作用在轮缘上的总的切向力为：

$$P_t = 3\mu\sigma_k x l_1 + 3kw l_2 + 2kb(l_1 + l_2) \tag{7-6}$$

式中，$k = \sigma_k / \sqrt{3}$。上式右边的第一项和第二项分别为填充段和挤压段内金属坯料作用在凹槽侧壁和槽底的摩擦力，第三项为由于飞边引起的槽封块作用在轮缘上的摩擦力，b 为凹槽两侧每一侧轮缘上飞边的平均宽度。与前述讨论一样，对于铝及软铝合金的挤压成形，可以将上式近似简化为：

$$P_t = \sqrt{3}\sigma_k \left[w \left(\frac{l_1}{4} + l_2 \right) + \frac{2b}{3}(l_1 + l_2) \right] \tag{7-7}$$

设挤压轮旋转角速度为 ω，轮半径为 R，并忽略凹槽槽底与轮缘处半径的差异，则挤压所需总功率为：

$$N = P_t R \omega \tag{7-8}$$

7.2.3　Conform 连续挤压特点

根据上述成形原理与受力分析可知，与常规的挤压方法相比，Conform 连续挤压具有以下几个方面的优点[15]：

（1）由于挤压型腔与坯料之间的摩擦大部分得到有效利用，挤压变形能耗大大降低。常规正挤压法中，用于克服挤压筒壁上的摩擦所消耗的能量可达整个挤压变形能耗的 30% 以上，有的甚至可达 50%。据计算，在其他条件基本相同的条件下，Conform 连续挤压可比常规正挤压的能耗降低 30% 以上。

（2）可以省略常规热挤压中坯料的加热工序，节省加热设备投资，且如上所述，可以通过有效利用摩擦发热而节省能耗。Conform 连续挤压时，作用于坯料表面上的摩擦所产生的摩擦热，连同塑性变形热，可以使挤压坯料上升到 400～500℃（铝及铝合金）甚至更高（铜及铜合金），以至于坯料不需加热或采用较低温度预热即可实现热挤压，从而大大节省挤压生产的热电费用。

此外，常规挤压生产中，不但摩擦发热消耗了额外的能量，而且还可能给挤压生产效率与产品质量带来不利影响。例如，在铝及铝合金工业材料挤压生产中，一般需要加热到 400～500℃进行热挤压，而由于挤压坯料与挤压筒壁之间的剧烈的摩擦发热，往往导致变形区内温度的显著升高，导致产品性能不均匀、挤压速度的提高受到限制等问题。

（3）可以实现真正意义上的无间断连续生产，获得长度达到数千米乃至数万米的成卷产品，如小尺寸薄壁铝合金盘管、铝包钢导线等。这　特点可以给挤压生产带来如下几个方面的效益：

1）显著减少间隙性非生产时间，提高劳动生产率；

2）对于细小断面尺寸产品，可以大大简化生产工艺、缩短生产周期；

3）大幅度地减少挤压压余、切头尾等几何废料，可将挤压产品的成材率提高到 90%以上，甚至可高达 95%～98.5%；

4）大大提高产品沿长度方向组织、性能的均匀性。

（4）具有较为广泛的适用范围。从材料种类来看，Conform 连续挤压法已成功地应用于铝及软铝合金、铜及部分铜合金的挤压生产；坯料的形状可以是杆状、颗粒状，也可以是熔融状态；产品种类包括管材、线材、型材，以及以铝包钢线为典型代表的包覆材料。

（5）设备紧凑，占地面积小，设备造价及基建费用较低。

由上所述可知，Conform 连续挤压法具有许多常规挤压法所不具有的优点，尤其适合于热挤压温度较低（如软铝合金）、小断面尺寸产品的连续成形。然而，由于成形原理与设备构造上的原因，Conform 连续挤压法也存在以下几个方面的缺点：

（1）对坯料预处理（除氧化皮、清洗、干燥等）的要求高。生产实际表明，线杆进入挤压轮前的表面清洁程度，直接影响挤压产品的质量，严重时甚至会产生夹杂、气孔、针眼、裂纹、沿焊缝破裂等缺陷[16~18]。

（2）尽管采用扩展模挤压等方法，Conform 连续挤压法也可生产断面尺寸较大、形状较为复杂的实心或空心型材，但不如生产小断面型材时的优势大。这主要是由于坯料尺寸与挤压速度的限制，生产大断面型材时 Conform 连续挤压单台设备产量远低于常规正挤压法。

（3）虽然如前所述 Conform 连续挤压产品沿长度方向的组织、性能均匀性大大提高，但由于坯料的预处理效果、难以获得大挤压比等原因，采用该法生产的空心产品在焊缝质量、耐高压性能等方面不如常规正挤压-拉拔法生产的产品好。这一缺点限制了连续挤压生产对于某些本应具有很大优势的产品的应用，例如图 4-19（见 4.2.4 节）所示的轿车空调用冷凝管一类的高精密空心型材。这种小型空心型材（材质为 A1050）不仅断面形状、尺寸精度要求高，而且要求耐高压，不允许产品内有夹杂、气孔、针眼等微细缺陷的存在。同时，由于模具强度方面的问题，采用 Conform 连续挤压法成形较为困难。例如，日本昭和铝业公司是在 16MN 挤压机上，采用热剥皮挤压技术，以高达 500 以上的挤压比（双孔挤压）来生产这种高精密型材的。

（4）挤压轮凹槽表面、槽封块、堵头等始终处于高温高摩擦状态，因而对工模具材料的耐磨耐热性能要求高。

（5）由于设备结构与挤压工作原理上的特点，工模具更换比常规挤压困难。

（6）对设备液压系统、控制系统的要求高。

7.2.4　Conform 连续挤压的应用

Conform 连续挤压技术在铝及铝合金、铜及铜合金等有色金属加工上具有较为广泛的应用范围，主要体现在以下几个方面[10,15,19]。

7.2.4.1　合金种类

采用 Conform 连续挤压法可挤压的合金种类主要有：1000 系纯铝，3000 系、5000 系、6000 系、7000 系铝合金，纯铜，黄铜（H60、H70 等），各种铝基复合材料等。

7.2.4.2　挤压坯料

挤压坯料可以是熔融金属（参见"7.3 连续铸挤"一节），连续杆状坯料，或粉末、碎屑等颗粒料。常用的铝及铝合金连续挤压坯料为直径 $\phi 9.5 \sim 25\mathrm{mm}$ 的盘杆，最大坯料横截面积可达 $1200\mathrm{mm}^2$（连铸坯，C1000-H 连续挤压机用），铜及铜合金坯料直径一般为 $\phi 8 \sim 15\mathrm{mm}$。粉末原料的粒度可小至几个微米，碎屑等颗粒料的直径为 $\phi 1 \sim 3\mathrm{mm}$。

7.2.4.3　产品种类、规格范围与用途

采用 Conform 连续挤压法挤压纯铝及软铝合金时，最大挤压比可达 200，挤压铜及铜合金的最大挤压比可达 20。Conform 连续挤压产品的种类、规格范围及用途如表 7-1 所示。

表 7-1　Conform 连续挤压产品的种类、规格与用途

品　种	尺寸规格	主要特征与用途
线　材	$\phi 1 \sim 6\mathrm{mm}$	导线，线圈绕组，焊丝，高性能复合材料线材
棒　材	$\phi 10 \sim 30\mathrm{mm}$	以粉末或颗粒为原料直接成形的铝基、铜基复合材料，微晶、细晶材料

品　种	尺寸规格	主要特征与用途
管　材	$\phi 5 \times 0.4 \sim \phi 55 \times 2mm$	冰箱、空调用管，电视天线，石油化工、交通运输热交换器用管
型　材	截面积 $20 \sim 500mm^2$ 最大外接圆直径 $\phi 200mm$	建筑型材、热交换器用多孔扁管、异型（空心）导体
包覆线材	最大芯材直径 $\phi 8.5mm$ 最小包覆层厚度 $0.15 \sim 0.2mm$	同轴电缆，高压架空导线，防护栏网，载波导体，超导包覆材

由于铜及铜合金的热挤压温度较高（$600 \sim 800℃$），而一般的工模具材料均不允许在 $550℃$ 以上的高温下长时间连续工作，因而必须将铜及铜合金的连续挤压温度控制在 $500℃$ 以下，但这又导致金属的变形抗力大大高于挤压铝及铝合金时的情形，影响工模具（尤其是挤压模）的强度和寿命。因此，对于铜及铜合金产品，连续挤压法一般限于各种焊丝、线材、带材以及小尺寸（断面积 $20mm^2$ 以下）简单断面形状的实心异型材。

7.2.4.4　产品质量与经济效益

实际经验表明，连续挤压法生产小规格管材时，产品的尺寸精度及其沿长度方向的均匀性可达到或甚至优于拉伸管的要求。通过合理设计模具，采用适当的模具材料（如碳化钨），可以获得非常理想的管材内外表面光洁度。研究表明，管材和空心型材的焊缝质量主要受进料孔位置（主要是与堵头的相对位置）、分流模的设计、坯料质量以及挤压工艺参数的影响[16]。只要严格挤压工艺（尤其是坯料的预处理）及其管理，合理设计工模具，采用 Conform 连续挤压法可以获得令人满意的焊合质量[20]。如表 7-1 所示，采用 Conform 连续挤压法可以直接生产 $\phi 5 \times 0.4mm$ 的精细管材，也从一个侧面说明该法生产的产品具有稳定可靠的质量。

如前所述，由于 Conform 连续挤压具有能耗小、成材率高（可达 $95\% \sim 98.5\%$）、设备结构紧凑、投资规模小、可以获得长尺连续产品等一系列优点，因而采用该法生产线材、棒材、管材和各种型材具有很好的经济效益，特别是对于采用常规的挤压法不能直接成形的线材、小断面尺寸的管材与型材，经济效果尤为显著。

7.2.5　Conform 连续挤压工艺

挤压铝及软铝合金产品时，凹槽、轮缘和槽封块表面容易粘结金属，依靠摩擦发热及变形热，可使变形金属的温度由室温状态很快上升至 $250 \sim 450℃$，挤压模进料孔附近甚至可达 $500℃$ 以上，达到热挤压状态，获得软态产品。

　　挤压铜及铜合金产品时，由于铜不容易粘结在工具表面，坯料与凹槽侧壁之间不易形成粘着摩擦，因而所需填充段与挤压段的长度比挤压铝及铝合金时的长。

　　Conform 连续挤压时，坯料在挤压型腔内受到剧烈的剪切作用，金属流动较紊乱，且挤压模进料孔前的死区很小，很难获得常规正挤压死区阻碍坯料表皮流入产品之中的效果。因此，采用连续杆状坯料（盘杆）挤压时，为了防止坯料表面的油污、氧化皮膜流入产品之中，一般需要对坯料进行预处理。预处理的方法分为脱线处理和在线处理，在线处理又分为机械预处理法和超声波清洗法。

　　杆坯的脱线处理方法一般是将成卷杆坯浸泡在清洗液中，通过清洗液与表面的化学作用除去油污与氧化皮膜。例如，对于铝及铝合金杆坯，通常采用质量分数为 4%～6% NaOH 溶液作清洗液。这种方法具有清洗效果好、生产安排灵活（预处理与生产线分离）等优点，但存在金属损耗大（最大可达1%）、漂洗困难、预处理后的管理要求严等缺点。

　　采用在线清洗法进行预处理时，Conform 连续挤压工艺流程如图 7-3 所示。常用在线预处理方法有两种：机械清刷法与超声波清洗法。机械清刷法采用钢丝刷或高强树脂质毛刷对杆坯表面进行清理，如霍尔顿（Holton）机械设备公司采用在主机前布置 4 对互成 90°的钢刷对杆坯表面进行清理的方式。该方式具有耐用、除污效果较好等优点，但也存在清洗效果稳定性欠理想（主要取决于杆坯的清洁状态），脱落、折断的钢丝有可能被带入挤压型腔，影响产品质量等缺点。

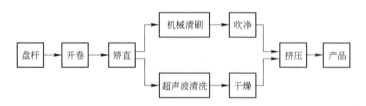

图 7-3　盘杆坯料在线清洗 Conform 连续挤压工艺流程

　　超声波清洗法是使盘杆开卷、矫直后通过清洗液，附加超声波振动以除去表面油污、尘垢。巴布科克（Babcock）线材设备公司制造的连续挤压设备即采用超声波预处理方式。常用超声波清洗剂分为以碱性物质为主要成分的碱性液[18]和以表面活性剂为主要成分的水基液[21]两类。超声波清洗具有除污效果好、金属损耗小等优点，其最大的缺点是清洗能力难以满足高速连续挤压的要求。增加清洗槽的长度是提高清洗能力的有效措施，但这会增加超声设备的复杂程度、设备的占地和投资。

无论是采用机械清刷法还是超声波清洗法，对于油污严重的盘杆坯料，为了确保预处理效果，应在挤压前对其进行浸泡清洗。

7.2.6　Conform 连续挤压设备

普通 Conform 连续挤压机的设备结构形式主要有立式（挤压轮轴铅直配置）和卧式（挤压轮轴水平配置）两种，其中以卧式占大多数。根据挤压轮上凹槽的数目和挤压轮的数目，挤压机的类型又可分为单轮单槽、单轮双槽、双轮单槽等几种。由于喂料与杆坯预处理等方面的原因，双轮挤压机多采用立式结构。

目前世界上从事 Conform 连续挤压设备生产的厂家主要有英国的霍尔顿机械设备公司、巴布科克线材设备公司、日本的住友重工业公司和国内的大连交通大学，其中英国的两家公司所生产的连续挤压设备占世界现有设备的80%。

7.2.6.1　单轮单槽连续挤压机

单轮单槽式是连续挤压机的主流，一般采用卧式结构和直流电机驱动方式。卧式单轮单槽连续挤压机的坯料送进、产品流出以及各主要工模具的相对配置关系如图 7-4 所示，生产铝及铝合金、铜及铜合金的线材、管材和型材时，一般采用径向出料方式（图 7-4a），而进行包覆材料成形时（典型产品为铝包钢线），一般采用切向出料方式（图 7-4b）。

巴布科克线材设备公司生产的单轮单槽连续挤压机的主要技术参数见表

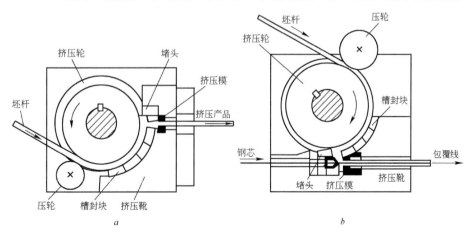

图 7-4　卧式单轮单槽连续挤压机的基本结构形式

7-2。该公司制造的 Conform 连续挤压机的自动化控制水平较高，配有在线尺寸检测、涡流探伤、测温测压等装置。

表 7-2　巴布科克公司单轮单槽连续挤压机主要技术参数

型　号		1-300-120	1-350-$\frac{150}{200}$	1-550-$\frac{260}{400}$
挤压轮直径/mm		300	340	550
最大/额定轮速/r·min^{-1}		40/16	32/16	24/9.6
驱动功率/kW		120	150　200	260　400
最大转矩 /kN·m	启　动	95.0	118.7　158.3	343.0　527.6
	运　转	63.3	79.1　105.5	228.6　351.8
最大坯料尺寸 /mm	EC 铝杆	$\phi15$	$\phi15$	$\phi19$
	软态铜材	$\phi12$	$\phi12$	$\phi15$
产品最大外径/mm		30	50	90
最大理论产量 /kg·h^{-1}	EC 铝杆	600	800	1637
	软态铜材	900	1200	2455

霍尔顿机械设备公司单轮单槽连续挤压机的主要技术参数见表 7-3，其中型号中的 H 表示卧式结构。型号为 C300H Cladding 的连续挤压机用于包覆材料成形，典型产品为铝包钢线，所用铝盘杆的最大卷重可达 2t，钢丝最大卷重可达 5t，包覆线最大卷取直径可达 2000mm，最大卷重可达 10t。

表 7-3　霍尔顿公司单轮单槽连续挤压机主要技术参数

型　号		C300H	C300H Cladding	C400H	C500H	C600H
挤压轮直径/mm		300	300	400	500	1000
最大轮速/r·min^{-1}		39	34	36	30	15
驱动功率/kW		130	130	180~250	300~500	500~1000
最大模圆直径/mm	扩展靴	90		150	200	420
	普通靴	50		85	100	250
最大坯料尺寸/mm		$\phi15$	$\phi9.5$	$\phi19$	$\phi25$	1200mm^2 截面铸坯
产品最大外径/mm	扩展靴	50		75	100	200
	普通靴	30	20[①]	45	55	130
最大理论产量/kg·h^{-1}		600		1000	2000	6000

①生产铝包钢线时最大直径 $\phi8.0mm$，包铝层厚度大于 0.2mm。

连续包覆挤压工艺与常规的连续挤压工艺相比，存在一些特殊之处。以铝包钢丝为例，除对包覆材料用铝杆坯进行预处理外，同时还需对钢丝（芯线）进行预处理，包括前一个钢丝卷与下一个钢丝卷头尾的焊接，钢丝的清洗（如采用超声波清洗）与喷丸处理、钢丝预热等。对钢丝进行清洗、喷丸处理和预热，都是为了提高包覆层与钢丝之间的接合强度。预热方式一般采用感应加热，温度为 400~500℃左右。

典型的线材连续挤压生产线和铝包钢线生产线的基本设备组成与流程如图 7-5、图 7-6 所示。

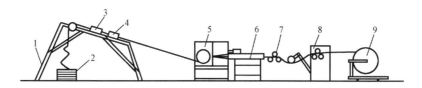

图 7-5　线材连续挤压生产线示意图

1—放线架；2—坯料卷；3—坯料矫直机；4—坯料清刷装置；5—连续挤压机；

6—冷却槽；7—导向装置；8—张力调节装置；9—卷取装置

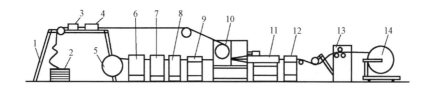

图 7-6　C300H 包覆连续挤压生产铝包钢线示意图

1—放线架；2—铝杆卷；3—铝杆矫直机；4—铝杆清刷装置；5—钢丝卷；

6—钢丝矫直机；7—钢丝超声清洗装置；8—钢丝喷丸装置；9—钢丝

感应加热；10—连续挤压机；11—冷却槽；12—尺寸检测、

超声探伤；13—张力调节装置；14—卷取装置

7.2.6.2　单轮双槽连续挤压机

单轮双槽连续挤压机是巴布科克公司的独创性技术，其基本原理是，两个凹槽内的坯料通过槽封块上的两个进料孔，汇集到挤压模前的空间内，焊合成一体后再通过挤压模成形为所需的产品。单轮双槽连续挤压机具有两种结构形式：一种是双槽径向挤压方式（即挤压产品沿挤压轮半径方向流出），用于各种管、棒、型、线材的成形；另一种为切向挤压方式，主要用于包覆材料的成形，如铝包钢线、同轴电缆等。表 7-4 为巴布科克公司制造的单轮双槽连续挤压机的主要技术参数。

表7-4　巴布科克公司单轮双槽连续挤压机主要技术参数

型　号		2-350-$\frac{150}{200}$	2-350-$\frac{150}{200}$ Conklad	2-550-$\frac{260}{400}$	2-550-$\frac{260}{400}$ Conklad
挤压轮直径/mm		340	340	550	550
最大/额定轮速/r·min^{-1}		32/16	24/9.6	32/16	24/9.6
驱动功率/kW		150　200	150　200	260　400	260　400
最大转矩/kN·m	启动	118.7　158.3	118.7　158.3	343.0　527.6	343.0　527.6
	运转	79.1　105.5	79.1　105.5	228.6　351.8	228.6　351.8
最大坯料尺寸 /mm	EC铝杆	2×ϕ9.5 2×ϕ12.5	2×ϕ9.5	2×ϕ12.5 2×ϕ15	2×ϕ12.5
常用出线速度 /m·min^{-1}	铝包钢线		200		200
	同轴电缆		150		150
产品最大外圆直径/mm		70	30	110	50
最大理论产量 /kg·h^{-1}	实心产品	600　1140		1400　2040	
	管材	430　570		740　1140	

7.2.6.3　双轮单槽连续挤压机

在单轮单槽或单轮双槽连续挤压机上采用分流模挤压管材或空心型材，虽有如前所述的一些优点，但也明显存在两个缺点：一是由于空间的限制，分流模的尺寸较小，而挤压压力较高，分流桥与模芯的强度难以得到充分保证；二是由于剧烈的摩擦和长时间处于高温作用之下，挤压轮的磨损快、寿命短。为了克服上述问题，霍尔顿公司开发了双轮单槽连续挤压机，其基本结构如图7-7所示。双轮单槽连续挤压机不仅可以生产管材或空心型材，同样

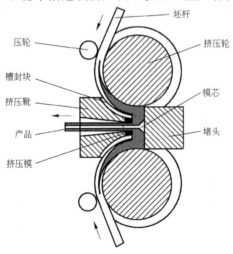

图7-7　双轮单槽连续挤压机示意图

可以生产线材、棒材以及包覆材料。双轮单槽连续挤压机具有如下优点：

（1）不需使用分流模即可以挤压管材或空心型材，挤压模的结构大大简化，模芯可以安装在堵头上，挤压模和模芯的强度条件显著改善；

（2）由于进料孔附近的压力显著降低，因而作用在槽封块和挤压轮缘上的压力下降，可以减轻其磨损，延长其使用寿命；

（3）由于金属流动的对称性增加，采用该法成形薄壁管或包覆材料，可以提高壁厚（包覆层）的尺寸精度与均匀性。

显然，与单轮单槽或单轮双槽连续挤压机相比，双轮单槽连续挤压机在设备结构上与控制上要复杂一些。

霍尔顿公司生产的 C2-300V 型（立式）双轮单槽连续挤压机的主要技术参数如下：

槽轮尺寸与最大转速：$2 \times \phi 300mm$，$25r/min$；

驱动功率：$180kW$；

杆坯尺寸：$\phi 9.5mm$、$\phi 12mm$、$\phi 15mm$；

铝管最大外径：$\phi 45mm$；

最大产量（挤压铝及铝合金管棒线型材时）：$350kg/h$、$600kg/h$、$800kg/h$（分别对应于上述三种规格的坯杆）。

7.3 连续铸挤

7.3.1 连续铸挤原理

连续铸挤技术（Castex）是由英国 Alform 公司于 1983 年首先提出[10]，霍尔顿公司联合其他公司于 1986 年首先将其应用于工业规模生产的。该技术的基本工作原理如图 7-8 所示，是将连续铸造与 Conform 连续挤压结合成一体的

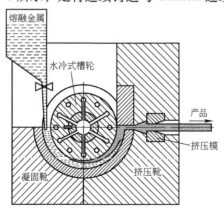

图 7-8 连续铸挤（Castex）工作原理

新型连续成形方法[11,22,23]。坯料以熔融金属的形式通过电磁泵或重力浇铸连续供给，由水冷式槽轮（铸挤轮）与槽封块构成的环形型腔同时起到结晶器和挤压筒的作用。

由凝固靴和挤压靴的工作区长度对槽轮形成的包角（称为铸挤角）是影响连续铸挤的重要参数，可在90°~180°之间变化。为有利于设备的合理结构和平面布置，常用的铸挤角有90°（见图7-9）和180°（图7-8）两种形式，也有采用120°铸挤角的报道（见图7-10）。采用180°铸挤角工艺稳定性较好，控制较为容易，可以采用较快的转速进行挤压；可以获得较大的挤压力，实现较大断面或较大压缩比产品的生产，但工模具热负荷较大，挤压能耗较大。反之，90°铸挤角时工艺稳定性控制难度较大，挤压力较小；为了获得足够长度的凝固区，需要采用较低的转速进行铸挤，工模具工作条件较好，挤压能耗较低。

与通常的 Conform 连续挤压法相比，连续铸挤法具有如下优点：

（1）由于轮槽中的金属处于液态与半固态（凝固区）或接近于熔点的高温状态（挤压区），实现挤压成形所需能量消耗低；

（2）金属从凝固开始至结束的过程中，始终处于变形状态下，相当于在凝固过程中对金属施加了一个搅拌外力，因而有利于细化晶粒，减少偏析；

（3）直接由液态金属进行成形，省略坯料预处理等工艺，工艺流程简单，设备结构紧凑。

7.3.2　连续铸挤工艺

7.3.2.1　连续铸挤的工艺特点

连续铸挤时，金属熔体的浇注温度、铸挤轮转速与冷却强度、铸挤角是影响铸挤过程稳定性与生产效率的关键因素。熔体浇注温度、铸挤轮转速与冷却强度的合理匹配，是控制金属的凝固速度，建立足够的凝固区长度，实现稳定成形的前提，也是将模孔附近的挤压温度控制在合理范围的关键。一般而言，熔体的浇注温度越高，铸挤轮转速越快，铸挤轮冷却强度越低，则凝固区的长度越短，挤压温度越高，工艺稳定性变差。反之亦然。

如前节所述，铸挤角也是影响连续铸挤工艺稳定性的重要参数，但为了有利于铸挤设备结构合理和平面布置方便，一般采用90°和180°两种铸挤角。

连续铸挤可以用来生产各种铝及铝合金管材、实心和空心型材，与 Conform 连续挤压法相比，工艺更简单，节能效果更加显著，但由于凝固过程的存在，导致生产稳定性较差，生产效率较低。由于连续铸挤过程中金属凝固时排气排渣条件较差，不太适合于对致密性要求高的导体材料、高耐压和高耐蚀性空心产品的生产。工艺稳定性较差，生产效率较低，产品致密性较差，是连续铸挤未能取代 Conform 连续挤压法获得大规模应用的主要原因。

作为克服连续铸挤过程中凝固速度较慢的缺点，提高生产效率的措施，国外报道了采用连铸连挤替代连续铸挤[24]。连铸连挤将连续铸挤的凝固过程和挤压过程独立为两部分，主要由一台棒材连铸机和一台 Conform 连续挤压机构成，连铸棒材在保持高温状态下直接进入 Conform 连续挤压机。该工艺保留了连铸和连挤各自的优势，克服了 Castex 和 Conform 各自的缺点。因此，这种连铸连挤工艺可以理解为是第二代的 Castex 连续铸挤工艺，也可以认为是第二代的 Conform 连续挤压工艺。

7.3.2.2　特种合金线材连续铸挤

金属连续铸挤时包括熔体（液态金属）冷却凝固、半固态变形、固态成形三个过程。由于金属在型腔内受到来自于轮槽表面和靴体上槽封块表面的不同方向的摩擦力作用，因而液态金属和部分凝固的半固态金属受到附加搅拌作用，而已完全凝固金属继续受到强烈的剪切变形作用。利用这一特点，连续铸挤法可用来生产含有特殊成分、高合金含量（如高硅、高铁含量）的特种铝合金材料。

Al-Ti-B 合金线材是变形铝合金铸坯生产时广泛使用的晶粒细化剂，Al-Sr 合金线材是 Al-Si 系铸造铝合金的理想细化剂。采用连续铸挤法从合金熔体直接生产 Al-Ti-B、Al-Sr 等特种合金线材（最终产品），与半连铸—挤压、连铸连轧等生产工艺相比，既有利于大幅度简化工艺，节约能耗和降低成本，还可利用连续铸挤过程的凝固和变形特点，促进合金中 $AlTi_3$、Al_4Sr 颗粒呈细小均匀分布，防止 TiB_2 颗粒的偏聚[25,26]。同样的理由，连续铸挤还适合于各种铝合金焊丝的生产。

表 7-5 是 Al-5Ti-1B、Al-10Sr 合金线材连续铸挤基本工艺参数。

表 7-5　Al-5Ti-1B、Al-10Sr 合金线材连续铸挤基本工艺参数[25,26]

合　金	线材直径 /mm	铸挤轮直径 /mm	轮槽尺寸 /mm×mm	铸挤轮转速 /r·min⁻¹	铸挤角 /(°)	浇注温度 /℃
Al-5Ti-1B	9.5	350	15×15	10~25	90	770~780
Al-10Sr	9.5	300	10×10	15	90	780~800

为了确保挤压开始时线材顺利从模孔挤出，在较短的时间内建立稳定的生产工艺，铸挤前需对铸挤靴进行预热，以使挤压温度尽快达到稳定状态。

7.3.2.3　包覆材料连续铸挤

铝包钢复合线广泛应用于电力输送、通信线缆等领域。铝包钢线的直径较小、铝包覆层的厚度较薄，采用连续铸挤法成形铝包钢线，可以克服铝及铝合金线材、管材和型材连续铸挤生产效率较低的问题，是一种工艺简单，低成本的方法，具有较大的发展空间。

　　采用连续铸挤生产铝包钢线等一类包覆材料时，其包覆成形设备一般采用切向浇注，切向挤出成形（铸挤角90°）的结构形式，如图7-9所示为铝包钢复合线铸挤成形示意图。

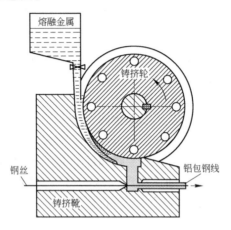

图7-9　连续铸挤包覆成形示意图

　　钢丝预热是连续铸挤法生产铝包钢线的关键。无预热钢丝导致铝包覆层与钢丝接触时的温度急剧降低，显著影响铝和钢之间的界面结合强度；预热温度过高则会增加钢丝表面的氧化程度，同样不利于界面结合。有研究报道，钢丝合适的预热温度为350℃左右[27]，考虑到实际生产中连续铸挤速度较低，钢丝的直径较小，钢丝加热后进入挤压包覆区过程中可产生较大的温度下降，实际的预热温度可取400~450℃。

　　模具内金属温度（挤压温度）是影响铝和钢之间界面结合质量的另一个重要因素。挤压温度太低，不利于界面的啮合和元素的相互扩散，界面结合强度下降；挤压温度过高，则会因为铝钢反应在界面上形成多种 FeAl 系金属间化合物，使界面变脆，结合强度下降。对于包覆层为纯铝的情形，较为合适的挤压温度范围为450~500℃。

　　在可能的条件下，采用较高的挤压温度，同时通过模具设计和提高铸挤速度等措施，缩短铝和钢线在高温下的接触时间，有利于改善界面结合质量，防止脆性相的形成。

　　与连续铸挤生产管线材或型材时的情形相同，铸挤靴预热是保证挤压初期铝包钢线顺利挤出、较快建立稳定生产工艺的重要措施，预热温度范围为400~500℃[28]。

7.3.3　连续铸挤设备

　　图7-8是连续铸挤机的工作原理图，实际的连续铸挤设备具有多种结构形

式，总体上有立式和卧式之分。从熔融金属的注入等方面考虑，卧式结构具有较大的优势。图7-10所示为卧式连续铸挤设备组成示意图[29]。表7-6为霍尔顿公司卧式Castex连续挤压机的主要技术参数。由表可知，虽然随着铸挤轮直径的增加，最大轮速减小，但单位时间的产量却迅速增加。例如，铸挤轮直径1000mm的C1000H连续铸挤机的最大产量，是铸挤轮直径300mm的C300H连续铸挤机的10倍。这主要是由于大型连续铸挤机一般采用大尺寸的轮槽，挤压产品的断面积较大的缘故。

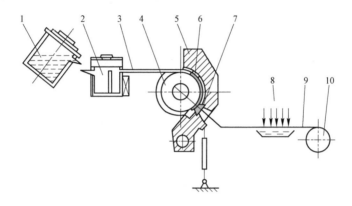

图7-10 卧式连续铸挤设备组成示意图[29]

1—熔化炉；2—保温炉；3—流槽；4—铸挤轮；5—铸挤靴；
6—槽封块；7—挤压模；8—冷却；9—产品；10—卷取

表7-6 霍尔顿公司 Castex 连续挤压机主要技术参数

型 号		C300H	C400H	C500H	C1000H
挤压轮直径/mm		300	400	500	1000
最大轮速/r·min^{-1}		20	15	10	5
驱动功率/kW		130	180~250	300	500
最大模圆直径/mm	扩展靴	90	150	200	420
	普通靴	50	85	100	250
产品最大外径/mm	扩展靴	50	75	100	200
	普通靴	30	45	55	130
最大产量/kg·h^{-1}	纯铝	300	550	800	3000
	6063	150	275	400	1500

此外，纯金属（纯铝）与合金（6063铝合金）相比，单位时间的产量提高1倍，这一特点与连铸时的情形相似。纯金属的液固双相区间较窄，导热性较好，所需结晶凝固时间短，因而可以采用较高的轮速进行铸挤成形。

7.4　其他连续挤压法

除 7.2 节和 7.3 节所介绍的、已经成功获得工业实际应用的 Conform 连续挤压和连续铸挤（Castex）方法外，还有以下两种有代表性的连续挤压法。

7.4.1　链带式连续挤压法

链带式连续挤压法有如图 7-11 和图 7-12 所示的两种方法。图 7-11 所示的方法也称组合圆弧型腔连续挤压法（continuous segmented-chamber extrusion），是由 Fuchs 于 1973 年开发的[7,30]。四条圆弧形链条构成一个圆形挤压型腔，通过圆弧链条的连续循环运动即可获得无限工作长度的"挤压筒"。这种方式的最大特点是，连续运动的挤压型腔施加给坯料的摩擦可以全部转化为用于挤压变形的力，坯料在型腔内所承受的摩擦剪切变形比 Conform 连续挤压法要小得多。但另一方面，由于摩擦发热低（坯料温升小）、型腔密封困难、泄漏金属不易处理等原因，阻碍了该方法的广泛应用。

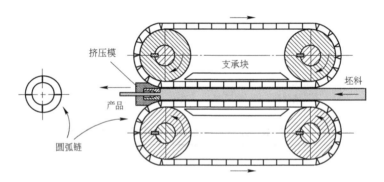

图 7-11　组合圆弧型腔连续挤压法

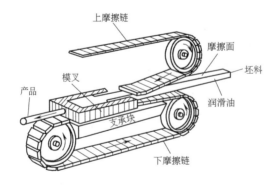

图 7-12　平链式连续挤压法

平链式连续挤压法（linex process，图7-12）是 Voorhes 于1976年提出的[7,8,31]。组合圆弧型腔与连续挤压法（图7-11）的情形相比，设备结构较为简单。由于设备结构与金属流动特点，在其他条件基本相同的条件下，该法的成形能耗大致为 Conform 挤压法的二分之一。对于纯铝与软铝合金，该法的挤压比可达20~25左右。

平链式连续挤压法使用扁平坯料。对于实际生产而言，这一要求增加了坯料处理和喂料的困难。采用圆杆坯料进行预成形以获得矩形断面的喂料（如在挤压前通过拉拔模使圆形坯料变成矩形断面坯料），是解决上述困难的有效措施[7]，但会导致工艺复杂性和生产能耗的增加。此外，组合圆弧型腔连续挤压法中存在的问题在该法中同样存在。因此，平链式连续挤压法也没能获得大规模工业应用。

7.4.2　轧挤法

轧挤法（Extrolling）是将孔型轧制与挤压成形两种方法结合在一起的一种成形方法，其原理如图7-13所示，是由 Avitzur[7,32,33] 于1974年提出来的。该法利用具有半圆形轧槽的两个轧辊，或一个带槽轧辊和一个凸形轧辊（图7-13所示情形）构成挤压型腔，通过轧辊的旋转和安装在挤压型腔出口处的挤压模来实现连续成形。轧挤变形具有如下两个特点：

（1）作用在坯料表面上的摩擦力全部为有用摩擦力；

（2）由于挤压型腔断面形状从入口至与挤压模邻近的出口是由大至小逐步变化的，坯料在挤压型腔内沿挤压方向前进的过程中受到不断的径向压缩变形。

开发轧挤法的本来目的是为了克服 Conform 连续挤压成形过程中的有害摩

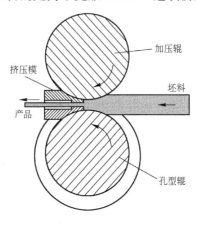

图7-13　轧挤法示意图

擦作用。但是，与 Conform 连续挤压法相比，轧挤法挤压型腔的长度较短，坯料与工具的接触摩擦面积较小，难以获得足够大的挤压力，且变形过程中的摩擦发热量较小，致使成形过程中坯料的温度上升较小。因此，在没有外部加热的条件下，轧挤法难以获得直接采用冷坯料而实现热挤压变形的效果；在没有外加力作用的条件下，轧挤法难以获得较大的挤压比。此外，由于设备结构上的原因，轧挤法中安装挤压模的空间受到很大的限制。由于上述原因，未见轧挤法获得实际工业应用的报道。

除上述方法外，还有轮盘式连续挤压法[7,34]、连续静液挤压-拉拔法[7,35]、黏性流体摩擦挤压法[36]等方法。这些方法构思都非常巧妙，各有其独到的优点，但也存在这样那样的缺点，影响了它们的实际应用。

参 考 文 献

[1] 马怀宪. 金属塑性加工学（挤压、拉拔与管材冷轧）[M]. 北京：冶金工业出版社，1991.

[2] M. 3. 叶尔曼诺克，等. 铝合金型材挤压[M]. 李西铭，张渌泉译. 北京：国防工业出版社，1982.

[3] 侯振庆，高树增. 轻合金加工技术[J]，1998，26(8)：22.

[4] 刘静安. 轻合金挤压工具与模具[M]. 北京：冶金工业出版社，1990.

[5] 赵云路，刘静安. 轻合金加工技术[J]，1998，26(6)：33.

[6] 五弓勇雄. 金属塑性加工の进步[M]. 东京：コロナ社，1978.

[7] Avitzur B. Handbook of Metal-Forming Processes [M]. New York：John Wiley & Sons Inc.，1983.

[8] 日本塑性加工学会编. 押出し加工[M]. 东京：コロナ社，1992.

[9] Green D. Britsh，1370894[P]；1289482[P].

[10] 严量力. 有色金属加工[J]，1991，(1)：52～65.

[11] 严量力. 有色金属加工[J]，1991，(3)：29～34.

[12] 彭大暑. 铝加工[J]，1991，(6)：18～22.

[13] Tirosh J，Grossman G Gordon G. Journal of Engineering for Industry[J]，1979，101(5)：116～120.

[14] Etherington C. Journal of Engineering for Industry[J]，1974，96(8).

[15] 杨如柏，张胜华，等编译. CONFORM 连续挤压译文集[C]. 长沙：中南工业大学出版社，1989.

[16] 张胜华，胡建国. 轻合金加工技术[J]，1991，19(12)：24～26，36.

[17] 付彦清，宋宝韫. 轻合金加工技术[J]，1992，20(12)：44～47.

[18] 李国强. 轻金属[J]，1993，(8)：56～57.

[19] 严量力. 有色金属加工[J]，1991，(2)：18～24.

[20] 张胜华，张辉，陈泽孝. 中南矿冶学院学报[J]，1991，22(5)：534～538.

［21］ 张胜华，张辉，朱春林. 中南矿冶学院学报［J］，1990，21(6)：639～643.

［22］ Poole B M. Aluminium［J］，1985，61(6)：429～432.

［23］ Langerweger J，Maddock B. Wire World International［J］，1986，28 (11/12)：179 ～182.

［24］ Nussbaum A I. Rebirth of the Castex process［J］. Light Metal Age，1994，52 (3～4)：36～38.

［25］ 张彩锦，郑开宏，王顺成，车晓舟，温景林. 连续铸挤 Al-5Ti-1B 合金线的组织与晶粒细化效果［J］. 铸造技术，2011，32(7)：994～997.

［26］ 王顺成，陈彦博，温景林. 连续铸挤生产 Al-Sr 中间合金线材工艺研究［J］. 轻合金加工技术，2003，31(3)：19～22.

［27］ Shi Z，Wen J，Wang X. An experiment study on the Castex process of AS wire［J］. Journal of Materials Processing Technology，2001，114：99～102.

［28］ 史志远，陈彦博，曹汉民，温景林. 连续铸挤铝包钢线复合机理［J］. 中国有色金属学报，1998，8(S1)：154～158.

［29］ 温景林，孟宪云，陈彦博，等. Al-Ti-B 线材连续铸挤工艺与理论研究［C］. 2001 铝型材技术论坛会文集. 广州：广东省有色金属加工学术委员会，2001，131～134.

［30］ Fuchs F J，Schmehl G L. Int Conf on Hydrostatic Extrusion［C］. Scotland，1973.

［31］ Black J T，et al. Wire J［J］，1976，(4)：64.

［32］ Avitzur B. Methods and Apparatus for Production of Wire：U S，3934446［P］. 1976.

［33］ Avitzur B. Wire J［J］，1975，(6)：73～80.

［34］ Sekiguchi，et al. Proc 15th Int Machine Tool Design and Research Conf［C］. 1975，539～544.

［35］ Matsushita T，et al. Japan Spring Congress for Plastic Working［C］. 1974，363～366.

［36］ Fuchs F J. Wire J，1970，(10)：105～113.

8 复合材料挤压

8.1 概述

复合材料（composite materials）是指采用物理或化学的方法，使两种或两种以上的材料在相态与性能相互独立的形式下共存于一体之中，以达到提高材料的某些性能，或互补其缺点，或获得新的性能（或功能）的目的而得到的材料。复合材料被视为21世纪的先进材料，在宇航、汽车、电子、建筑工业中占有重要的位置。

采用挤压法可成形的金属复合材料分为两大类：一类为分散（弥散）强化型复合材料，即常说的金属基复合材料❶，是在基体金属中分散有颗粒、晶须或纤维等强化相（或称强化材料）的复合材料，一般采用粉末冶金或铸造的方法制坯后进行热挤压，以达到固化、赋予复合材料各种断面形状、提高材料致密度和性能等目的；另一类为层状（也称接合型）复合材料，即构成复合材料的组元成层状分布，而非某一种或几种组元均匀分散于另一种组元之中。本章的层状复合材料概念包括双金属管、包覆线材等通常所谓的包覆材料，双金属板、夹层板等常规意义上的层状复合材料，以及其他特殊复合材料（见图 8-3 及 8.5 节）。

8.1.1 分散型复合材料

图 8-1 为颗粒、晶须、纤维分散强化型复合材料示意图，其中纤维的排列方式可以是单向、双向或三向的。按照基体材料的种类，或强化相的形态与尺寸不同，分散强化型复合材料的种类如图 8-2 所示[1,2]。

在金属基分散强化型复合材料（以下简称为金属基复合材料）中，关于颗粒强化铝基复合材料的研究报道最多，其应用也相对较为广泛。颗粒强化铝基复合材料具有密度低、强度与弹性模量高、导电导热性能高、成形加工性能良好等优点，已在轿车发动机汽缸内套和活塞、摩托车刹车片、山地自行车车圈等耐磨材料和航天航空用仪表材料等方面获得较多应用[3]。

---

❶在许多场合，人们不太注意区别金属复合材料与金属基复合材料的含义。严格地说，金属复合材料包括金属基复合材料（分散型或称弥散型复合材料）和层状金属复合材料。

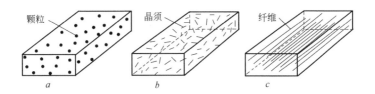

图 8-1 分散强化型复合材料示意图

a—颗粒弥散强化；b—晶须弥散强化；c—纤维强化

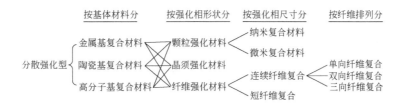

图 8-2 分散强化型复合材料的种类

8.1.2 层状复合材料

同一零部件或构件的不同部位，在使用时可能暴露于不同的环境条件之中，例如管的内外流体不同；或者要求同一材料不同的部位具有不同的功能或性能，例如架空高压输电导线的铝包覆层（导电性）与钢芯线（强度）等等。单一材料很难满足这样的使用要求。因此，将不同的材料通过接合的办法复合成一体，以赋予材料多种功能或性能的层状复合材料受到重视并获得广泛的应用。

图 8-3 所示为采用挤压法成形的几种典型的层状复合材料，其中图 8-3a、图 8-3b 为通常所谓的包覆材料，图 8-3c 为特殊类型的层状复合材料。层状复合材料的种类按材料元素的种类来分，如图 8-4 所示[4]。

图 8-3 层状复合材料之例

a—铝包钢线；b—双金属管；c—特殊层状复合材料

$$层状复合材料 \begin{cases} 金属/金属，如包覆导线、双金属管、铝/钢复合板（带） \\ 金属/陶瓷，如金属/陶瓷复合管、镶套材料 \\ 金属/高分子，如树脂包覆板管棒线材、减振材料 \\ 陶瓷/高分子，如夹层复合板 \\ 高分子/高分子，如人造革、夹层复合板 \\ 陶瓷/陶瓷，如多层复合陶瓷 \end{cases}$$

图 8-4　层状复合材料的种类

层状复合材料按界面的接合（结合）状态分为机械接合型与冶金接合型两大类。机械接合法有镶套、拉拔、液压扩管等方法，其接合主要依靠外层材料对内层材料（或芯材）的残余压应力来实现，界面接合为机械接合状态，接合强度很低。尽管拉拔法与液压扩管法在复合过程中伴随有塑性变形，但由于通常在室温下进行复合且塑性变形量较小，内层与外层之间的界面仍主要为机械接合。冶金接合法为接合时伴随较高的温度与/或较大的变形量，金属元素越过界面进行了扩散，界面接合强度高。冶金接合法有挤压法、轧制法、摩擦压接法与爆炸复合法等❶。虽然冶金接合法具有界面接合强度高等优点，但由于金属元素发生扩散所需温度不同，而一些金属在较高温度下容易产生化学反应等原因，并不是所有的金属或合金之间都可以通过热塑性变形或冷变形后进行扩散热处理来制备冶金接合型层状复合材料。各种金属或合金相互之间实现冶金接合的可能的组合如表 8-1 所示[5]。

表 8-1　冶金接合型层状复合材料可能的金属（合金）组合

名　称	铝及铝合金	镍	铜	黄铜青铜	碳钢	不锈钢	镍-铁合金	钛	贵金属	软钎料
铝及铝合金	○	△	○	○	○	○	○	○	△	△
镍	△	△	○	○	○	○	○	○	○	○
铜	○	○	△	△	○	○	○	○	○	○
黄铜、青铜	○	○	△	△	○	○	○	△	○	○
碳、钢	○	○	○	○	△	○	○	○	○	○
不锈钢	○	○	○	○	○	△	○	○	○	○
镍-铁合金	○	○	○	○	○	○	△	○	○	○
钛	○	○	○	△	○	○	△	△	△	△
贵金属	△	○	○	○	○	○	○	△	○	○
软钎料	△	○	○	○	○	○	○	△	○	○

注：○接合性能良好，已商品化；△接合性能较差，需要改良。

---

❶实现冶金结合的方法还有各种铸造法，未列入本章的讨论范围之内。

采用挤压法制备层状复合材料的历史，可以追溯到 1879 年法国的 Borel、德国的 Wesslau 开发的铅包覆电缆生产工艺。在此基础上发展起来的正向挤压包覆、侧向挤压包覆等方法在当今仍被广泛使用。

本章主要讨论各种金属复合材料（包括分散强化型与层状复合材料）的挤压加工技术。

8.2　金属基复合材料的挤压

工业上已获得实际应用的挤压金属基复合材料的制备工艺如图 8-5 所示[6]。一般采用粉末冶金法、高压铸造法或普通铸造法制取坯料，然后通过挤压的方法加工成各种断面形状的产品。与其他的热塑性变形加工方法相比，采用热挤压（正挤压、反挤压或静液挤压等）方法进行后续加工生产灵活性大，有利于获得管、棒、线、空心或实心型材。而对于粉末冶金法制备的复合材料，利用高温挤压变形时强三向压应力和强剪切变形作用，可以破坏粉末表面的氧化膜，改善粉末颗粒之间的接触状态，压合内部的空洞和孔隙，提高产品的致密度与性能。此外，在粉末冶金法制备复合材料的工艺中，为了减少制备工序、降低生产成本，并克服后述的挤压加工较困难的缺点，也可由预制坯不经烧结而直接进行热挤压成形。

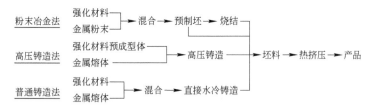

图 8-5　挤压金属基复合材料的制备工艺

由于金属基复合材料的变形抗力很高，给挤压加工带来很大困难，在挤压方法、挤压设备与工艺参数的选择时需要予以特别考虑。图 8-6 所示为几种代表性铝基复合材料挤压时的剪切变形抗力与温度的关系[7]。例如，含 20% Al_2O_3（体积分数）短纤维或 10% SiC（体积分数）晶须的 6061 合金复合材料的剪切变形抗力达铸造 6061 合金的 3 倍以上。图 8-7 为含 10% Al_2O_3（体积分数）颗粒 6061 复合材料与 6061 合金在挤压 5mm×5mm 角棒时挤压模孔磨损情况的比较[3]。随着挤压产品长度的增加，模孔磨损急剧增加。

采用粉末冶金或铸造制得的坯料中，晶须或短纤维呈无序分布状态。如图 8-8 所示，利用挤压加工时基体金属的塑性流动，可增加晶须或短纤维的取向性，从而提高复合材料的强化效果。为了利用取向性提高复合材料的强化

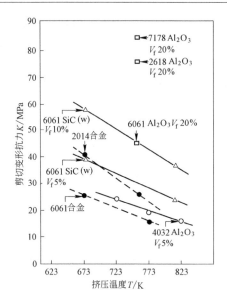

图 8-6　铝基复合材料挤压时剪切变形抗力与温度的关系[7]

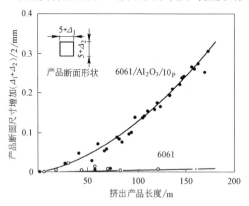

图 8-7　体积分数为 10% Al_2O_3 颗粒的 6061 复合材料挤压模孔的磨损[3]

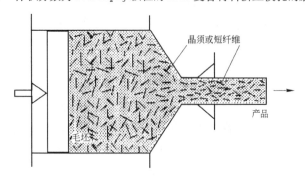

图 8-8　晶须或短纤维在挤压过程中的取向变化

效果,要求强化相的长径比达到某一临界值以上[8]。但另一方面,由于挤压金属流动的不均匀性,强化相的长径比过大时,容易产生损伤和折断,影响强化效果。因此,在采用短纤维作强化相时,应选择合适的纤维长度。

挤压条件对复合材料的性能具有很大影响。图 8-9 和图 8-10 分别表示挤压比与挤压温度对 17% SiC(体积分数)晶须强化 6061 铝合金(T6 状态)抗拉强度的影响[9]。随着挤压比的增加或挤压温度的上升,复合材料的抗拉强度上升的原因,可以认为是挤压比增大时,挤压产品中晶须的取向性增强,而随着挤压温度的提高,晶须在流动变形中损伤与折断减少[10]。

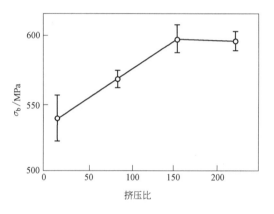

图 8-9 挤压比对含 17% SiC(体积分数)晶须强化 6061 复合材料抗拉强度的影响[9]

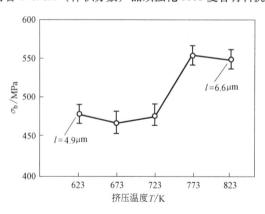

图 8-10 挤压温度对含 17% SiC(体积分数)晶须强化 6061 复合材料抗拉强度的影响[9]

表 8-2 所示为不同强化相、不同复合方法时,6061、2014 铝合金挤压复合材料的力学性能[6]。图 8-11 为 SiC 晶须体积分数对铝合金挤压复合材料性能的影响[11]。

表8-2   几种实用挤压铝基复合材料的力学性能[6]

基体合金	复合方法	强化相	强化相的体积分数/%	抗拉强度/MPa	0.2%屈服强度/MPa	伸长率/%	弹性模量/GPa
6061-T6	高压铸造	—	—	310	270	16.0	68.6
6061-T6	高压铸造	SiC 晶须	20	539	441	2.2	116
6061-T6	高压铸造	δ-Al$_2$O$_3$ 纤维	20	402	363	2.0	93
6061-T6	粉末冶金	—		343	303	19.0	68.5
6061-T6	粉末冶金	SiC 晶须	20	549	485	2.1	115
6061-T6	粉末冶金	SiC 颗粒	20	487	406	5.5	101
6061-T6	粉末冶金	SiC 颗粒	20	450	380	7.0	105
2014-T6	铸 造	—	—	426	289	16.0	68.6
2014-T6	铸 造	SiC 颗粒	20	480	463	2.5	104
2014-T6	高压铸造	SiC 晶须	20	605	452	1.9	119

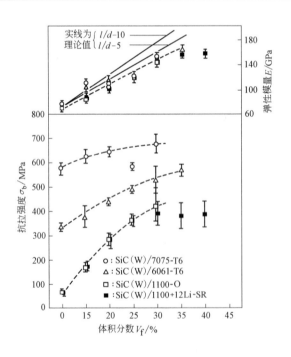

图 8-11   SiC 晶须体积分数对铝合金挤压复合材料性能的影响[11]

采用合金钢质模挤压铝基复合材料时，容易产生粘模现象，在产品表面产生粗糙、条纹等缺陷，要获得较好表面质量的产品通常比较困难。因此，复合材料的挤压速度通常很低，极限挤压轴速度一般为 3 ~ 120mm/min[6]。即便采用如此低的挤压速度，能获得良好表面质量的挤压温度范围，随复合材料中强化相含量的增加而变窄[10]。研究报道，采用清理垫挤压、在坯料前端附加基体材料片、陶瓷模挤压等方法有利于减少挤压时的粘模现象，提高挤压速度[6]。

8.3 双金属管挤压

所谓双金属管是指管壁为双层结构，内层与外层为不同金属或合金的一类管材。双层化的目的是为了使管材同时具有多种机能（如强度、耐蚀性、导热性与加工性等），以满足管材内外不同介质（流体）的需要。因此，根据使用目的的不同，内外层金属的组合也不同。表 8-3 所示为双金属管的种类与用途之例[12,13]。

表 8-3 双金属管的种类及用途之例[12,13]

应 用 领 域	双金属管		介 质	
	外 层	内 层	外 侧	内 侧
氨冷凝器	低碳钢	铜或铜合金	氨	水
氨冷冻器	铜或铜合金	低碳钢	水	氨
石油精炼器	低碳钢	海军黄铜	石油蒸气	海 水
	低碳钢	铜	石 油	水
石油钻探	普碳钢	耐蚀合金	土	石 油
化工用冷凝器	不锈钢	白 铜	化学药品	水
发电厂冷凝器	铝黄铜	钛	凝缩水	海 水
焦炭冷却器	低碳钢	铜或铜合金	萘	水
水银镇流器	低碳钢	铜或铜合金	水 银	水
水泵管道	低碳钢	铜合金	空气或土	水
饮料、药品、食品、塑料等	铝或不锈钢	铜或铜合金	原 料	水

双金属管的成形方法主要有挤压法、爆炸法、拉拔法、液压扩管法等。前两种方法一般为冶金接合，后两种方法一般为机械接合。挤压法主要有复合坯料挤压法与多坯料挤压法。

8.3.1 复合坯料挤压法

复合坯料挤压法的原理如图 8-12 所示，挤压前将成形内层和外层用的两个空心坯组装成一个复合坯料，然后进行挤压。为了提高界面接合强度，需将内外层坯料的接触界面清理干净。同时，为了防止坯料加热过程中产生氧化而影响界面的接合，需要在复合坯料组装后采用焊接或包套的方法对坯料两端端面上内外层之间的缝隙进行密封。

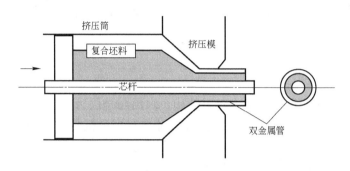

图 8-12　双金属管复合坯料挤压法示意图

复合坯料挤压法的最大的优点是：挤压时的延伸变形将使界面上产生较大比例的新生表面，同时模孔附近挤压变形区内的高温、高压条件非常有利于界面原子的扩散，从而达到冶金接合（或称金属学接合）。该法的缺点是：（1）由于挤压时金属流动不均匀，容易造成挤压管材沿长度方向内外层壁厚不均匀，如图 8-13a 所示。因此，现行生产标准对双金属管壁厚均匀性的要求很低，同一层（内层或外层）在产品头部和尾部的壁厚之差允许在 50% 以内。（2）如图 8-13b 所示，当内外层坯料的变形抗力相差较大时，容易产生外形波浪、界面呈竹节状甚至较硬层产生破断的现象，因而金属的组合受到很大限制。

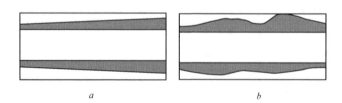

图 8-13　复合坯料挤压双金属管的常见缺陷
a—长度方向壁厚不均匀；b—竹节或断层缺陷

如上所述，复合坯料挤压双金属管内外层壁厚不均匀，主要起因于挤压时金属流动不均匀，因而所有改善挤压金属流动均匀性的措施，均有利于改善双金属管的壁厚不均匀性，例如，在良好的润滑状态下挤压、选用合理的挤压比与挤压模角、采用静液挤压法成形等。

综上所述，控制复合坯料挤压双金属管的质量需要注意如下几个方面的问题：

（1）复合坯料的界面干净；

（2）尽可能采用较大的挤压比，增大界面的新生面比率，促进冶金接合；

（3）内外层材料的变形抗力差尽可能小；

（4）采用合适的挤压条件，使挤压时的金属流动尽可能地均匀；

（5）采用合适的挤压温度，避免或控制界面上的有害化合物的生成。

8.3.2 多坯料挤压法

如上所述，常规的复合坯料挤压法成形的双金属管，其内外层壁厚均匀性差，同时由于内外层材料的变形抗力不能相差太大，因而材料的组合受到限制。本书作者等人为成形高强度材料空心型材与新型复合材料而开发的多坯料挤压法[14,15]，能很好地克服常规复合坯料挤压法的缺点，适合于双金属管的成形。关于多坯料挤压的详细内容见 10.3 节，以下介绍采用该方法成形双金属管的概要。

图 8-14 为采用多坯料挤压法成形双金属管的实验装置[16,17]。成形用挤压模采用二层结构，如图 8-15 所示。双金属管的成形过程如下。在位于 OA 断面上的 2 个挤压筒内装入外层管用坯料，在位于 OB 断面上的 2 个挤压筒内装

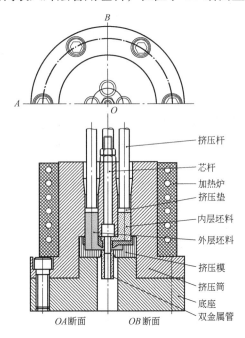

图 8-14　双金属管多坯料挤压成形装置

入内层管用坯料。挤压时，*OB* 断面上的 2 个坯料被挤入内层挤压模的焊合腔（图 8-15）内焊合，然后通过内层挤压模的模孔流入外层挤压模的焊合腔。在外层模焊合腔内内层管在保持新生表面无氧化、承受高温和一定压力作用的状态下，被从 *OA* 断面上的 2 个挤压筒内挤入的外层管材料包覆，然后由外层挤压模的模孔流出成为双层管。如上所述，由于内层管是在表面无氧化、承受高温和一定压力作用的状态下与外层管复合成一体的，故可获得优良接合状态的内外层界面。

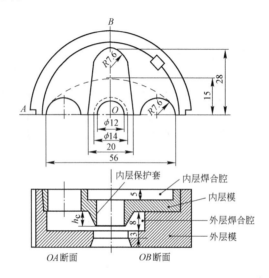

图 8-15　双金属管多坯料挤压成形用双层模

图 8-16 所示为采用多坯料挤压法成形的纯铝 A1050（相当于 L3）与铝合金 A2014（相当于 LD10）双金属管的外形。其中，内层与外层的挤压比 λ 均为 8.7，挤压温度为 500℃。测试结果表明，无论是内层强度高于外层或者反

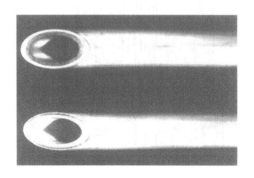

图 8-16　A1050/A2014 双金属管外观

之，内外层的厚度尺寸在产品的长度方向与圆周方向均匀，这是常规的复合坯料挤压法所无法实现的，也表明采用多坯料挤压法成形双金属管时，内外层材料组合的自由度大。

热挤压状态成形的双金属管内外层界面附近的光学显微组织如图 8-17 所示，界面附近无孔洞、空隙或夹杂等缺陷存在，接合状态良好。电子探针显微分析（EPMA）的结果表明，A2014 合金层中的 Cu 元素越过界面向 A1050 纯铝层进行了扩散，扩散层厚度达 $10\mu m$ 以上。以上结果证明内外层界面为冶金接合，这种高性能的界面接合是除复合坯料挤压法以外的其他方法（如扩管、拉拔等方法）成形双金属管时所无法实现的。

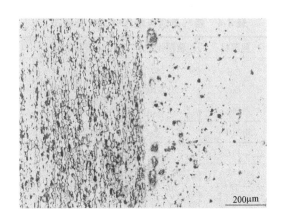

200μm

图 8-17　A1050/A2014 双金属管复合界面

由上述讨论可知，采用多坯料挤压法成形双金属管具有以下优点：

（1）直接采用圆形坯料进行挤压，可以省去制备复合坯料的工序；

（2）产品的内外层壁厚尺寸均匀，无竹节、断层、起皮等缺陷产生；

（3）内外层界面焊合质量好，达到金属学的接合；

（4）坯料组合自由度大，即使是材料的变形抗力相差较大的内外层组合也能正常成形。

多坯料挤压法的缺点是，坯料加热、挤压装料等操作以及挤压工模具的结构较常规挤压法复杂。

8.4　包覆材料挤压

包覆材料可分为普通包覆材料（或称单芯包覆材料）与多芯包覆材料两大类。最为常见的单芯包覆材料有各种包覆线材，如电线、电缆，高强度导线或耐蚀导线，异型复合导电材料，以及一些特殊用途的包覆材料；典型的多芯包覆材料是低温超导多芯复合线。

8.4.1　单芯包覆材料

表 8-4 所示为各种单芯包覆线材之代表例[6,18]，用于导电或电器元件的线材占多数。这一类复合线材的特点是，在利用铜、铝的优秀导电、导热性，铝的低密度（$\rho = 2.7\text{g/cm}^3$）的同时，通过复合赋予线材以特殊的物理性能（如低线膨胀系数）或高强度、高刚性、耐蚀耐磨性等。表中的装饰用钛芯包覆线主要是为了利用钛的低密度（$\rho = 4.5\text{g/cm}^3$）、高刚性等优点，而弥补钛的焊接性、电镀性以及伸线（拉拔）加工时表面质量（表面精度）较差等缺点。

表 8-4　各种单芯包覆线材之代表例[6,18]

类　别	芯材	包覆材	包覆层比例/%	用途举例	特　点
玻璃封装线	42Ni-Fe 47Ni-Fe 50Ni-Fe	Cu Cu Cu	20～30	电灯泡类灯丝、二极管	Fe-Ni 合金线膨胀系数的特异性、Cu 的导电导热性与钎焊性兼而有之
	Cu	50Ni-Fe		功率晶体管	
	Cu	29Ni-17Co-Fe	70	整流片	
耐蚀导电高强度	Cu	Ti	10～20	电镀母线	Ti 与不锈钢的耐蚀性、不锈钢的强度、铜的导电性兼而有之。不锈钢包覆有利于提高扭转、弯曲件的强度
	Cu	不锈钢	10～20	孔镀用导电架、闪光灯电池弹簧	
	Al	不锈钢		轻量、耐蚀轴	综合利用不锈钢的耐蚀、耐磨性与 Al 的低密度
电线	Al	Cu	10～80	同轴电缆	综合利用 Cu、Al 的导电性与 Al 的低密度
	铁、钢	Cu	10～50	电线、弹簧、电车线	综合利用 Cu 的导电性与铁、钢的强度、耐磨性
	不锈钢	Cu		精密导线、电车线	综合利用 Cu 的导电性与不锈钢的刚性、耐磨性
	钢	Al	10～15	输电线、悬缆线	综合利用 Al 的导电性、耐蚀性与钢的强度
装饰用	Ti	Ni Ni 合金 Cu		眼镜框架	综合利用 Ni 合金、Cu 的钎焊性、电镀性、表面精加工性与 Ti 的低密度、高强度

另一类单芯包覆材料是断面形状为非圆形的异型复合导电材料，常见的有如图 8-18 所示的铜包铝（或钛包铜）导电材料与铝包钢电车导线。对于铜包铝导电材料，当用于信号传输时，横断面上铜面积的比例约占 10%～15%；当用于电力传输时，铜面积比例可达 20%～35%。

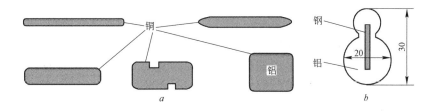

图 8-18 各种异型包覆导电材料

a—铜包铝导体；b—铝包钢电车线

单芯包覆材料的成形主要采用挤压，或挤压后再进行拉拔的方法。代表性的挤压单芯包覆法有如下几种[4,19]：

（1）芯材产生塑性变形的普通挤压法；

（2）静液挤压法；

（3）连续挤压法；

（4）带张力挤压法；

（5）多坯料挤压法。

其中前两种方法为采用复合坯料进行挤压的方法，包覆材与芯材同时产生塑性变形；后三种方法属于单纯包覆法，芯材基本上不产生塑性变形。

8.4.1.1 普通挤压法（芯材变形）

芯材同时产生塑性变形的普通挤压复合法是单芯包覆材料成形的最基本的方法，成形原理如图 8-19 所示。与双金属管复合坯料挤压成形时的情形一样，这种方法的最大优点是生产工艺比较简单，且因为变形量大，加之热挤

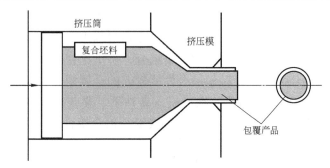

图 8-19 普通挤压复合法

压时变形区内高温高压的作用，复合产品的界面比较容易实现冶金接合。

但由于挤压流动不均匀性的特点，挤压产品沿长度方向包覆比（也称包覆率，定义为包覆层的厚度与产品直径之比，或包覆层的断面积与产品横断面积之比）不均匀严重。当内外层材料的变形抗力或塑性流动性能相差较大时，还容易产生波浪、竹节、断芯、包覆层破断、内外层之间鼓泡、表面皱纹等缺陷，如图8-20所示，其中，图 b、c、f 型的缺陷多见于内硬外软（即芯材变形抗力高于包覆层的变形抗力）的金属组合，图 d 型的缺陷多见于外硬内软的金属组合，而图 e 型的缺陷则是因为界面有油污、气体存在所致。通过选用具有合适模角的挤压模，在坯料与挤压筒壁之间进行润滑等措施，可以减轻或减少缺陷的形成，扩大挤压成形范围。

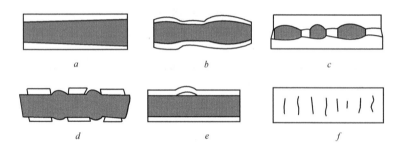

图 8-20　包覆材料常见缺陷

a—包覆层厚度不均；b—竹节；c—芯材破断；d—包覆层裂纹或破断；
e—内外层之间鼓泡；f—表面皱纹

为了获得界面接合质量高的包覆材料，与双金属管的复合坯料挤压成形时的情形一样，在确定挤压工艺时，需要注意以下一些问题：

（1）保证坯料界面洁净，防止坯料复合后放置过程中或加热过程中产生界面氧化。最好在坯料复合前采用铁丝刷等对复合界面进行清刷，或对界面施以脱脂、酸洗（或碱洗）处理，并尽量缩短坯料复合后的放置时间。

（2）采用较大的挤压比，保证界面在变形过程中产生足够的新生面。在热挤压条件下，对于接合性能好的金属组合，挤压比在 2 以上的变形程度即可获得满意的接合强度；而对于接合性能较差的金属组合，则应尽可能采用较大（4~5 以上）的挤压比。在冷挤压条件下，要获得较高的界面接合强度，一般需要挤压比达到 5~7 以上，而要获得冶金接合，则需要挤压比达到 10~20 以上的变形程度。对于使用性能允许的材料，可以采用适当的热处理以提高冷挤压产品的界面接合质量。

（3）控制挤压温度以防止在界面上形成金属间化合物。例如，钛包铜复合材料挤压时，当挤压温度低于700℃时，界面化合物层非常薄；而当挤压温度高于800℃时，界面化合物层厚度迅速增加，严重影响界面的接合质量[20]。当内外层材料在热挤压温度下容易形成化合物时，可以考虑在内外层金属之间加入过渡层金属箔，以提高界面接合质量。例如，对于上述的钛/铜复合材料，以及铁系复合材料可加 Ni 或 Ni 合金箔。

（4）对于虽不易形成化合物，但接合性能较差的金属组合，也可以在复合界面之间添加有利于提高接合强度的过渡金属层。

8.4.1.2 静液挤压法

静液挤压时，由挤压轴施加的挤压力通过黏性介质作用到复合坯料上而实现挤压，如图 8-21 所示。由于坯料与挤压筒壁、坯料与挤压垫片之间填充有黏性介质而不产生直接接触，且坯料与挤压模之间的润滑状态良好，从而大大改善了金属流动的均匀性。因此，采用静液挤压法有利于克服常规的正向挤压法成形复合材料时容易产生的各种挤压缺陷，尤其是沿产品长度方向包覆层厚度不均匀的问题。由于复合是在高压、芯材与包覆层同时产生塑性变形的条件下进行的，可以获得高质量的复合界面。此外，与常规的挤压方法相比，静液挤压可以在室温或较低的温度下实现大变形挤压，因而适合于在高温下容易形成金属间化合物的复合材料的成形。

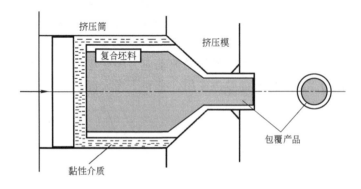

图 8-21 静液挤压包覆材料示意图

由于上述特点，静液挤压广泛应用于各种精密电子器件用复合导线、耐蚀性复合导线、复合电极等断面形状较为简单的实心材料的成形。如图 8-18a 所示的各种铜包铝异型复合材料，表 8-4 所示的铜包 Fe-Ni 合金线、铜包钢复合线等，对复合层厚度的均匀性以及复合界面的接合强度要求较高的包覆材料，大多采用静液挤压的方法进行成形。

复合材料用坯料的制备有如图 8-22 所示的三种方法。方法 a 为典型的单芯包覆材料用复合坯料的制备方法；方法 b 为在芯材表面铸造成形包覆层的方法，可以省去方法 a 中的端部密封工序，主要用于 Al/Pb 一类复合材料的成形；方法 c 用于多芯包覆材料的挤压成形，其典型实例为多芯低温超导线材的挤压成形。

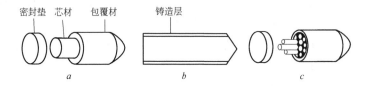

密封垫　芯材　包覆材　　　　铸造层

a　　　　　　　　b　　　　　　　c

图 8-22　复合坯料的制备方法

a—典型复合坯料制备法；b—包覆层铸造成形法；c—多芯复合坯料制备法

　　静液挤压包覆时获得无缺陷产品（简称健全产品）的条件与包覆率（产品包覆层断面积与总断面积之比）、挤压比、挤压温度下芯材与包覆材的变形抗力比、模角、界面摩擦系数等密切相关。图 8-23 为健全产品挤压成形条件范围的理论计算与实验结果的比较[6]，由图可知，上限挤压比随断面包覆率变化而变化。模面上的剪切摩擦系数 m_z、模角 α 对健全产品挤压条件范围有较大影响。当包覆材料的变形抗力大于芯材的变形抗力（外硬内软）时，m_z 较小时健全产品挤压条件范围增大，尤其是在包覆率较小时，这一影响更为显著；而当包覆材料的变形抗力小于芯材的变形抗力（外软内硬）时，m_z 较大时健全产品挤压条件范围增大。其原因可以认为是，m_z 的变化将导致挤压时金属变形抗力的变化（更准确地说是流动应力的变化），因而有利于包覆材与芯材变形抗力差减少的模面摩擦作用，有利于增大健全产品挤压条件范围。

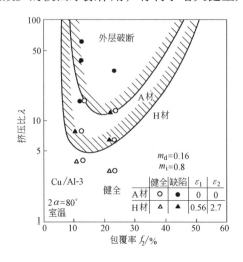

图 8-23　铜包铝健全挤压成形范围[6]

但提高模面摩擦系数将导致挤压压力上升，因而对于外软内硬的金属组合，宜通过改变模角 α 来改善挤压成形性能。理论分析的结果表明，对于外软内硬的金属组合，模角较小时，健全产品挤压条件范围增大。此外，一般地复合坯料界面上的剪断摩擦系数 m_i 越高，越有利于包覆材料的成形。

复合材料静液挤压成形时单位挤压力 p 与挤压比 λ 的对数之间一般成线性关系，如图 8-24 所示[21]。因此，所需单位挤压力可用下式估算[21,22]：

$$p = a\overline{\sigma}_k \ln\lambda + b \qquad (8-1)$$

式中，a、b 为常数，$\overline{\sigma}_k$ 为复合坯料的平均变形抗力，按下式确定：

$$\overline{\sigma}_k = f_A \sigma_{kA} + f_B \sigma_{kB} \qquad (8-2)$$

式中，f_A 为包覆率，$f_B = 1 - f_A$；σ_{kA}、σ_{kB} 分别为包覆材与芯材的变形抗力。用式（8-1）进行估算，其最大优点是计算简便，但需要通过一定量的实验结果来确定常数 a 和 b。

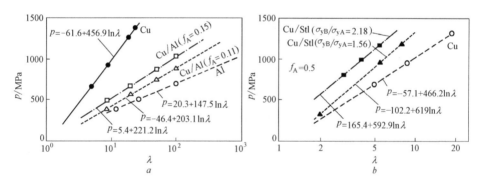

图 8-24 静液挤压包覆成形时挤压压力与挤压比的关系[21]

对于静液挤压成形轴对称包覆棒材的情形，单位挤压力可用下式进行近似计算[21]：

$$p = \overline{\sigma}_k \ln\lambda + \frac{2}{\sqrt{3}} \overline{\sigma}_k \left(\frac{\alpha}{\sin^2\alpha} - \cot\alpha \right) + \frac{1}{\sqrt{3}} m_z \sigma_{kA} \cot\alpha \ln\lambda \qquad (8-3)$$

式中，α 为模角，m_z 为模锥面上的摩擦系数，定义 $m_z = \tau_z/k$，$0 \leqslant m_z \leqslant 1.0$，$\tau_z$ 为模锥面上的摩擦应力，$k = \dfrac{\sigma_{kA}}{\sqrt{3}}$。上式实际上是由 B. Avitzur 的圆棒挤压力上限计算式[23]（见第 3 章式（3-38））简化而得到的，只是其中忽略了定径带上的摩擦阻力的存在。若在上式中考虑定径带上的摩擦作用，则有：

$$p = \overline{\sigma}_k \ln\lambda + \frac{2}{\sqrt{3}} \overline{\sigma}_k \left(\frac{\alpha}{\sin^2\alpha} - \cot\alpha \right) + \frac{\sigma_{kA}}{\sqrt{3}} \left(m_z \cot\alpha \ln\lambda + 2m_d \frac{l_d}{r_d} \right) \qquad (8-4)$$

式中，m_d 为定径带上的摩擦因子（$0 \leqslant m_d \leqslant 1.0$）；$r_d$ 和 l_d 分别为定径带的半径和长度。

　　静液挤压工艺因金属组合、包覆率、产品尺寸与断面形状等的不同而异。铜包铝的静液挤压工艺之一例为：复合坯料的外径为 170mm（其中，铜包覆层的断面积比例为 10% ~ 15%），挤压在室温下进行（高温下挤压铜与铝容易发生反应），挤压产品为直径 9 ~ 50mm 的圆棒或 20mm × 5mm ~ 100mm × 12mm 的矩形断面[24]。

　　化工、电镀工业上用作电极的钛包铜棒的成形工艺过程如图 8-25 所示[22]，其中挤压温度在 650 ~ 700℃之间，复合棒的界面接合强度可达 120 ~ 150MPa。用作装饰材料的铜、镍、镍合金包覆钛或钛合金的热静液挤压一般在 700 ~ 900℃下进行，可以获得满意的接合强度。这类包覆材料采用传统的拉拔、热处理法成形时，往往因为界面接合强度不足，容易在后继加工过程中产生剥离、起层等缺陷。

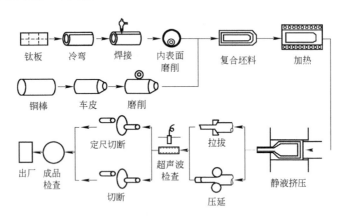

图 8-25　钛包覆铜棒的成形工艺过程[22]

　　静液挤压法成形包覆材料的主要缺点是，生产效率较低，成本较高，不适合于复杂断面形状材料的包覆成形。这主要是由于坯料的制备复杂、一支坯料的挤压周期长（非挤压时间长）、成材率低、挤压初期高压液体的密封困难等原因所致。虽然与常规的正向挤压法相比，静液挤压时金属流动的均匀性较好，因而产品长度方向上包覆比的均匀性等大大提高，但包覆比不均匀性仍有一定程度的存在。当挤压温度较高时，异种金属之间仍容易生成脆性化合物，对金属的组合以及挤压后复合材料的性能均有较大影响。此外，与常规的正向挤压法一样，所定挤压温度下芯材与包覆材的变形抗力不能相差太大，否则容易产生波浪、竹节、芯材或包覆层破断等缺陷。

8.4.1.3 连续挤压法

连续挤压包覆成形（Conclad）的原理如图 8-26 所示，适合于芯材无变形的连续包覆成形，如用作架空高压线的铝包钢线和图 8-18b 所示的电车输电导线等。该法依靠挤压轮（槽轮）的摩擦将原料铝杆连续咬入，可以实现连续和较高速度的包覆。为了实现薄层包覆（即低包覆率），需要在出口侧对包覆线材施加张力。除如图所示的单轮单槽方式（只有一槽的单轮方式）外，还有单轮双槽、双轮单槽等方式[6]，但其基本的成形原理与单轮单槽相同（见第 7 章 7.2.6 节）。

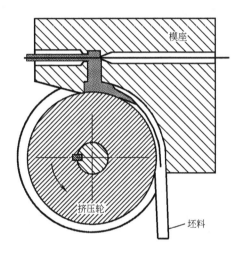

图 8-26　连续挤压包覆法

虽然连续挤压复合时包覆材料的送入方式与常规的挤压方法不同，但在实现包覆成形过程中，金属的流动特点与侧向挤压包覆法基本相同，模具配置与设计应考虑的主要问题也相同（见图 8-27c）。

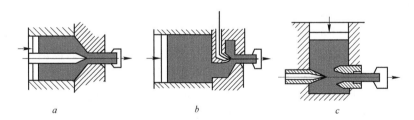

图 8-27　带张力挤压法示意图

a—正挤压；b—分流模挤压；c—侧向挤压

8.4.1.4 带张力挤压法

带张力挤压法是一种在挤压机的前方对包覆产品施加张力的挤压法，包括普通正向挤压、分流模挤压、侧向挤压等三种主要形式，如图 8-27 所示，其中，图 a、b 均为正向挤压法，只需对工模具进行适当的改造即可在一般的正向挤压机上实现成形，但挤压操作性欠佳；图 c 为侧向挤压法，辅助设备的可配置性与挤压操作性好，但对金属流动、变形区压力分布的控制要求较高。

带张力挤压法具有如下特点：

（1）随着挤压比的增加（包覆层厚度的减小），挤压所需压力上升；而随着前方张力的增加，挤压所需压力迅速下降，包覆层的最大挤压比很快上升，可高达 15000 以上（包覆层的厚度可薄到 0.1mm 以下）；但当张力与挤压比达到一定数值后，即使再增大挤压比，挤压力也保持为一定值而不再增加，如图 8-28 所示[25]。从另一个角度来考虑，这意味着当张力达到一定数值后，可以在不需要增加挤压力的条件下实现更大的挤压比（获得更薄的包覆层）。

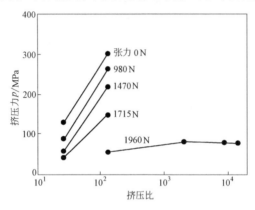

图 8-28　挤压力、挤压比与张力的关系[25]

（2）该方法非常适合于铝包钢导线以及耐蚀钢线（例如露天条件下使用的钢丝网，铝包覆层在 0.1mm 以下）的成形，且钢线的强度、材质、尺寸以及铝包覆层的厚度适用范围宽。也可适用于断面形状较为简单的异型线包覆。

（3）产品芯材无偏心，包覆层沿周向和长度方向厚度均匀。

图 8-29 为采用带张力普通正挤压法（图 8-27a）的实际铝包钢线生产线示意图[26]。其中，钢线的清洗有扒皮模扒皮、钢丝刷除氧化皮等方法；前处理主要包括脱脂、风干、吹净等工艺。根据需要，挤压复合的包覆线材还可采用流体润滑模拉拔法进行后续加工。

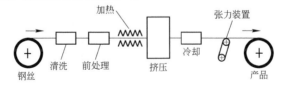

图 8-29　铝包钢线带张力挤压生产线示意图[26]

采用带张力挤压进行铝包钢线复合时，钢线的预热温度与模具的结构尺寸对包覆线的接合强度具有显著影响。图 8-30 所示为钢线的预热温度对包覆后面剪切接合强度 σ_τ 的影响[27]。随着预热温度的升高，界面剪切接合强度上升，而当预热温度低于 300℃时，剪切接合强度急剧下降，无预热时，剪切接合强度低于 5MPa。但预热温度也不能太高，因为纯铝的挤压温度不宜超过500℃，同时预热温度过高会引起钢丝表面的氧化而影响界面接合强度。

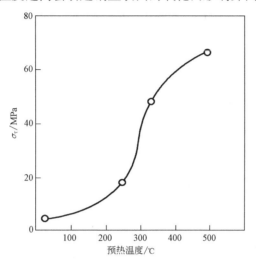

图 8-30 钢丝预热温度对包覆线界面剪切接合强度 σ_τ 的影响

图 8-31 为保护芯棒前端面至模孔入口距离 l 对界面剪切接合强度的影响。

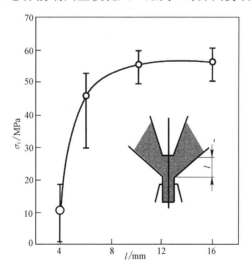

图 8-31 芯棒与模孔入口间距 l 对界面剪切接合强度 σ_τ 的影响

l 过小时接合强度很低，且易在包覆层与芯材之间产生缝隙；当 l 在 6mm 以上可以获得良好的接合强度。反之，l 值过大时，由于易在芯杆前端附近形成死区，且由于包覆区内金属流动速度沿轴向变化较大的缘故，易使芯材产生破断。因此，合适的 l 值应综合考虑芯材的强度与尺寸、包覆产品的形状、包覆层的厚度、芯棒前端形状与尺寸、模角等因素而定。

带张力挤压铝包覆钢线（EFT-AS）的强度与导电率的关系如图 8-32 所示[6]，与其他输电导线成形方法相比，产品的性能范围要大得多。

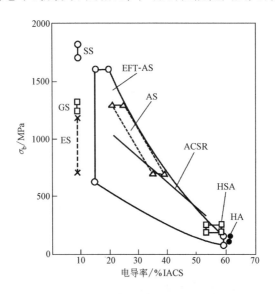

图 8-32　各种输电导线性能（抗拉强度与电导率）范围的比较

SS—超强钢线；GS—普通钢线；ES—地线用钢线；EFT-AS—带张力挤压铝包覆钢线；

AS—孔型轧制铝包覆钢线；ACSR—钢芯铝绞线；HAS—高强铝合金

（6201，5005）线；HA—硬铝线

8.4.1.5　多坯料挤压包覆法

除上述挤压包覆成形法以外，本书作者等人研究开发的多坯料挤压法（参见 10.3 节）也适合于各种包覆材料成形，其原理如图 8-33 所示[19,28]。该方法有如下特点：

（1）可在普通正向挤压机上成形；

（2）在高温下进行包覆时，多坯料挤压成形过程中芯材与包覆层处于高温状态下的接触时间很短（与连续挤压法相当），有利于抑制异种金属之间的反应；

（3）可以简单地进行多芯包覆；

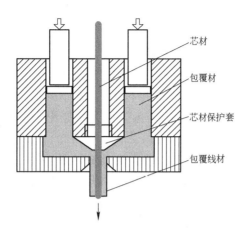

图 8-33　多坯料挤压包覆成形原理图[19,28]

（4）通过调节芯材保护套的高度，可在很广的芯材屈服强度与包覆材流动应力比（记为 YSR）的范围内实现芯材无变形包覆，例如，对于 YSR < 2 的情形也能实现芯材无变形包覆[28]；

（5）较容易实现大断面、复杂形状断面型材的无变形包覆。

该法的缺点是工模具结构及挤压操作与常规挤压法相比要复杂一些。

8.4.2　低温超导复合线材

包覆材料中除单芯包覆材料外，还有多芯包覆材料。最为典型的挤压多芯包覆材料是低温超导复合线材，一般为由几百乃至上千根直径为十几至数十微米超导纤维复合在一起而成。

超导材料基本上可以分为金属系与氧化物系两大类，前者为低温超导材料，后者为高温超导材料。目前，已在较广范围内获得实用的低温超导材料有 Nb-Ti 合金（发现于 1957 年，临界温度 9.2K、4.2K 下临界磁场 12T）、Nb_3Sn 化合物（发现于 1954 年，临界温度 18K、4.2K 下临界磁场 22.5T）以及与 Nb_3Sn 为同一类型的（Nb-Ti）$_3$Sn 等。这些超导材料的主要特点是加工性能好，可加工成长尺寸线材或线卷，且性能稳定。

由于电场、磁场的作用致使超导导体移动而产生的摩擦热，电流与磁场分布变化所引起的超导导线发热，均有可能引起超导状态的破坏而成为常导体。为了防止这种现象的产生，需要采用电阻小、热传导性能良好的铜或铝进行包覆，以便在有局部发热时，其热量能被迅速逸散掉。为了确保上述散热效果，希望超导导体本身成为细小纤维，每一根纤维均能用铜或铝包覆起来，然后再将包覆纤维复合成多芯复合导线。因此，多芯复合线材的成形技术对低温超导线材的制备与使用十分重要。下面介绍 Nb-Ti 与 Nb$_3$Sn 超导复合线材的成形方法。

8.4.2.1　Nb-Ti 多芯复合超导线材

Nb-Ti 的超导临界温度为 9.2K，临界磁场为 12T，与其他的合金、化合物系低温超导材料相比，其超导性能并不算高。但 Nb-Ti 合金与铜的复合加工性能良好，强度与韧性高，因而成为当今主要的实用低温超导材料，大约占将近 90% 的比例。

Nb-Ti 多芯复合线的加工工艺过程如图 8-34 所示[29]。首先将电弧炉熔制的 Nb-Ti 铸坯挤压或轧制成圆棒状，对表面进行研磨、清洗后插入经过清洗的铜管内进行拉拔成形，制得六角形的 Cu 包覆 Ni-Ti 复合棒。然后将复合棒切断成一定尺寸长度，经矫直、表面研磨与清洗加工后，以紧密堆积方式排列于 Cu 圆筒内，采用电子束焊接法将两端封闭，制成复合挤压坯。最大的复合挤压坯可达外径 400mm，长 1000mm，重 400kg。采用静液挤压法将复合坯挤压成直径为 50~80mm 的多芯复合棒。为了尽可能地抑制 Cu 与 Ti 之间的反应，挤压温度一般选择在 600℃ 以下。挤压多芯复合棒经反复拉拔、退火处理，拉制成所需断面尺寸的线材。图 8-35 所示为 Cu 与 Nb-Ti 复合超导线材的断面形状，图中白色部分为纯铜。

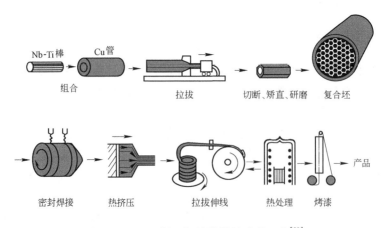

图 8-34　Nb-Ti 低温超导线材的成形工艺[29]

如前所述，用铜或铝包覆的主要目的是为了获得稳定的超电导效果，目前实用 Nb-Ti 超导线材中，以铜作稳定包覆材料的占绝大多数。尽管铝在常温下的导电、导热性能比铜差，而在超低温条件（液氦）下，高纯度铝的导电率比高纯度铜要高出 30% 以上。因此，如采用纯铝作稳定包覆材，其效果优于纯铜，且有利于减轻超导线材的重量。但铝的强度低于铜，且 Al 与 Nb-Ti 复合时的成形性能比 Cu 与 Nb-Ti 复合时差。为了利用高纯铝在超低温条件下

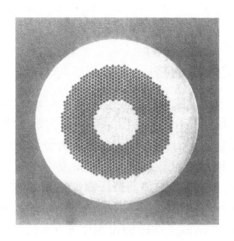

图 8-35 Nb-Ti 低温超导线材的断面形状[29]

的稳定（散热）效果，可以采用带张力包覆挤压等方法，将铜包覆超导线材再包覆一层高纯铝[30]。

8.4.2.2 Nb₃Sn 多芯复合超导线材

Nb_3Sn 的超导性能（临界温度 18K、4.2K 下临界磁场 22.5T）远高于 Nb-Ti 合金，但由于 Nb_3Sn 是一种化合物系脆性材料，其实用受到很大限制，只在高磁场（10T 以上）用超导线圈等方面有少量实际应用。

为了解决脆性化合物的成形性能很差的问题，Nb_3Sn 一类超导线材的代表制备工艺是：首先采用非化合物的金属或合金作原料，通过挤压、拉拔等成形方法制得多芯复合线材，然后通过热处理生成所需化合物，赋予复合线材超导特性。典型的复合工艺有如图 8-36 所示的所谓青铜反应复合法[28]，其工艺过程为：用青铜（Sn 的质量分数约为 13% 的 Cu-Sn 合金）与 Nb 的复合棒组合成复合坯料，采用静液挤压制备复合多芯棒材；为了防止在成形过程中生成化合物，挤压需在较低温度下进行；上述过程反复 2~3 次并施以拉拔伸

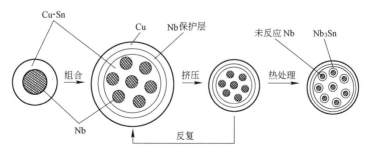

图 8-36 Nb₃Sn 超导线材的青铜反应复合法

线，以获得所需尺寸的多芯复合线材；然后通过热处理（700℃左右）生成超导物质（如 Nb_3Sn）。

8.5　其他层状复合材料的挤压

利用分流模挤压技术，除可以成形包覆线材（图 8-27b）外，还可以成形一些特殊用途的金属层状复合材料。图 8-37 所示为钢丝增强 6063 铝合金管的分流模挤压复合法示意图[27]，钢丝通过分流模的分流桥进入模芯附近，与铝合金管复合成一体从模孔挤出。其主要工艺要点为：钢丝在进入分流模之前需要进行矫直、清洗、干燥和预热，挤压温度控制在 450 ~ 550℃ 的范围内。将 12 根直径 2mm 的硬钢线呈对称排列复合到外径 60.8mm、壁厚 2.6mm 的 6063 合金管中（复合管断面上钢线的面积比为 8%），可得到比常规的 6063 铝合金管抗拉强度、抗弯强度、压缩失稳强度提高 45% ~ 50% 以上的复合管，而其单重仅增加不到 15%。

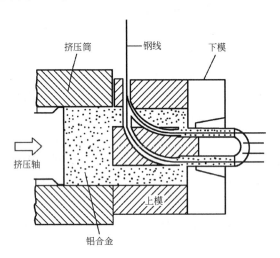

图 8-37　钢丝增强 6063 合金管的挤压复合

图 8-38 所示为利用分流模的原理，挤压成形钢丝增强管材和"工"字断面型材（简称工字型材）的模具照片[31]。由图可知，尽管工字型材是实心断面型材，因采用分流模进行挤压成形，在型材横断面上形成了焊缝。为了使钢丝能顺利进入模孔，并精确控制钢丝位置，在分流桥下设置模芯，钢丝经模芯进入模孔。

对于车间行车、电车的滑接输电线，既要求良好的导电性，又要求很高的耐磨性。采用铝作滑接输电导体时，具有导电性能好、重量轻的优点，但又有耐磨性、悬架刚性差等缺点。悬架刚性差还会严重影响高速电车的运行

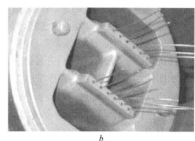

图 8-38 钢丝增强管材和工字型材挤压成形用分流模[31]

a—管材成形；b—工字型材成形

稳定性。为此，可以将输电导体设计成铝-钢复合体，例如，对于断面为工字型的铝质输电导体，可在上顶面复合一层不锈钢带，既可大大提高其与导电弓之间的耐磨性，还可提高其悬架刚性。图 8-39a 为这一类刚性滑接复合导线的分流模挤压成形示意图[6,32]。挤压时钢带通过分流桥进入模芯，然后在焊合腔内与铝合金压合，从模孔挤出。为了改善金属的流动、利于模具设计、提高压接效果，通常采用一次成形 2 根复合导线的方式。图 8-39b 为典型的高刚性滑接复合导体断面形状，1970 年代以来已在国外获得实际应用。

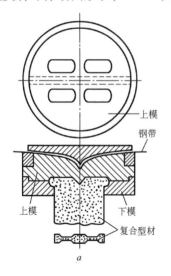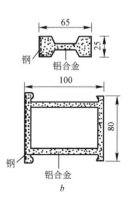

图 8-39 刚性滑接复合导线的挤压复合

a—模具结构；b—复合导体断面形状

参 考 文 献

[1] 谢建新, 刘静安, 任小灵. 铝加工[J], 1996, 19(5): 36.

[2] 谢建新, 刘静安, 杨文敏. 铝加工[J], 1996, 19(6): 47.

[3] 大久保喜正, 涉江和久. 住友轻金属技报[J], 1994, 35(3~4): 68.

[4] 刘静安, 杨文敏, 谢建新, 赵华亮. 铝加工[J], 1997, 20(3): 53.

[5] 金枝敏明. 机械の研究[J], 1985, 37(10): 51.

[6] 日本塑性加工学会编. 押出し加工—基础から先端技术まで—[M]. 东京: コロナ社, 1992.

[7] 渡边修一郎ほか. (日) 轻金属[J], 1990, 40(4).

[8] Fuhuda H, et al. J. Material Science[J], 1982, 17: 1003.

[9] 渡边英雄ほか. (日) 轻金属[J], 1988, 38(10): 633.

[10] 奥宫正洋ほか. (日) 轻金属[J], 1987, 37(4): 285.

[11] 大藏明光. 塑性と加工[J], 1988, 29(326): 248.

[12] 日本伸铜协会. 铜および铜合金の基础と工业技术[M]. 1988.

[13] 渥美哲郎ほか. 住友轻金属技报[J], 1994, 35(3~4): 42.

[14] 谢建新. 多素材押出し法による中空品の成形加工に关する研究[D]. 日本: 日本东北大学博士学位论文, 1991.

[15] 村上紅, 谢建新, 高桥裕男. 塑性と加工[J], 1990, 31(351), 495.

[16] 谢建新, 村上紅, 池田圭介, 山梨涉. 塑性と加工[J], 1995, 36(411): 396.

[17] 谢建新, 池田圭介, 村上紅. 轻合金加工技术[J], 1996, 24(7): 25.

[18] 日本塑性加工学会编. 引拔し加工—基础から先端技术まで—[M]. 东京: コロナ社, 1990.

[19] 村上紅, 谢建新, 池田圭介, 高桥裕男. 塑性と加工[J], 1993, 34(388): 538.

[20] 松下富春ほか. 日本金属学会会报[J], 1985, 35(4): 117.

[21] 山口喜弘, 野口昌孝, 松下富春, 西原正夫. 塑性と加工[J], 1974, 15(164): 723.

[22] 松下富春, 野口昌孝, 有村和男. 材料[J], 1988, 37(413): 107.

[23] Avitgur B. Handbook of Metal-forming Processes. New York: John Wiley & Sons, 1983.

[24] 清藤雅宏, 参木贞彦. 塑性と加工[J], 1980, 21(238): 942.

[25] 五弓勇雄. 金属塑性加工の进步[M]. 东京: コロナ社, 1978.

[26] 三宅保彦ほか. 日立评论[J], 1973, 55: 817.

[27] 斎藤义胜, 渡边捷充. (日文) 轻金属[J], 1985, 35(5): 297.

[28] 谢建新, 左铁镛, 陈中春, 池田圭介, 村上紅. 材料研究学报[J], 1995, 9(增刊): 652.

[29] 横田稔. 塑性と加工[J], 1988, 29(335): 1261.

[30] 清藤雅宏, 石上佑治, 塑性と加工[J], 1991, 32(370): 1327.

[31] Chikorra M S, Schomacker M, Kloppenborg T, et al. Simulation and Experimental Investigations of Composite Extrusion Processes[C]. In: 9th Inter Alu Extrusion Tech Seminar, Florida, USA, 2008, Ⅱ: 297~307.

[32] Theler J J, et al. Metall[J], 1967, 37: 223.

9 等温挤压

9.1 概述

正挤压具有许多优点，是挤压生产中应用最广泛的方法。正挤压时坯料与挤压筒内壁之间的摩擦功和模面附近变形区内的塑性变形功，大部分转化为热量。因此，对于大多数铝及铝合金挤压生产的情形，由于挤压筒和挤压模的温度与坯料的温度较为接近，当在较高的速度范围内挤压时，将导致挤压产品出模孔时的温度逐渐升高，致使产品尾部组织比头部的粗大，产品性能头尾不均匀。因此，在许多情况下不得不采用较低的挤压速度进行生产，以抑制产品后端温度的上升，这成为影响生产效率的关键因素。

而铜合金、钛合金、钢铁材料，由于工模具温度远低于坯料温度，挤压时的摩擦热和变形热导致的温度上升不足以抵消工模具（包括挤压筒、挤压模、垫片）对坯料和变形区的冷却作用导致的温度下降，因而挤压过程中产品流出模孔时的温度逐渐降低，导致产品头部组织比尾部的粗大，甚至尾部出现不完全再结晶组织。为了防止挤压过程中坯料温度的显著下降，往往需要采用高速或超高速进行挤压。虽然采用尽可能快的速度挤压有利于提高生产效率，但对设备的能力（吨位）要求增高，且对于塑性较差的合金，过快的挤压速度容易导致裂纹、粘结等缺陷的产生。

部分硬铝和高强铝合金因必须采用很低的挤压速度，也容易出现随着挤压过程的进行产品温度逐渐下降的现象。

挤压过程中变形区内温度变化，还会造成挤压模所受压力及模孔的变形量产生变化，从而导致挤压产品的断面形状与尺寸沿长度方向发生变化。

1990 年代以来，航天航空、交通运输领域的快速发展，促进了对高性能铝合金材料需求的不断增长。由于对产品质量均匀性、一致性的要求不断提高，以及企业对提高生产效率、降低生产成本越来越重视，近十多年来，铝合金等温挤压技术的研究、开发与应用越来越受到重视[1~5]。实现等温挤压，有利于精确控制挤压过程中模孔附近的温度变化，对于获得形状与尺寸精确、组织性能沿断面和长度方向均匀一致的产品，提高挤压成材率与生产效率，均具有十分重要的意义。

根据铝合金的种类和性能特点，开发应用等温挤压技术的效果，主要体现在两个方面：

一是对于可挤压性优良的铝合金，如 1000 系、3000 系、6000 系合金，由于可挤压速度范围宽，采用等温挤压不但可以确保产品流出模孔时温度基本保持恒定，改善和提高产品组织性能沿长度方向的均匀性，而且有利于采用更高的速度进行挤压，提高挤压生产效率（见图 9-8、图 9-30）；

二是对于可挤压性差的合金，如 2000 系合金、一部分 5000 系合金和大部分 7000 系合金（参见表 4-2），由于热塑性较差、应变速度敏感性高、热裂倾向性较强，只能在很低的挤压速度条件下生产，因而确保产品性能沿长度方向的均匀性，减少裂纹等缺陷的产生，是采用等温挤压的主要目的。此外，由于该类合金挤压温度低，金属变形抗力大，等温挤压有利于减小挤压负荷，实现大断面、长尺寸产品的生产；有利于保持模具在挤压过程中受力不变，提高产品形状与尺寸精度沿长度方向的均匀性。

等温挤压过程实质上是热流在挤压过程中保持平衡的过程。影响挤压过程中热流的主要因素包括合金种类、坯料尺寸和温度、挤压筒和挤压模温度、挤压比和挤压速度等，研究这些因素对挤压过程热平衡的影响规律，是实现等温挤压的重要基础。

9.2　挤压过程中的温度变化

如上所述，挤压过程中塑性变形功和摩擦功（正挤压时）的大部分转化为热，导致坯料的温度上升。另外，由于工模具的导热作用，挤压筒内坯料（含变形区）的温度有下降的趋势。挤压产品在出模口处的实际温度，取决于坯料加热温度、挤压筒加热温度、挤压比、挤压速度、合金的性质、摩擦与润滑条件、挤压模的预热温度与冷却条件等因素的综合作用效果。

确定挤压过程中模孔附近的温度变化，主要有实测法和理论预测法。

9.2.1　实测法

实测法主要有热电偶测温法与红外测温法两种。热电偶测温法的优点是可以测量非常靠近模孔定径带表面处的温度变化，并可对同一模孔的不同部位同时进行测量，测量精确度较高（误差在 0.5% ~ 1.5% 的范围内）；其缺点是响应速度比较慢，不适合于测量高速挤压时的温度变化，用于温度闭环控制的实时测温时，难以获得理想的控制效果。

红外测温可以获得较高的响应速度，但存在精确度较低（误差可达 3% ~ 5% 甚至更高），易受环境（水雾、热气、污垢等）的影响，测量过程中稳定性较差等缺点。此外，由于挤压设备与工模具结构的特点，红外测温法所能测量的位置受到较大的限制，一般只能测量距模孔出口处较远位置的产品表面温度。

图 9-1 所示为采用热电偶测量法的实测结果[6]。挤压条件为：挤压筒直径 190mm，正挤压，A6063 铝合金坯料温度 480℃，产品为断面 77mm×2mm 的带材。虚线和实线分别代表靠近模中心部位和最远离模中心部位的模孔定径带附近的温度随时间的变化。图中两个挤压循环分别代表不同的产品流出速度：图 9-1a 表示产品流出速度为 40m/min；图 9-1b 表示产品流出速度为 80m/min。由图可知，随着挤压过程的进行，挤压模的温度是逐渐上升的，最大升幅达 85～90℃；产品流出速度（挤压速度）越快，挤压模温度的上升速度越快，且挤压模所达最大温度越高。此外，在挤压的前期阶段，靠近模中心部位的温度较高；而在挤压后期，最远离模中心的模孔部位的温度较高。这是因为最远离模中心的模孔部位的剪切变形与模孔定径带上的摩擦较强烈的缘故。

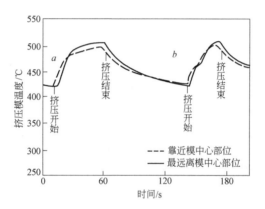

图 9-1　模孔定径带附近温度变化的实测结果[6]

（产品流出速度：a 为 40m/min；b 为 80m/min）

由于铝合金挤压过程中影响坯料和变形区温度变化的因素多，并非在所有情况下都如图 9-1 所示那样，产品温度（模孔附近温度）随挤压过程的进行不断升高。当坯料加热温度比挤压工模具温度高很多时，或挤压速度很慢时，随着挤压的进行，产品流出模孔温度可能是逐步降低的。

研究发现，在 800t 挤压机上采用表 9-1 所示条件挤压型材时的实测结果表明，在挤压开始行程大约 20mm 之内，出模孔处型材的温度显著上升，较坯料温度上升 75℃，之后型材的温度趋于平稳，而在挤压后期，型材温度逐步下降[7]，如图 9-2 所示。

表 9-1　800t 挤压机上挤压型材条件

合　金	坯料尺寸 /mm×mm	挤压筒尺寸 /mm	挤压比	挤压筒温度 /℃	挤压模温度 /℃	坯料温度 /℃	挤压速度 /mm·s^{-1}
6063	ϕ115×250	ϕ120	92	430	420	480	6

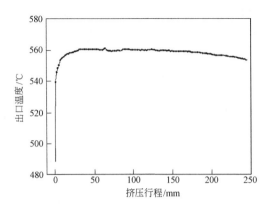

图 9-2　出模孔处型材温度的变化（挤压条件见表 9-1）[7]

　　出现上述结果的主要原因是，尽管挤压速度较快（产品流出速度达到 33m/min），但由于坯料与挤压筒和挤压模的温差达到 50～60℃，挤压初期由于变形热使模孔附近温度上升 75℃，造成模孔附近金属温度比挤压模温度高出 135℃，形成很高的温度差，使变形区附近继续挤压产生的热积累与经挤压模和挤压筒产生的热损失基本达到平衡，因而产品的温度不再继续上升而保持不变。由于坯料的长度较大，坯料与挤压筒之间的温差达到 50℃，坯料后段与挤压筒接触时间较长，温度有所下降，因而挤压后期型材的温度有所下降。

　　如前所述，影响挤压产品温度的因素很多，图 9-3 所示为产品流出模孔时的温度与流出速度的关系（实测值）[8]。随着流出速度的增加，产品的温度也明显上升。而当其他条件相同时，合金元素含量高的合金在挤压时的温升比

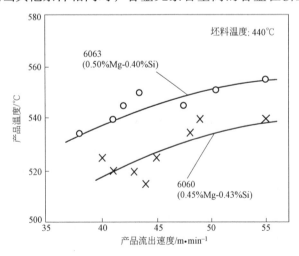

图 9-3　产品流出模孔时的温度与流出速度的关系[8]

合金元素含量低的合金的温升大。

9.2.2 理论预测法

9.2.2.1 解析式计算法

理论预测法又有解析式（理论、经验或半经验式）计算法与数值分析法两种。解析式计算法主要用来预测出模孔处产品的温度（或温升）[9~11]。式（9-1）为挤压过程中模孔附近温度上升值的理论模型之一[11]：

$$\Delta T = \frac{(Q + T_0 c\rho A_t l) V_t - \dfrac{KT_0 l}{2}}{c\rho A_t l V_f + \dfrac{Kl}{2}} \qquad (9\text{-}1)$$

式中，ΔT 为产品温度与挤压模初始温度之差，℃；A_f 为产品断面积，cm^2；l 为产品长度，cm；Q 为挤压模附近塑性变形区内产生的热量，J；K 为经由挤压筒和挤压模的热流系数，$J/(s \cdot ℃)$；T_0 为初始坯料温度加上剪切变形（挤压筒内壁）所产生的温升，再减去挤压模初始温度所得之值，℃；V_f 为产品流出速度，cm/s；c 为变形金属的比热容，$J/(g \cdot ℃)$；ρ 为变形金属的密度，g/cm^3。

式（9-1）在实际使用中仍存在较大的不便，因为 Q 和 T_0 的计算比较复杂。实际计算时，Q 可以通过计算塑性变形区的变形功，然后假定变形功的 85%～90% 转化为热量来求得；计算 T_0 的关键是要计算出坯料与挤压筒之间的摩擦所导致的温升。

图 9-4 所示为在表 9-2 条件下挤压铝合金时，采用式（9-1）所得模孔附近产品温度随挤压过程的进行而上升的预测结果[11]。由图可知，尽管 A2017

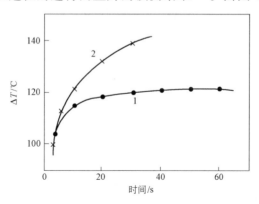

图 9-4 挤压过程中温升的预测结果（挤压条件见表 9-2）[11]

1—A6063；2—A2017

铝合金的挤压比和挤压速度均比 A6063 铝合金要小得多，但 A2017 铝合金在挤压过程中的温升要大得多。这主要是由如下几个因素所致：一是如前所述，强度高的合金挤压时要消耗更多的能量；二是高合金元素含量的合金一般导热性较差，变形区内的热量不易散失；三是坯料温度与挤压筒、挤压模的温度相差很小，形成近似的绝热挤压过程。

表 9-2　铝合金挤压条件

合　金	坯料尺寸 /mm × mm	坯料温度 /℃	挤压筒温度 /℃	挤压模温度 /℃	挤压比	产品流出速度 /m · min⁻¹
A6063	$\phi200 \times 600$	480	430	430	64	32
A2017	$\phi150 \times 400$	410	400	400	25	5

由上可知，要获得较为精确的理论解析结果，其计算是较为繁琐的。如忽略坯料通过挤压筒、挤压模、挤压垫传导所引起的热损失（当坯料的加热温度和挤压工模具的保温温度之差较小时，这一假定是基本合理的），则可采用下述近似方法计算产品流出模孔时的温升[9]。

可以认为，在忽略坯料通过工模具散热的假定条件下，挤压产品的温升主要由以下三部分组成：

第一部分，塑性变形功完全转换为热量：

$$\Delta T_1 = \frac{\sigma_k \ln\lambda}{\rho c} \tag{9-2}$$

式中，σ_k 为变形区内金属的平均流动应力（金属的变形抗力）；λ 为挤压比。

第二部分，挤压筒内壁与坯料表面之间的摩擦生热：

$$\Delta T_2 = \frac{\sigma_k}{4\rho c} \sqrt{\frac{V_f L_t}{\alpha_t \lambda}} \tag{9-3}$$

式中，L_t 为坯料与挤压筒内壁接触长度；α_t 为热扩散系数。

第三部分，模子定径带表面摩擦生热：

$$\Delta T_3 = \frac{\sigma_k}{4\rho c} \sqrt{\frac{V_f l_d}{\alpha_t}} \tag{9-4}$$

式中，l_d 为定径带长度。

挤压产品的温升为：

$$\Delta T = \Delta T_1 + \Delta T_2 + \Delta T_3 \tag{9-5}$$

图 9-5 所示为 5056 铝合金热挤压（坯料直径 70mm，挤压比 20）时，无润滑挤压和静液挤压条件下变形金属内部温度分布的解析计算结果[12]。由图可知，坯料与工模具之间的摩擦对模孔附近产品温度的上升具有明显影响。

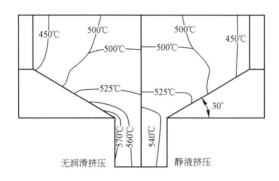

图 9-5 热挤压时变形金属内的温度分布[12]

采用理论解析式预测模孔出口处的产品温度变化，具有简便的优点。获得具有足够高精度的理论模型，对于温度-速度闭环控制等温挤压技术（见9.7节）的开发非常重要。但实际上要获得这种理论模型往往比较困难，而要建立可以预测变形金属内部的温度分布，并且具有较高精度的理论模型则更为困难。

9.2.2.2 数值分析法

采用差分法、有限元法进行数值分析，比较容易预测变形金属内部温度分布的情况，是较为广泛应用的方法[13,14]。图 9-6 为空心型材挤压时温度分布的 FEM 数值计算结果[14]。由图可知，由坯料后端沿挤压方向至分流模入口金属温度逐渐升高，形成 80℃ 以上的温度梯度。挤压筒内坯料后端温度较低

温度分布

$A = 395℃$
$B = 416℃$
$C = 437℃$
$D = 458℃$
$E = 478℃$
$F = 499℃$
$G = 520℃$

图 9-6 空心型材分流模挤压温度分布的 FEM 数值计算结果[14]

（挤压条件：A6005 合金，坯料温度 500℃；挤压筒直径 320mm，温度 440℃；模具温度 480℃；挤压轴速度 2mm/s；垫片的初始温度 30℃；挤压比 28.8，分流比 9.8）

（395℃），是由于计算过程中假定垫片的初始温度为 30℃，垫片对坯料后端产生了较大冷却作用所致。这种情况在垫片无预热、挤压生产循环数较少时是可能存在的。随着挤压循环数的增加，如不对垫片施加冷却，则垫片的温度逐渐升高，然后稳定在 200～300℃左右。显然，采用稳定生产、无冷却措施条件下的垫片温度进行计算，所得挤压筒和模具内的温度分布结果，与图 9-6 的情形存在较大差异。

图 9-6 的结果表明，如在每一个挤压操作前均对垫片进行冷却，则可简单地使挤压筒内的坯料产生较高的温度梯度，从而有利于抑制挤压产品的温度上升（参见 9.5 节）。

金属在分流桥处被分流进入分流孔时的温度约为 480℃，型材从模孔流出时的温度达到 520℃，即型材在焊合和从模孔挤出成形的过程中温升达到 40℃。

值得指出的是，数值模拟的预测准确程度往往取决于边界条件的正确选择，例如，以上所述的垫片初始温度的选择问题。此外，在目前的计算技术水平下，对于金属挤压变形一类的复杂问题，由于计算速度的原因，数值模拟尚难以用于工业在线控制。

以上实测结果或预测结果，都是以铝合金热挤压为例说明的，因而挤压过程中产品的温度是升高的。如 9.1 节所述，对于挤压铜及铜合金、钛及钛合金、钢铁材料的情形，往往由于坯料与挤压筒、挤压模之间的温差较大，挤压过程中挤压筒、挤压模等工模具对被挤压金属的冷却作用强，坯料、出模孔处产品的温度往往是下降的。

9.3　等温挤压的实现方法

要确保产品挤出模孔时的温度恒定，即确保产品温度沿长度方向均匀，事实上是非常困难的，这是由于挤压加工的下述特点所致：

（1）摩擦热和变形热是导致挤压变形区内温升的主要因素，而坯料与挤压筒内壁之间的摩擦和变形区内的金属流动均十分复杂，且随金属种类、挤压条件、产品断面形状、挤压过程而显著变化；

（2）工艺参数与边界条件属于典型的几何非线性和时变非线性问题，挤压筒内坯料和变形区内的温度变化也是非线性的；

（3）接触测温会在产品表面产生划痕，影响产品表面质量和美观，因而在实际生产中难以应用；

（4）由于挤压设备和模具结构特点，难以将非接触测温装置安装在模孔出口附近进行测量，一般只能安装在远离模孔出口 2～3m 的挤压机前机架出口处，因而很难准确获得出模孔处产品的表面温度。

因此，迄今为止，尚未开发出在实际生产中具有广泛适用性、可以实现严格意义上的保持产品温度恒定的等温挤压技术。较为实用的是各种近似等温挤压技术，即通过采取各种措施，尽量将产品挤出模孔时的温度变化控制在一定范围之内，将挤压产品的组织性能波动控制在可接受的范围之内，以满足使用时对产品组织性能均匀性的要求。

基于前述讨论，本章所论及的"等温挤压技术"，主要包括两个特点：一是所论及的合金材料主要为铝合金；二是所论及的技术不仅限于传统意义的等温挤压，也包括以显著改善挤压产品温度沿长度方向均匀性为目的的各种温度控制技术。

实现铝及铝合金等温挤压的方法有多种，其中主要的方法大致可以分为坯料梯温挤压法、工模具控温挤压法、工艺参数优化控制挤压法和速度控制挤压法等四类，如图9-7所示。

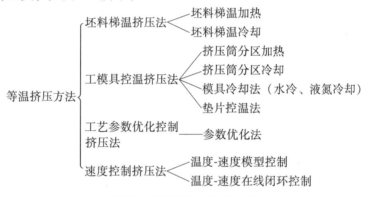

图9-7　等温挤压方法的分类

第一类方法是通过改变坯料沿长度方向的温度分布，补偿（抵消）因变形热和摩擦热导致的温度上升或因工模具的冷却作用导致的温度降低，称为坯料梯温挤压法。这类方法主要包括坯料梯温加热法和坯料梯温冷却法，具有方法简单、易于实现等优点，但存在调控范围较小、精度较低等缺点。

第二类是通过控制工模具温度，保证模孔附近变形区内金属以及产品流出模孔时温度基本不变，称为工模具控温挤压法。这类方法主要有挤压筒分区加热法、挤压筒分区冷却法、模具冷却法和垫片控温法，具有可控能力强、控制精度高等优点，但存在工模具结构复杂（垫片控温法除外）、控制难度大等缺点。

第三类方法是通过对影响挤压过程温度（热流）平衡的各个工艺参数进行综合优化，达到使产品流出模孔时的温度基本保持不变的目的，称为工艺参数优化控制挤压法。该方法的优点是可以在坯料均匀加热、挤压速度恒定的条件下实现等温挤压，工艺简单，但存在可实现等温挤压的参数匹配条件有限、不利于可挤压性好的合金获得尽可能高的挤压速度等缺点。

第四类方法是通过控制挤压速度使型材挤出模孔时温度基本保持不变的方法，称为速度控制挤压法。速度控制挤压法又分为两种：温度-速度模型控制法和温度-速度在线闭环控制法。

温度-速度模型控制法是建立挤压过程温度-速度模型，通过程控方法对速度进行控制，使挤压过程中产品流出模孔时的温度基本保持不变，可称为模拟等温挤压法。该方法的优点是控制方法简单，易于实现，可以获得高于第一类方法的控制精度；缺点是正确的模型建立难度大，难以应对挤压过程中工艺参数与边界条件的实际变化，需要大量的经验数据积累。

温度-速度在线闭环控制挤压法是通过检测产品在模孔出口处的温度变化，在线调节相关工艺参数，实现产品流出模孔时的温度保持不变。该类方法是理想的等温挤压方法，可以获得较为理想的控制效果，但实现难度较大，对技术与装备的要求较高。

9.4　坯料梯温挤压

坯料梯温挤压的基本原理是在坯料装入挤压筒之前，使坯料沿长度方向具有梯度温度分布的特点，以补偿（抵消）因变形和摩擦导致的温度上升（如大多数铝合金挤压的情形）或因工模具的冷却作用导致的温度降低（如铜合金、钢铁材料挤压的情形）。

大多数铝合金的可挤压性优良，可挤压速度范围宽，而实际生产中往往因为挤压过程中产品温度不断升高而限制了采用较高的挤压速度进行挤压。因此，大多数铝合金的等温挤压可采用前端温度高、后端温度低的坯料梯温控制技术。如图9-8所示，通过坯料梯温补偿措施，在控制挤压产品流出模孔

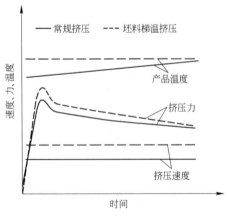

图 9-8　坯料梯温挤压效果示意图

时的温度保持一定的同时，有利于提高挤压速度，从而提高生产效率。

而对于某些可挤压性较差的合金，如果提高挤压速度受到限制，或者提高挤压速度的意义不突出，则前端高、后端低的坯料梯温控制有利于在挤压开始时采用较高的温度进行挤压，降低突破挤压力，从而有利于挤压较长的坯料。这一情形对于某些 2000 系、7000 系产品的挤压生产，具有重要的实际意义。

实现铝合金挤压坯料前端温度高、后端温度低的控温方法有两种：梯温加热法和梯温冷却法。

9.4.1 坯料梯温加热

梯温加热法是通过控制加热炉各区的温度，使坯料沿长度方向存在一个温度梯度，以抵消挤压过程中模孔附近温度的变化，近似实现等温挤压的方法。该方法尤其适合于采用感应加热的情形。坯料前端和尾端之间的加热温度差值，应根据理论计算并结合实际经验予以确定。

以铝及铝合金挤压为例，采用感应加热实现坯料内温度呈梯度分布的最简单方法如图 9-9a 所示[15]，首先将坯料均匀加热至某一适当的中间温度，然后使坯料从线圈中移出一定长度露出在空气中，继续进行加热，借助坯料内的热传导作用形成前端温度低、后端温度高的温度梯度。挤压时将温度较高的一端（加热时的坯料后端）作为坯料前端送入挤压筒。通过控制加热工艺，可使坯料两端温度差达到 100℃以上。另一种实现梯度加热的方法是，对于较长的坯料，对感应线圈进行分区控制，形成高、中、低三区，使坯料的前端区加热温度较高、后端区加热温度较低，如图 9-9b 所示。

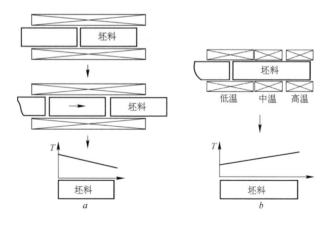

图 9-9 梯温加热方式示意图

坯料加热结束至送入挤压筒的间隙过程中，由于端面散热作用，沿长度方向的温度分布会由直线转变成 S 形曲线，如图 9-10 所示。因此，应对坯料出炉后至装入挤压筒开始挤压的过程进行适当的控制，防止坯料温度梯度的明显变化，影响挤压产品前端部分的质量。

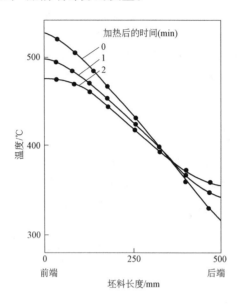

图9-10　加热结束后坯料长度方向温度分布曲线的变化

不同的坯料温度梯度分布曲线对应的产品出模孔时的温度分布曲线如图9-11所示。显然，两者之间的对应关系还取决于挤压速度等其他工艺参数。

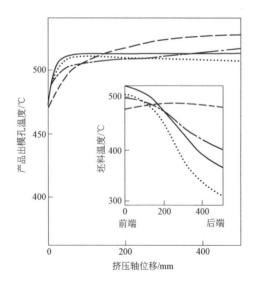

图9-11　坯料温度分布与产品出模孔时温度分布的对应关系

9.4.2 坯料梯温冷却

对于采用电阻炉、燃气炉对坯料进行加热的情形，通过加热控制直接获得具有温度梯度分布的坯料，存在较大难度。一种可行的方法是，对于经均匀加热的坯料，在装入挤压筒之前进行喷水控制冷却，在坯料长度方向上形成温度梯度[16~18]。实现喷水冷却的方式有两种，如图9-12所示。

一是采用单个环形喷嘴进行喷水，坯料在环形喷嘴内移动，通过控制坯料的移动速度和喷嘴流量，实现对坯料的梯温冷却[16]，如图9-12a所示。

二是采用由多个环形喷嘴组成的梯温冷却装置，通过控制各喷嘴的开启时间，实现对坯料的温度控制[17]，如图9-12b所示。针对不同坯料长度，可以通过调整喷嘴开启个数或调整喷嘴之间的距离来实现温度控制。

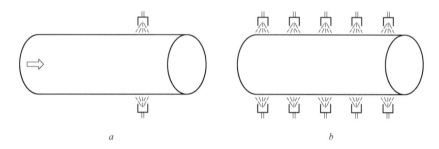

图9-12 喷水冷却方式

a—单喷嘴坯料移动；b—多喷嘴坯料固定

第一种方法的优点是冷却装置较为简单，但工艺控制的难度较大；第二种方法的冷却装置较前一种复杂，主要是增加了环形喷嘴的数量，但具有工艺控制较为容易、过程稳定性较好等优点。

图9-13是将作者等人开发的水冷装置[17]，应用于实际生产时所获得的坯料水冷效果，在直径120mm、长度500mm的坯料上，其头尾温度差达到60℃[18]。

坯料喷水冷却后，需要进行一定时间的空冷后再装入挤压筒，以使坯料径向温度均匀。如图9-14所示，喷水冷却（约7s）时，坯料靠近表面位置的温度急剧下降，随后空冷时逐渐回升；坯料中心部位（芯部）温度在喷水冷却初期基本不变，然后开始逐渐下降。主要是因为喷水冷却时，高温铝坯使水处于沸腾换热状态，带走表层大量热量，而芯部热量尚来不及向外扩散，因而表面温降大，而芯部温度开始时基本不变，然后才逐渐下降。当水冷结束后，空冷散热量较小，由于存在内外温度梯度，芯部热量逐渐由内向外传输，表面温度回升，直到内外温度趋于一致。

坯料梯温冷却的优点是，不需要特殊控温功能的感应加热炉，采用普通

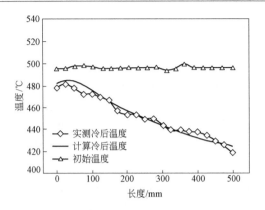

图 9-13　坯料梯温水冷效果[18]

(6063 合金，坯料 ϕ120mm × 500mm，加热温度 500℃；5 个喷嘴均匀布置，喷水
流量 40L/min；喷水时间：1 ~ 5 号喷嘴分别为 0、2.86s、4.27s、5.88s、7.08s)

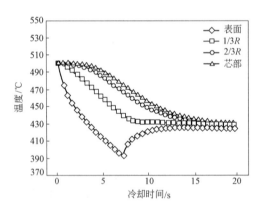

图 9-14　距后端面约 50mm（5 号喷嘴）处坯料径向各部位温度
在喷水及随后空冷过程中随时间的变化（参见图 9-13）[18]

的电阻炉、燃气炉即可，有利于大幅度降低坯料加热成本（因电阻炉和燃气
炉的造价和运行成本远低于感应炉）；梯度水冷所需时间短，一般可在几秒至
十几秒的时间内完成，与感应法梯温加热相比，容易获得较高的温度梯度；
利用坯料水冷降温快的特点，还有可能将坯料均匀化后直接送至水冷装置，
冷却至所需梯温后进行挤压，从而简化工艺，节约挤压前再加热的能耗。

　　坯料梯温挤压（包括梯温加热和梯温冷却两种方式）是一种方法简便、
效果明显的等温挤压工艺，但该方法也存在一定的不足：在挤压前赋予坯料
沿长度方向温度梯度，增加了工艺的复杂性和控制难度；由于梯温加热或梯
温水冷后金属坯料内部传热和端部辐射冷却的结果，导致沿坯料轴向温度分

布的变化、坯料头尾温差大小存在限界。

9.5 工模具控温挤压

挤压时金属坯料处于由挤压筒、挤压模、挤压垫等工模具组成的近似密闭空间之内，金属通过与工模具接触表面的热传导吸收或散发热量。因此，可以采用均匀加热的金属坯料进行挤压，在挤压过程中对工模具进行加热或冷却，通过工模具的温度控制金属坯料的温度，确保金属流出模孔时的温度基本均匀。本书将这类等温挤压称为工模具控温挤压。

工模具控温挤压可以分为三种基本方式：挤压筒控温、挤压模控温和挤压垫片控温。

9.5.1 挤压筒控温挤压

9.5.1.1 挤压筒温度分布特点

由于挤压筒的结构和工作特点，挤压筒内的温度沿轴向分布不均匀性突出，主要表现在以下几个方面：

（1）预热或空载状态下，挤压筒两端外露直接与空气接触，散热大，而中间段不易散热，导致两端温度比中间段低 50 ~ 100℃；

（2）挤压过程中，挤压筒前端面的大部分与挤压模、模架或模座紧密接触，而后端面完全暴露在空气中，两端面的热传导条件完全不同，导致温度不均匀，这一特点在挤压速度较慢时更加突出；

（3）由于坯料长度小于挤压筒长度，坯料温度通常高于挤压筒温度，因此在挤压过程中，挤压筒前端始终处于摩擦发热和坯料传热导致的升温作用之下，而后端则基本上处于空载状态，导致前、后端温度差异较大。

在采用普通挤压筒进行铝合金挤压时，典型的沿挤压筒长度方向温度分布曲线如图 9-15 中的实线所示[19]。挤压筒中非均匀的温度分布容易带来以下

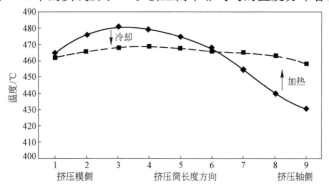

图 9-15 挤压筒温度分布（实线和虚线分别代表无和有分区加热/冷却控制）[19]

三个方面的不利影响：

（1）使挤压筒产生局部过热，改变挤压筒的过盈装配效果和强度条件，导致挤压筒开裂；

（2）挤压筒各部位产生非均匀膨胀，导致挤压筒内孔的不均匀磨损；

（3）直接影响挤压产品温度沿长度方向的均匀性。

9.5.1.2　分区加热和快速冷却

为了解决挤压筒工作过程中温度分布不均匀问题，1990年代后期以来，可控温挤压筒的研究开发受到欧美和日本等国家的重视。对挤压筒进行温度控制有两种方式：分区加热和快速冷却。

A　分区加热

一般将挤压筒沿长度方向（轴向）分成两区或三区进行独立加热，通过分别控制各区的加热功率和时间，获得沿轴向基本均匀的温度分布。

分区加热有利于保证坯料在挤压过程中的温度稳定，这对于可挤压性差、挤压变形抗力大的合金的挤压非常重要。同时，通过分区加热确保挤压筒长度方向温度均匀，对于降低挤压筒内的附加热应力、提高挤压筒的使用寿命也很重要。

B　快速冷却

由于挤压筒的体积相对于挤压坯料要大得多，因而其热惯性很大，仅依靠分区加热实现对挤压过程中温度变化的快速、精确控制难度很大。为了解决这一难题，对装备了温度分区控制系统的挤压筒，可设置具有空气快速冷却功能的控冷系统，通过分区加热和快速冷却的联合应用，实现对挤压筒温度的有效控制。

如图9-15中的虚线所示，通过对实线所示的高温段进行冷却和低温段进行加热控制，获得沿长度方向较为均匀的温度分布，其温度波动范围仅为±5℃。

C　分区加热和快速冷却技术的应用

图9-16所示为分区加热（内热式）和冷却控制的三层套挤压筒。内热式加热元件设置在外层套内，空气冷却槽设置在内层套外表面上[19]。采用这种结构的挤压筒，可以控制挤压过程中坯料温度的变化，实现等温挤压。

Herder等人报道了一种在65MN挤压机上使用的6区加热和2区冷却挤压筒[20]。加热设在外层套内，由轴向3段、圆周方向2区组成，采用电阻加热方式；冷却设在内层套外表面上，由轴向2段组成，采用空气冷却方式。通过分区加热和冷却控制，可以获得较为理想的温度控制结果。

对于圆形内孔的挤压筒，由于挤压筒结构和所使用的圆形坯料的对称性，分区加热/冷却控制方式通常采用沿挤压筒长度方向分2~3区进行加热或冷

图 9-16 分区加热/冷却挤压筒照片[19]

却[21]。然而，对于扁挤压筒的情形，由于内孔为扁平形，内层套厚度存在严重不均匀，无论是将加热元件布置在中层套还是外层套中，均难以获得均匀的周向温度分布。为解决这一问题，韩国某厂对在 80MN 挤压机上使用的内孔为 270mm×600mm 扁挤压筒，采用 8 区加热控制方式，即沿长度方向分前后 2 段进行控制，每一段沿圆周方向，分上下左右 4 区进行控制[22]，如图 9-17 所示。

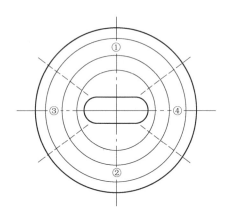

图 9-17 扁挤压筒 8 区控制加热示意图（轴向前后 2 段，每段上下左右 4 区）

9.5.2 挤压模控温挤压

挤压产品通过模孔挤出，以获得所需的断面形状和尺寸，因而从理论上讲，通过调节挤压模的温度来控制挤压产品的温度，是控制响应速度最快，精度和可靠性最高的方法。

实用的挤压模控温挤压方法有两种，即水冷模挤压和液氮冷却模挤压。

9.5.2.1　水冷模挤压

水冷模是一种特殊结构的模具，对于实现软铝合金的快速挤压和提高硬铝合金的挤压速度，进而提高挤压生产效率是一种行之有效且较为简便的方法。其原理是在挤压过程中通水冷却模具，降低变形区温度，以减少硬铝合金挤压时易出现的表面裂纹，提高挤压速度。

水冷模有不同的结构形式，如图 9-18 所示[23]。图 9-18a 为循环式水冷模，在模子工作带周围设计一个冷却水道，通过循环水来冷却模子。若环状冷却孔距模子端面过远，则冷却效果不好，过近时，则模子强度不够，因而这种结构的水冷模未能获得广泛的应用。图 9-18b 为非循环式水冷模，它是从模子出口方向喷水直接冷却工作带的出口区，以达到冷却变形区的目的。但由于水流难以控制，在不需要通水时，虽然关闭水源，因水管内尚留存有一部分水，继续有少量水从模子喷水口流出，以致模具因冷却不均而产生裂纹，故这种结构也未获得广泛应用。

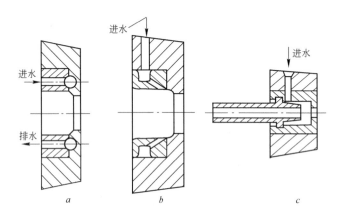

图 9-18　水冷模结构形式

a—循环式；b—非循环式；c—水封式

为了解决上述问题，利用水封挤压的水封头入口处有一负压区的特点，设计了水封式水冷模，见图 9-18c，其工作原理如图 9-19 所示。这种挤压模的结构特点是将水冷模设计成环状喷水，逆挤压方向喷到模子工作带的出口处，形成一个冷却区，以达到降低变形区温度的目的。挤压时随着产品向前移动，喷出的水通过导水管进入水封头的负压区继而被吸入水封槽沟。由于水封头处负压区的作用，在挤压完毕清除残料等辅助工序过程中，水不会滴到模具表面，因而解决了模具因冷却不均而产生裂纹的问题。

通入水冷模模孔的冷却水由电磁阀自动控制，其程序是：被挤压的金属

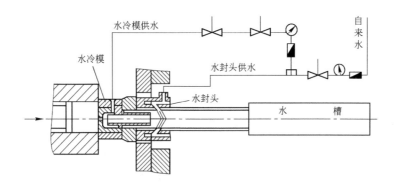

图 9-19　水封式水冷模挤压的工作原理图

开始流出模孔时，打开电磁阀供水，挤压工序接近完毕时，停止供水。若发现模具温度显著降低，发生闷车等现象时，可以用手动阀门关闭水流，待挤压恢复正常时，再开始供水。采用水封式水冷模挤压，其冷却效果很好，如在 16MN 油压机上用 $\phi170mm$ 的挤压筒挤压 2A12 合金 $\phi40mm$ 棒材时，当坯料加热温度为 400～450℃，冷却水压为 0.3～0.4MPa 时，棒材的挤出速度 V_f 可从一般挤压的 0.5～2m/min 提高到 3.9～4m/min，表面不会产生裂纹，从而使生产效率提高一倍以上。

9.5.2.2　液氮冷却模挤压[24~28]

图 9-20 所示为液氮冷却模挤压的基本原理。液氮冷却模挤压的实现根据需要而采用不同的方法。对于实心型材挤压，通常采用图 9-20 所示的方法，液氮流经模支承对挤压模的背面和挤出产品进行冷却。空心型材挤压时则分两种情形：当产品内表面质量问题不大，或对其要求不高时，则和实心型材挤压一样，只对产品的外表面进行冷却；而对产品的内表面质量也要求较高时，则还通过分流模的分流桥注入液氮，对产品的内表面也进行冷却。

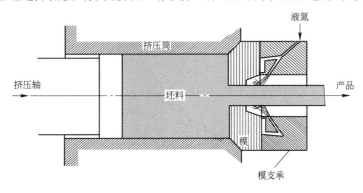

图 9-20　液氮冷却模挤压的基本原理

铝合金，尤其是硬铝合金的挤压速度往往因为变形发热导致产品表面产生裂纹（热脆）而受到限制。采用液氮冷却模挤压，由于挤压模得到较强的冷却，变形区内热量的逸散容易，有利于抑制产品的温度上升。研究表明，对于容易产生粗大再结晶组织的合金，采用液氮冷却模进行挤压，可以显著抑制粗大再结晶组织的产生[27]；对于 2000 系、5000 系、7000 系铝合金，采用液氮冷却模挤压，产品的极限流出速度可以提高 50% ~ 80%[28]。

对于薄壁型材而言，表面粗晶层尤其有害。这不仅是因为其壁厚很薄，而且还因为薄壁型材在挤压后往往要进行深加工、焊接或表面着色处理。型材表层附近的组织状态对这些加工或处理后的产品质量具有重大影响。大量的研究结果表明，粗晶层是在产品流出模孔后的再结晶过程或挤压后的热处理过程中形成的，因此，通过对模具的冷却抑制产品表面温度的上升，对挤出模孔后的产品进行急冷，缩短其处于高温（过热）状态的时间，是防止或减少粗晶层产生的有效手段。田中数则[28] 对在无冷却和液氮冷却条件下挤压的 7N01 铝合金"日"字形型材（底宽 35mm、高 65mm、壁厚 3mm）经 T5 处理后，焊缝附近表面粗晶环层的形成情况与型材流出速度的关系进行了实验研究，所得结果如图 9-21 所示。无冷却挤压条件下，型材流出速度为 8.3m/min 时即已在表层产生了明显的粗晶层。粗晶层的厚度随着型材的挤出速度 V_f 的上升而急剧增加，特别是型材的尾部尤为显著。而在液氮冷却条件下，型材的挤出速度增加到 17.3m/min 时几乎也不产生粗晶层。

采用液氮冷却挤压可以提高产品的表面质量是因为如下两个方面的效果：

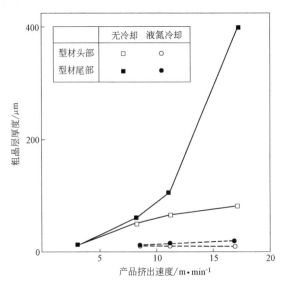

图 9-21　无冷却和液氮冷却挤压对粗晶层厚度的影响[28]

一是对挤压模的冷却有利于提高模子定径带的耐磨性，特别是有利于保持挤压硬铝合金的挤压模耐磨镀层的稳定性；二是快速冷却以及液氮气化后在模孔出口附近形成的保护性气氛，可以防止产品表面在高温下氧化。

对于多孔模挤压施行液氮冷却时，容易产生由于不均匀冷却而导致各模孔产品流出不均匀现象。液氮在模支承上的流动分配方式（流动路径）是影响冷却均匀性的非常重要的因素。如图 9-22 所示，注入模支承的液氮可以采用两种流动分配方式：一是图 9-22a 所示的外周分配方式；二是图 9-22b 所示的中心分配方式。显然，从模具加工的角度考虑，采用图 9-22a 的结构较为有利，但存在靠近液氮注入孔附近的模孔冷却过强，而远离注入孔的模孔冷却不足的缺点；相反，图 9-22b 的结构加工较困难，但有利于提高冷却均匀性。

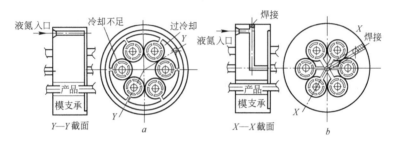

图 9-22　多孔模的两种液氮冷却方式[28]

a—外周分配式；b—中央分配式

表 9-3 是国内某企业采用液氮冷却模挤压时，模具温度、挤出速度、型材出模孔时的温度和型材表面质量的变化情况[29]。由表可知，采用液氮冷却模具技术，挤压生产效率、产品质量均明显提高。与模具无冷却的情形相比，模具温度下降 60~80℃，型材出模孔时的温度下降 12~25℃，型材的挤出速度提高 18%~40%；模具液氮冷却使型材的表面质量显著提高，均达到光亮状态。

表 9-3　液氮冷却模挤压效果[29]

合　金	模　具	模具温度/℃		挤出速度/m·min⁻¹		型材温度/℃		型材表面质量	
		无氮冷	氮冷	无氮冷	氮冷	无氮冷	氮冷	无氮冷	氮冷
6063	平　模	480	405	16	22	535	512	一般	光亮
6063	平　模	473	400	17	22	540	518	一般	光亮
6063	分流模	476	398	15	21	538	521	一般	光亮
6063	分流模	482	401	15	20	547	524	一般	光亮
6061	平　模	471	408	12	16	543	521	一般	光亮
6061	分流模	478	404	11	15	537	525	一般	光亮
6082	平　模	469	399	5.5	6.5	544	523	暗淡	光亮
6082	分流模	477	394	4.5	6	550	525	暗淡	光亮

9.5.3　垫片控温挤压

在挤压过程中，挤压垫片自始至终与坯料后端面接触，而在一般情况下，由于挤压生产间隙性工作、垫片循环交替使用、垫片在使用过程中与挤压轴接触等特点，垫片的温度低于金属坯料的温度，导致坯料后端温度的下降。

垫片对坯料后端部的冷却作用对于抑制或减轻挤压后期缩尾现象具有积极的作用，特别是棒材挤压时，坯料后端部温度降低，金属变形抗力增加，挤压后期金属沿径向流动难度增加，因而有利于抑制或减轻中心缩尾、环形缩尾等缺陷的产生。

另处，垫片冷却作用引起的坯料后端部温度下降将导致挤压筒内坯料温度分布的变化，进而影响挤压产品温度沿长度方向的均匀性。垫片对挤压产品温度的影响，因挤压速度、挤压过程中坯料整体热平衡情况的不同，主要有以下三种类型：

（1）基本无影响。在合金的可挤压性较好、坯料长度较短、挤压速度较快，且坯料温度与挤压筒温度之间存在合适差值的条件下，挤压过程中挤压筒内坯料整体温度基本保持不变，垫片的冷却作用只使坯料后端较小范围产生了温度下降。而实际生产中坯料并非全部被挤出模孔，需要留取一定厚度的压余（一般为挤压筒直径的 10% ~ 30%），因而垫片的冷却作用对挤压产品温度基本无影响，或影响很小。

（2）有利影响。在某些挤压条件下，即挤压筒内坯料的温度随挤压的进行逐渐升高的情形下，垫片的冷却作用有利于抵消坯料的温升，获得沿长度方向温度较为均匀的产品。在这种情形下，可以考虑采用 2 块或 3 块垫片顺序交替使用，使垫片在使用间隙中产生较大的温降，增大对坯料后端部的冷却作用。在其他工艺参数一定的情况下，通过控制垫片温度，即有可能实现等温挤压。

（3）不利影响。在另外一些挤压条件下，例如 2000 系铝合金、7000 系难挤压铝合金的挤压时，由于合金的可挤压性差，挤压速度很低，一支坯料的挤压时间长，挤压过程中坯料经垫片的散热作用明显，导致坯料后端较大长度范围内温度下降幅度大，产品挤出模孔时的温度逐渐下降，致使产品的组织性能沿长度方向不均匀。在这种情况下，综合控制包括垫片温度在内的工艺参数十分重要，详细见 9.6 节的讨论。

图 9-23 所示为不同挤压条件下，垫片温度对挤压过程中出模孔处产品温度变化影响的计算结果。其中，热流平衡计算法参见 9.6.2.2 节（图9-25）[30]。计算时假定坯料经垫片散失的热量与垫片经挤压轴散失的热量相等，即垫片本身的温度在挤压过程中无变化。由图可知，当坯料温度 $T_0 = 415℃$、挤压筒温度

$T_c = 403℃$、挤压速度 $V_j = 1.32mm/s$ 等条件一定时，垫片的温度对出模孔处产品温度有明显影响。当垫片温度较低时，由于垫片对坯料的冷却作用增加，导致挤压过程中坯料温度逐渐下降，因而产品的温度随挤压的进行而降低。当垫片的温度为 $T_d = 395℃$ 时，出模孔处产品温度基本保持不变。

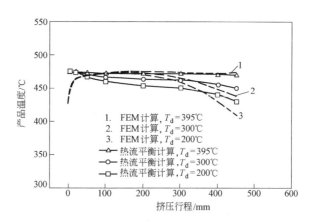

图 9-23　垫片温度对挤压产品温度变化的影响

（7050 合金，坯料 $\phi300mm \times 500mm$，挤压棒材 $\phi80mm$，定径带长度 8mm，挤压比 14，平模）

图 9-23 的结果表明，在其他挤压条件给定的情况下，通过合理控制垫片温度，也可以实现等温挤压。

9.6　工艺参数优化控制等温挤压

9.6.1　难加工铝合金等温挤压特点

坯料梯温挤压（参见 9.4 节）和速度控制等温挤压（参见 9.7 节）两种方法主要用于可挤压性优良的铝及铝合金，如 1000 系、3000 系、6000 系合金。由于可挤压速度范围宽，采用等温挤压既可实现产品流出模孔时温度基本保持恒定，改善和提高产品组织性能沿长度方向的均匀性，又可采用比常规挤压法较高的速度进行挤压，从而提高挤压生产效率。这两种方法的共同缺点是，对于工艺控制和装备的要求高，需要增加专用加热、冷却或在线测控设备。

对于可挤压性较差的铝合金，如 2000 系合金、一部分 5000 系合金和大部分 7000 系合金，由于热塑性较差、热传导系数低、热裂倾向性较强等特点，只能在较低甚至很低的挤压速度条件下生产。当坯料和挤压筒加热温度不合理时，容易出现挤压筒内坯料因摩擦和变形导致的温升小于因工模具传导散热导致的温度下降的现象，从而导致挤压产品头部温度高而尾部温度低。

因此，对于该类合金，现有的梯温坯料等温挤压和速度控制等温挤压两种技术均难以达到有效改善产品沿长度方向组织性能均匀性的目的，需要采取其他控制措施来实现等温挤压。

实际上，对于可挤压性较差的铝合金，采用等温挤压的主要目的是为了获得沿长度方向组织性能均匀的产品，满足交通运输、航天航空等领域对高性能挤压铝合金材料组织性能均匀性的严格要求。此外，该类合金在通常挤压条件下的流动变形抗力大，在保证挤压产品流出模孔时的温度不超过最高许可温度，并在实现等温挤压的条件下，采用尽可能高的坯料加热温度，对于减小挤压负荷，降低生产能耗，或者通过降低所需挤压力，以便在相同吨位能力的设备上可以采用更大尺寸坯料或更大挤压比，生产更长尺寸的产品，均具有重要的实际意义。

9.6.2　工艺参数优化控制法

工艺参数优化控制法的基本思路是，通过坯料温度、挤压筒等工模具温度、挤压速度等工艺参数之间的合理匹配，使挤压产品流出模孔时的温度基本保持一定，即实现等温挤压。工艺参数优化控制等温挤压法的优点包括以下几个方面：

（1）方法简单易行，无需对现有挤压生产设备进行改造或增加任何辅助设备；

（2）可在获得挤压产品温度保持不变的条件下实现等速、恒压挤压，即挤压速度和模面上的压力在挤压过程中保持不变，有利于提高挤压产品断面形状和尺寸沿长度方向的稳定性；

（3）通过合理匹配挤压速度和坯料加热温度，可减小挤压负荷，降低生产能耗，或者在相同吨位能力的设备上采用更大尺寸的坯料和更大的挤压比，生产更长尺寸的产品。

建立工艺参数合理匹配关系的方法，主要有数值分析法和热流（温度）平衡分析法。

9.6.2.1　有限元数值分析法

高桥昌也、米山猛等人提出[5,13]，在挤压筒温度与垫片温度相同且均保持一定、挤压模温度与坯料温度相等等假定条件下，等温挤压时坯料加热温度 T_0、挤压筒温度 T_c、挤压轴速度 V_j 三者之间满足如下关系：

$$T_0 = \alpha V_j^{\beta} + T_c \tag{9-6}$$

式中，α、β 是与坯料温度、挤压速度、挤压筒的热传导系数相关的参数。由式（9-6）无法直接求解确定 T_0、T_c 和 V_j，需要通过实验试错或 FEM 分析建

立 T_0-V_j 等关系曲线，然后在选定三个参数之中的一个的前提下，确定另外两个参数。

与实验试错法相比，FEM 分析法具有简单易行、节省人力物力等优点，但对于大型复杂断面型材挤压，有限元分析仍具有计算量大、时间长等不足。此外，采用式（9-6）进行 T_0、T_c 和 V_j 参数设计，不能保证型材挤出温度低于其最高允许温度。

图 9-24a 所示为 6063 合金棒材挤压时，图中给定条件下挤压速度对挤压过程中模孔出口处温度变化的影响，图 9-24b 为等温挤压条件（以模孔处温升 $\Delta T_1 = 0$ 作为标准）下坯料温度与挤压速度的关系，其中假设挤压筒温度和垫片温度为 720K（447℃）保持不变，挤压模温度始终与坯料温度相等。

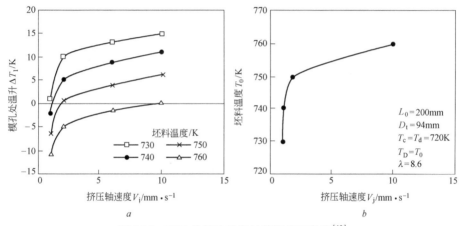

图 9-24　FEM 分析法确定的等温挤压条件[13]

由图 9-24b 可知，当坯料温度 T_0 从 760K（487℃）下降到 750K（477℃），即坯料与挤压筒温度（$T_c = 720K$）之差从 40℃下降到 30℃时，等温挤压的挤压轴速度 V_j 从 10mm/s 迅速下降到 1.8mm/s，下降了 82%；而坯料温度 T_0 从 750K 下降到 740K，等温挤压的挤压轴速度 V_j 进一步从 1.8mm/s下降到 1.2mm/s，下降幅度为 33%。这些结果一方面反映了挤压筒与坯料温差对挤压轴速度影响显著，另一方面，也与计算模型的建立，尤其是有关近似处理（假定条件）有关。

需要指出的是，对于图 9-24 所给出的结果，应理解为一种研究示例。因为一方面该案例是以模孔处有无温升作为等温挤压的评价标准，而实际生产中等温挤压以型材的（最高）允许温度作为控制目标，以出模孔处型材温度保持一定作为评价标准；另一方面，6063 合金可挤压性优良，在 $V_j = 1 \sim 10$mm/s 的范围内进行等温挤压，生产效率低，是实际生产中不可能采用的。

通过数值分析建立可实现等温挤压的工艺参数匹配关系的方法，实质上是一种虚拟挤压试错法，即对系列工艺参数组合进行大量计算，找出可使挤压产品温度基本保持不变的工艺参数匹配关系，虽然方法可行，效果明显优于实验试错法，但也存在计算工作量大、时间长、效率较低等问题。

9.6.2.2　热流（温度）平衡分析法

作者等人根据挤压过程中的金属流动、温度和热流平衡特点，提出了一种适合于挤压速度较低、难加工铝合金等温挤压工艺参数的设计方法，称为热流（温度）平衡分析方法[30]。

该方法的基本原理是，建立两种平衡关系，进行理论分析，以确定合理的挤压速度 V_j 和挤压筒加热温度 T_c。

第一种平衡关系为温度平衡。根据合金的种类、成分组织和可挤压性等特点，参考实际生产经验，选取挤压产品的最高允许温度 T_1 和坯料的合理加热温度 T_0，然后根据温度平衡关系，确定合理的挤压速度 V_j。

第二种平衡关系为热流平衡。通过建立挤压筒与坯料之间的摩擦发热、经由挤压筒和垫片散热等的热流平衡关系，确定挤压筒的合理加热温度 T_c。

如图 9-25 所示，铝合金挤压时，坯料加热温度为 T_0，挤压速度（挤压轴移动速度）为 V_j，挤压比为 λ，则产品流出速度 $V_f = \lambda V_j$。

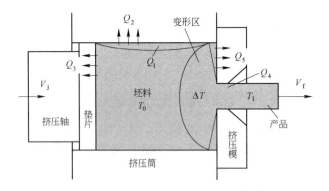

图 9-25　金属挤压温度和热流平衡示意图

根据挤压金属流动特点，可以认为：

$$T_1 = T_0 + \Delta T \tag{9-7}$$

即认为产品温度 T_1 是坯料进入变形区（模孔附近的扇形区）时的温度 T_0 与变形区内变形热导致的温升 ΔT 之和。

2000 系、7000 系等铝合金挤压生产时，产品的最高允许温度 T_1 须低于铝合金共晶化合物的熔点。例如，对于 2000 系合金，T_1 一般小于 502℃；对于 7000 系难加工合金，T_1 一般小于 477℃。根据生产经验，2000 系合金的加

热温度 T_0 一般为 370～480℃，7000 系难加工合金的加热温度一般为 400～450℃。

式（9-7）中 ΔT 按下式计算：

$$\Delta T = \frac{\sigma_k \ln\lambda}{\rho c} \tag{9-8}$$

式中，σ_k 为变形区内金属的平均变形抗力，与 T_0、λ 和 V_j 相关；ρ 为金属的密度；c 为金属的比热容。

根据式（9-8）可以确定 σ_k 的大小。另外，σ_k 与挤压温度下金属静态拉伸时的屈服应力 σ_s 的关系可表示为[31]：

$$\sigma_k = C_v \sigma_s \tag{9-9}$$

式中，C_v 为与挤压温度 T_0、挤压平均应变速度 $\dot\varepsilon$ 有关的经验系数，而 $\dot\varepsilon$ 与 λ 和 V_j 相关。在 σ_k 和 σ_s 已知的情况下，C_v 可由式（9-9）求出，因而可利用 C_v 来逆向求解 $\dot\varepsilon$，进而确定 V_j。

V_j 可根据式（3-55）～式（3-60）计算如下：

$$V_j = \frac{(1 - \cos\alpha)(D_t^3 - d^3)}{3\sin^3\alpha D_t^2 \ln\lambda} \cdot \dot\varepsilon \tag{9-10}$$

式中，α 为挤压模模角；D_t 为挤压筒直径；d 为模孔直径。$\dot\varepsilon$ 可由 C_v 与 T_0 和 $\dot\varepsilon$ 的关系曲线（见图 3-11）确定。

按式（9-10）计算得到 V_j 后，还应参考表 4-2 给出的经验数据进行评估：若计算所得 V_j 的数值太小，影响挤压生产效率，或者 V_j 过大导致产品流出速度 V_f 超出上限，则应适当调整 T_0 的大小重复上述计算：即当 V_j 的数值太小时，适当减小 T_0；反之当 V_j 的数值太大时，适当增大 T_0，直至得到合适的 V_j 和 T_0 数值。

由式（9-7）和式（9-8）可知，挤压过程中只要 T_0、V_j 一定，则 ΔT 一定，T_1 保持不变。V_j 可以通过等速挤压保持一定。为了保持挤压筒内坯料温度 T_0 一定，只需满足下式的条件即可：

$$Q_1 = Q_2 + Q_3 \tag{9-11}$$

式中，Q_1 为挤压过程中坯料表面与挤压筒内表面之间的摩擦所产生的热量，与坯料温度和挤压速度有关，按下式计算：

$$Q_1 = \int_0^s \tau \pi D_t x \mathrm{d}x = \tau \pi D_t \frac{S^2}{2} \tag{9-12}$$

式中，τ 为坯料表面与挤压筒内表面之间的剪切应力，$\tau = m \cdot \sigma_k / \sqrt{3}$（$m$ 为坯料

与挤压筒内壁的摩擦因子，无润滑热挤压时可取 $m = 1.0$）；S 为挤压行程。

Q_2 为坯料经挤压筒内表面散失的热量，与坯料温度、挤压速度、挤压筒的材质和温度等有关，按下式计算：

$$Q_2 = \int_0^S \kappa(T_0 - T_c)\pi D_t \frac{x}{V_j} \mathrm{d}x = \frac{\kappa(T_0 - T_c)\pi D_t}{V_j} \times \frac{S^2}{2} \tag{9-13}$$

式中，κ 为坯料与工模具之间的传热系数；T_c 为挤压筒温度。

Q_3 为坯料经垫片散失的热量，与坯料温度、挤压速度、垫片的材质和温度有关，按下式计算：

$$Q_3 = \kappa(T_0 - T_d)\frac{\pi D_t^2}{4} \times \frac{S}{V_j} \tag{9-14}$$

式中，T_d 为垫片温度。

由式(9-11)~式(9-14)即可确定挤压筒的温度 T_c。

此外，实际挤压过程中，产品流出模孔时与定径带表面之间因摩擦产生热量 Q_4，变形区（死区）经模面散失热量 Q_5，如近似认为：

$$Q_4 = Q_5 \tag{9-15}$$

则只要式（9-11）成立，由式（9-7）可知 T_1 保持一定。

按照上述方法确定几种挤压实例的工艺参数的设计结果如表 9-4 所示。采用表 9-4 工艺参数进行模拟挤压，挤压过程中产品温度和模面压力的变化情况（有限元计算结果）如图 9-26 ~ 图 9-28 所示，其中，L 型材断面尺寸如图 9-29 所示。

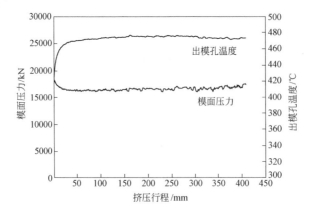

图 9-26　7050 铝合金棒材挤压过程中产品温度和模面压力的变化

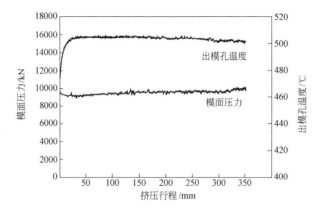

图 9-27　2024 铝合金棒材挤压过程中产品温度和模面压力的变化

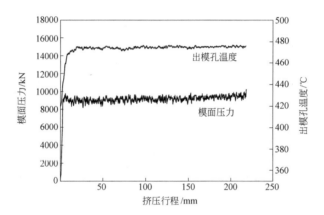

图 9-28　7050 铝合金 L 型材挤压过程中产品温度和模面压力的变化

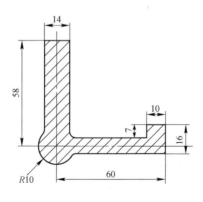

图 9-29　L 型材断面尺寸

表 9-4　铝合金挤压工艺参数设计实例

合金	挤压筒 /mm	坯料（直径×长度） /mm×mm	产品 /mm	挤压比 λ	T_0 /℃	T_1 /℃	T_d /℃	T_c /℃	V_j /mm·s⁻¹
7050	φ300	292×500	φ80	14	415	475	395	403	1.32
2024	φ240	235×400	φ60	16	460	500	440	445	1.18
7050	φ190	185×250	L①	18.7	420	475	400	402	0.75

① L 型材断面尺寸见图 9-29。

由图 9-26 可知，7050 合金棒材在稳态挤压阶段出模孔时的温度稳定在 472～476℃范围内，与设定的棒材最高允许温度 475℃非常接近；模面上所受压力在稳态挤压过程中基本保持在 16500kN 左右。由图 9-27 可知，2024 合金棒材在稳态挤压阶段出模孔时的温度稳定在 501～505℃范围内，与设定的棒材最高允许温度 500℃非常接近；模面上所受压力在稳态挤压过程中基本保持在 9500kN 左右。由图 9-28 可知，7050 合金 L 型材在稳态挤压阶段出模孔时的温度稳定在 474～476℃范围内，与设定的型材最高允许温度 475℃非常接近；模面上所受压力在稳态挤压过程中基本保持在 9500kN 左右。上述三种情形均达到了较为理想的等温挤压效果，同时稳定的模面压力使挤压过程中模孔处变形量保持不变，有利于提高产品尺寸的稳定性。

需要指出的是，如前所述，工艺参数优化控制法是一种在等挤压速度条件下实现等温挤压的方法，适合于挤压速度较小的一类合金的等温挤压。对于挤压性好的合金，需要在尽可能高的挤压速度下实现等温挤压时，应采用坯料梯温挤压或速度控制挤压等方法。

9.7　速度控制等温挤压

速度控制等温挤压的基本原理是，挤压过程中坯料与挤压筒内壁之间的摩擦发热和模孔附近的变形温升，直接与挤压速度的大小相关，挤压速度越快，摩擦热与变形温升越大，反之亦然。因此，可在挤压过程中调节挤压速度的大小，以控制挤压筒内坯料和变形区的温升，保证产品挤出模孔时的温度基本保持不变。

目前，实际生产中所采用的速度控制等温挤压法主要有两种：温度-速度闭环控制法和温度-速度模型控制法。

9.7.1　温度-速度闭环控制法

温度-速度闭环控制法是在挤压过程中在线测定模孔出口处产品温度的变化，将测定结果进行反馈，据此实时调整挤压速度，以达到实现等温挤压的目的。温度-速度闭环控制除可以获得出模孔处产品温度保持一定的效果之外，与普通的等速挤压相比，在许多情况下往往还因为挤压初期和中期的速度大幅度提高而显著缩短挤压时间，从而提高生产效率，如图9-30所示[1]。

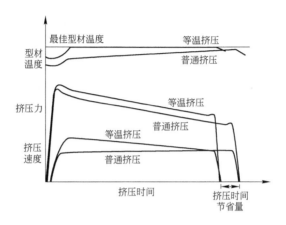

图 9-30　等温挤压与普通挤压的比较[1]

美国 Williamson Corporation 公司开发的"温度过程控制系统"（TPC 系统），已装备了40多条生产线，取得了生产效率提高 10% ~24% 的良好成效[1]。丹麦 Alu-Mac A/S 公司开发的 Optalex 温度-速度闭环控制系统，在 Alcoa、Alcan 等公司实机应用，型材流出模孔时的控温精度达到 ±3℃，挤压时间节约 10% ~20%，单台挤压机产量提高 8% ~15%，效果非常显著[32,33]。

从理论上而言，温度-速度闭环控制是实现等温挤压的理想、可靠的方法，迄今为止，有关温度-速度闭环控制效果的报道均是积极肯定的，但实际上实现温度-速度闭环控制等温挤压的技术难度较大，其中主要的难题包括以下三个方面：

（1）正确检测模孔出口处型材表面的温度难度非常大。一方面，由于挤压产品流出模孔时温度高，采用模孔出口处接触式测温会对型材表面造成划痕等缺陷；另一方面，在挤压模上打孔装入热电偶进行测温，既难以准确测量型材表面温度，也对模具更换等生产操作带来影响。

由于挤压机的结构特点，采用非接触测温法测量模孔出口处型材表面温度也非常困难。因为从模孔出口到前机架出口，一般是呈半封闭状态的狭长通道，长度可达 1~5m，温度高，通风条件差，难以在通道内接近模孔出口处安装测温仪器。

就现有技术而言，一种可行的解决办法是测量挤压机前机架出口处的型材表面温度，通过数值分析与实测相结合的方法，建立该处温度与模孔出口处温度之间的数学模型，从而实现近似的速度在线闭环控制。

（2）挤压机的速度响应频率。当挤压速度较快时，挤压机的速度调控响应频率，成为影响温度调控精度的重要因素。挤压设备越大，挤压机速度惯性越大，调节响应速度越慢，温度调控精度越低。

（3）挤压机速度输出非线性特征。实现速度在线闭环控制的另一个技术难题，是当挤压速度处于挤压机速度的低值范围时，设备速度呈非线性输出特征，导致速度控制精度和稳定性问题的产生，进而影响产品温度控制精度。因此，速度闭环控制通常不适合于挤压速度较低的生产情形。

此外，温度-速度闭环控制法的主要工作目标是实现挤压过程中产品流出模孔时的温度保持不变，并不能保证各挤压参数的设置是否完全合理，例如，是否在尽可能高的挤压速度或/和温度条件下进行挤压等。这一问题的解决，仍然主要依赖生产经验的积累和严格的生产管理。

9.7.2 温度-速度模型控制法

温度-速度模型控制法，也称模拟等温挤压法，其基本原理是采用均匀加热的挤压坯料，对挤压过程中的温度变化进行模拟仿真（可称为模拟挤压或虚拟挤压），获得型材出模孔时的温度-速度曲线，据此建立可使型材温度基本保持不变的挤压速度模型，并通过计算机对挤压速度进行控制。

该方法不需对产品温度进行在线检测，可以克服前一种方法的主要缺点，但要实现准确控制，需要一定的实际生产经验积累，对企业的技术水平与管理水平要求较高。

表9-5 所示为两种速度控制等温挤压法的基本原理与技术难点的比较。

表9-5 两种速度控制等温挤压法的比较

控制方法	基本原理与特点	技术难点
温度-速度闭环控制	（1）用辐射温度计测量模孔出口处产品的温度； （2）通过温度信息反馈，调节挤压速度，使产品温度达到最佳高温值； （3）根据挤压过程中产品温度变化情况在线调节挤压速度； （4）对于新材料或新品种，需要进行一定量的挤压试验，以确定基本挤压工艺参数	（1）辐射温度计的测量精度与响应速度的提高是关键； （2）温度测定受产品形状、数量（单孔或多孔挤压）和工作环境的影响； （3）挤压设备速度输出非线性区域内控制精度受影响； （4）控制系统费用相对较高，不易为用户所接受

续表9-5

控制方法	基本原理与特点	技术难点
温度-速度模型控制	（1）通过热力耦合模拟计算，确定产品挤出模孔时的温度变化曲线； （2）建立产品挤出模孔温度-速度曲线，确定实现等温挤压的速度控制模型； （3）主要设定项目为挤压轴速度与坯料温度； （4）欲获得最佳控制（最佳设定值），需要积累较多的挤压经验	（1）若发生临时停机，则坯料温度下降，控制难度增加； （2）对于多品种少批量生产，难以获得足够的经验数据，因而不容易实现最佳控制； （3）理论计算的精确性对控制效果的影响很大，且用户不易掌握

依据温度-速度模型控制法的原理，开发了多种等温挤压控制软件系统，其中有代表性的是德国 SMS 公司开发的 CADEX 挤压参数优化软件，并在该公司生产的挤压机上投入实际使用。这个系统取消了挤压机速度控制系统中对挤压产品出口的温度测量装置，以及测量参数对控制系统的反馈系统，而采用在挤压过程中对各参数进行计算优化的解决方案。优化后的挤压参数由挤压机操作人员直接在挤压机控制盘上设定，挤压过程自动按优化参数运行，操作者可把注意力集中到产品质量的检查上。

CADEX 系统的数据传输过程如图 9-31 所示，其工作过程如下：

（1）在特定的挤压条件（如在 20MN 挤压机上生产壁厚为 2mm，理论重量为 1kg/m 的 6063T5 空心型材）下，操作人员根据经验预定坯料温度为 480℃，进行试挤压，实测型材流出模孔的最高温度为 570℃；

（2）将模拟挤压的工艺参数（温度、速度）和实测的型材最高温度以及合金和挤压机的特征参数输入计算机，由计算机用 CADEX 软件进行优化处理；

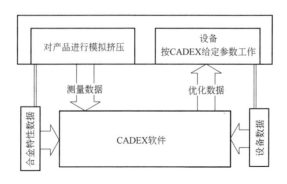

图 9-31　CADEX 系统工作原理示意图

（3）按 CADEX 软件优化后的挤压工艺参数在挤压机和相关设备上设定并进行生产，在实例中，为保持型材出口温度固定在 570℃，CADEX 系统给出优化坯料温度（470℃）和优化挤压速度曲线；

（4）优化后的挤压时间较模拟挤压缩短了 27%，生产效率可提高 6% ~ 9%，而且产品的形状和尺寸、组织与性能均匀一致，产品质量大为提高。

参 考 文 献

［1］ Barron B. Automatic Closed-Loop Control Comes of Age for Aluminum Extrusion［C］. In: Proc 9th Inter Aluminum Extrusion Technology Seminar. 2008，1: 99 ~ 110.

［2］ Pandit M, Heger T, Hengen H. Comprehensive Extrusion Automation for Iso-thermal and Iso-speed Extrusion with a Guaranteed Cooling Rate［J］. In: Proc 9th Inter Aluminum Extrusion Technology Seminar. 2008，1: 53 ~ 64.

［3］ Pandit M. Integrated Extruder Plant Automation with Learning Control［J］. Key Engineering Materials. 2010，424: 273 ~ 280.

［4］ Zhou J, Li L, Duszczyk J. Computer Simulated and Experimentally Verified Isothermal Extrusion of 7075 Aluminium through Continuous Ram Speed Variation［J］. J Mater Proc Tech, 2004，146: 203 ~ 212.

［5］ 高橋昌也，米山猛. アルミニウム合金の等温押出し［J］. 塑性と加工，2005，46 (532): 355 ~ 360.

［6］ 家田詔夫，田中康之. アルミニウム押出用ダイスの割れ［J］. 塑性と加工，1982，23 (261): 965 ~ 971.

［7］ 孟凡旺，李静媛，刘志铭，等. 6063 铝合金型材挤压温升数学模型的研究［J］. 轻合金加工技术，2010，38(9): 23 ~ 28.

［8］ 冈庭茂. アルミニウム合金押出形材の生産性と品質の向上［M］. 东京：日本轻金属学会，1992.

［9］ Laue K, Stenger H. EXTRUSION［M］. Ohio: American Society for Metals，1981.

［10］ M. 3. 叶尔曼诺克，等. 铝合金型材挤压［M］. 李西铭等译. 北京：国防工业出版社，1982.

［11］ 竹内寛司. 押出中のビレット，ダイ，コンテナーの温度上昇［J］. （日）軽金属，1982，32(12): 654 ~ 661.

［12］ 日本塑性加工学会. 押出し加工［M］. 东京：コロナ社，1992.

［13］ 高橋昌也，米山猛. 等温押出しのFEM 解析［J］. 塑性と加工，2004，45(525): 822 ~ 826.

［14］ 黄东男，张志豪，李静媛，谢建新. 网格重构在铝合金空心型材分流模挤压过程数值模拟中的应用［J］. 锻压技术，2010，35(6): 128 ~ 133.

［15］ 刘静安，付启明. 世界当代铝加工最新技术(1)［M］. 长沙：中南工业大学出版社，1991.

［16］ David J. Taper Quenching—A Cost Effective Method for Isothermal Extrusion［C］. In: Proc

6th Inter Extrusion Technology Seminar. 1996.

[17] 谢建新，李静媛，胡水平，等. 一种实现挤压坯料温度梯度分布的装置与控制系统：中国，ZL200910237523. 7[P]. 2011-03-30.

[18] 林春坤，杨广图，李静媛. 铝锭坯梯度水冷过程中温度场的数值模拟[J]. 轻合金加工技术，2010，38(9)：29~31，44.

[19] Kortmann W A. Extrusion Container Technology from Yesterday until Tomorrow. In：Proc 9th Inter Aluminum Extrusion Technology Seminar[C]. 2008，1：137~152.

[20] Herder M, Hellenbroich J P. Tool Steels and Design of Modern Light Metal Extrusion Containers[C]. In：Proc 7th Inter Aluminum Extrusion Technology Seminar. 2000，1：417~424.

[21] 董晓娟，权晓惠，杨大祥. 铝材挤压装备技术及发展[C]. Lw2007 铝型材技术（国际）论坛文集. 广州，2007：52~57.

[22] Eckenbach W. Process Controlled Containers—Smart Contarners[C]. In：Proc 9th Inter Aluminum Extrusion Technology Seminar，2008，1：111~124.

[23] 刘静安. 铝型材挤压模具设计、制造、使用及维修[M]. 北京：冶金工业出版社，1999：330~331.

[24] Selines R J, Lauricella F D. Proc 3rd Int Al Extru Tech Semi[C]. 1984，1：221.

[25] Marchese M A, Coston J J. Proc 4th Int Al Extru Tech Semi[C]. 1988，2：83.

[26] Fiorention R J, Smith E G. Proc 4th Int Al Extru Tech Semi[C]. 1988，2：79.

[27] 松下富春，荣辉. アルミニウム合金の熱間押出しにおける生産性向上技術[J]. 塑性と加工，2000，41(472)：430~435.

[28] 田中数则. アルミニウム合金押出形材の生産性と品質の向上[M]. 东京：日本轻金属学会，1992.

[29] 蔡月华，项胜前，周荣春，等. 液氮冷却模具技术在铝型材挤压生产中的应用研究[C]. Lw2010 铝型材技术（国际）论坛文集. 广州，2010：574~577.

[30] 谢建新，张志豪，侯文荣，李静媛. 一种工艺参数综合控制等温挤压法：中国，201210088373. X[P]. 2012-03-29.

[31] 曹乃光. 金属塑性加工原理[M]. 北京：冶金工业出版社，1983：179~184.

[32] Ingvorsen J. Closed-loop Isothermal Extrusion[C]. In：Proc 7th Inter Aluminum Extrusion Technology Seminar. 2000，1：549~557.

[33] 黄其志，尹志民，陈慧，等. 铝合金等温挤压技术与装备研究现状[C]. Lw2010 铝型材技术（国际）论坛文集. 广州，2010：294~297.

10 其他挤压新技术和新工艺

10.1 无压余挤压和固定垫片挤压

无压余挤压和固定垫片挤压的一个共同特点，是挤压垫片被固定在挤压轴上，或与挤压轴加工成一体，以实现无压余分离的坯料接坯料挤压（无压余挤压），或达到省略常规挤压过程中的分离垫片与压余的操作，缩短非挤压间隙时间，并减小压余厚度的目的（固定垫片挤压）。

10.1.1 无压余挤压

无压余挤压也称无残余挤压或坯料接坯料挤压❶，是在挤压筒内前一个坯料尚有较长余料（一般为 1/3 坯料长度左右）时，装入下一个坯料继续进行挤压，因而具有半连续挤压的性质[1,2]。

无压余挤压法最早用于两类产品的成形：一类是需要连续长度的包覆电缆，包覆层主要为纯铅、纯铝等软金属；另一类是焊合性能良好的金属或合金的长尺寸产品的成形，例如纯铝、3000 系、6063、6061 铝合金小尺寸盘管（分流模挤压）与小断面型材等。采用无压余挤压法生产连续长尺寸产品，只限于对焊合面的质量与焊合强度要求不太高的情形，难以适用于焊合质量要求高的产品，或挤压时容易产生缩尾的棒材与大断面实心型材。显然，进行连续包覆或为了获得其他连续长尺寸的产品时，无压余挤压须采用无润滑方式，对坯料表面质量与清洁度的要求较高，必要时需要对坯料进行清洗、车皮等预处理。

另一种无压余挤压法主要目的是消除压余（几何废料）、提高挤压成材率、缩短非挤压间隙时间，一般采用润滑挤压和具有凹形曲面的挤压垫，如图 10-1 所示。由于采用润滑挤压方式，故不适用于通过坯料之间的焊接而获得连续长尺寸产品的情形。润滑的目的在于改善金属流动的均匀性，防止挤压过程中产生死区；采用凹形曲面挤压垫片是为了补偿挤压时中心部位金属

---

❶严格地讲，坯料接坯料挤压并不一定是无压余挤压。在无润滑挤压条件下，切除适当的压余后再装入新坯料继续挤压，通过坯料之间的焊接以获得连续长度产品的挤压，也称为坯料接坯料挤压，但显然不是无压余挤压。

流动快，防止产生缩尾，使得前后两个坯料的端面所形成的界面在进入模孔时近似成为平面，从而减少产品的切头、切尾量。润滑无压余挤压可使成材率提高10%～15%。

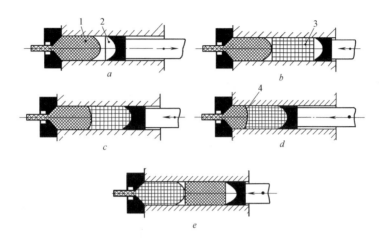

图10-1 采用润滑和凹形曲面挤压垫的无压余挤压法
a～e—挤压过程
1—前一个坯料；2—挤压垫片；3—下一个坯料；4—坯料端面形状

润滑无压余挤压时主要应注意两个问题：一是如上所述，需要通过进行润滑、采用凹形曲面挤压垫片和优化挤压模的形状（如采用曲面挤压模）等手段，防止死区、皮下缩尾、中心缩尾的形成；二是挤压筒中的排气问题。由于密封形成的高压气体有可能被压入产品中，形成表面气泡、起皮等缺陷。相应的解决措施有坯料梯温加热、对挤压筒抽真空、在挤压垫片或挤压筒内衬上设置排气孔等。实际上，由于上述两个方面的问题，较大地制约了润滑无压余挤压法的应用。

10.1.2 固定垫片挤压

传统的活动垫片（圆盘或圆环垫片）挤压法中，挤压垫片与挤压轴之间没有任何连接，挤压过程如图10-2所示，挤压终了之后，挤压轴停止，挤压筒后退一定距离，将压余和垫片（二者和挤压模粘结为一体）推出挤压筒，然后挤压轴后退到原位，挤压筒再度后退一定距离，主剪刀将压余和垫片由模面分离，并使压余与产品切断。压余被剪断后，仍与垫片紧密粘结在一起，需要借助专用的垫片分离剪使二者分离。分离后的垫片再被送到挤压筒，进行第二次挤压。采用活动垫片挤压的上述操作过程，具有如下缺点：

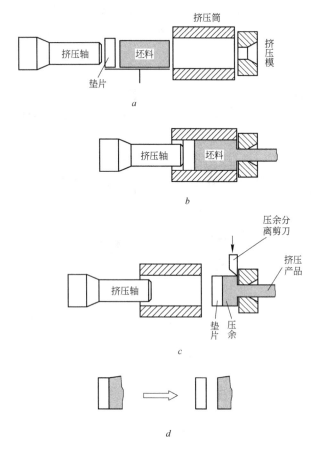

图 10-2　活动垫片挤压过程示意图

a—挤压前；b—挤压中；c—剪切分离压余与产品；d—机械分离垫片与压余

（1）需要使用多个垫片（一般为 2~3 个）轮流进行工作；

（2）增加了垫片分离、传送辅助机构，也增加了占地面积；

（3）垫片传送过程中容易出现故障，影响挤压过程的自动循环进行。

为了解决上述问题，目前国外大多数现代挤压机上均采用固定垫片挤压方式，即将挤压垫片固结在挤压轴上，挤压过程如图 10-3 所示，省略了挤压循环过程中的垫片分离、传送、装填等操作，节省了非挤压间隙时间，确保了挤压过程自动循环的可靠性[3]。此外，由于不需要进行压余与垫片的分离，对于不容易产生挤压缩尾的情形，例如分流模挤压的情形，可以减小压余的厚度，提高成材率。

10.1.2.1　固定垫片的结构与工作原理

固定垫片挤压的基本工作原理是在不受力状态下，垫片的外径比挤压筒

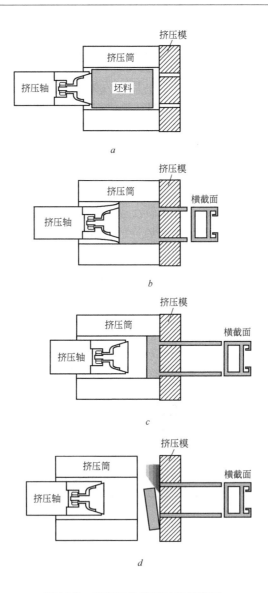

图 10-3 固定垫片挤压过程示意图

a—挤压前；b—挤压中；c—挤压结束；d—剪切分离压余与产品

内径小 1~2mm；从挤压开始至结束的过程中，垫片受到轴向压力作用而产生径向膨胀（弹性变形限度内），与挤压筒壁之间形成密封作用，实现正常挤压；而当挤压过程结束时，作用于垫片上的轴向压力消失，径向膨胀恢复，垫片与挤压筒壁间产生间隙，便于垫片与挤压轴一起退出挤压筒，进行下一个挤压循环。显然，对于材质为高合金工具钢的实心整体垫片，在弹性变形范围内，只依靠轴向压缩产生径向 1～2mm 的膨胀是难以实现的，需要采用特殊结构的垫片，使其在适当的轴向压力作用下即可产生足够大的径向膨胀。因此，固定垫片通常采用胀径式结构。

从胀径的方式来分，固定挤压垫片可分为胀口式和胀圈式两种。胀口式采用垫体与外环成一体结构；而胀圈式垫体与外环（即胀圈❶）是分离的。

从垫片固定在挤压轴上的形式分，固定垫片又可分为固结式和动结式两种。固结式是把垫片固定在挤压轴上，挤压过程中不允许垫片有径向偏移。固结式垫片具有结构较为简单，工作可靠等优点，但要求挤压轴与挤压筒严格对中，而实际上要做到这一点难度较大，何况要保持在挤压过程中二者的中心不发生偏离就更加困难。为了解决这一问题，动结式垫片允许在工作过程中有一定的径向偏移，从而实现垫片的自动对中。胀口式和胀圈式垫片均可采用固结式和动结式两种结构，因而固定垫片共有四种基本结构形式，其中最典型的是固结胀口式和动结胀圈式两种，如图 10-4 和图 10-5 所示。图 10-6 所示为用于扁挤压筒挤压的一种三片结构固结胀圈式固定垫片。

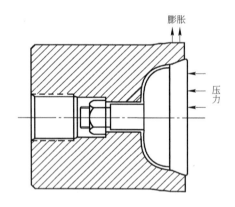

图 10-4　固结胀口式固定垫片的基本结构

固结胀口式固定垫片（图 10-4）由垫体和芯块组成，通过垫体上的螺孔与挤压轴固结，因而不能产生径向偏移，实现自动对中。在无外载（非挤压）条件下，芯块略高出垫体端面（1～2mm）。挤压时，随着填充过程的开始，芯块受到压应力作用而产生轴向位移，对垫体端部的凸台部分（相当于上述的外环）产生胀径作用，实现挤压时的密封作用。挤压结束时，随着挤压外力的消失，芯块在垫体的反力作用下，回弹到原始位置，凸台收缩，便于垫片从挤压筒内随挤压轴退回到下一个循环的起始位置。同时，垫体端面的收

❶许多文献中将这种外环称为支承锥，意义不明确。本书将其称为胀圈，似乎更加形象明确。

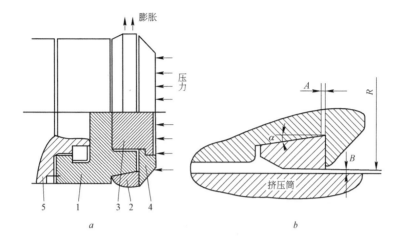

图 10-5 动结胀圈式固定垫片的基本结构
1—垫体；2—胀圈；3—螺塞；4—可动环；5—挤压轴

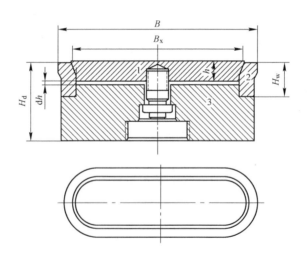

图 10-6 扁挤压筒用固结胀圈式固定垫片的基本结构（三片式结构）
1—垫芯；2—胀圈；3—垫体

缩和芯块的回弹复位，有利于垫片与压余的分离。

动结胀圈式固定垫片由垫体、胀圈、螺塞、可动环组成（图 10-5a），垫片与挤压轴之间采用定位销连接，并允许垫片沿半径方向产生一定的移动。挤压时，可动环受轴向压力作用沿轴向移动（2～4mm），迫使胀圈移动并在锥面作用下产生径向膨胀（直径增加 0.7～1.5mm），实现与挤压筒之间的密封作用。挤压结束时，随着挤压外力的消失，胀圈带动可动环回弹到原始位置，胀圈收缩。

10.1.2.2　固定垫片的设计

无论是哪种结构形式的固定垫片，设计时首先均需要考虑两个最基本的问题[4,5]。一是要求当外力（挤压力）去除后，能确保芯块或胀圈回弹到起始位置，不至于在垫体与芯块或胀圈之间的配合锥面上出现自锁现象。为了防止配合锥面上产生自锁，可将锥面角适当设计得大一些。但过大的锥面角将使芯块（图 10-4 胀口式固定垫片的情形）、活动环与胀圈（图 10-5 胀圈式固定垫片的情形）在挤压过程中产生的位移过小，不利于挤压结束时垫片与压余的分离，并使垫体胀口（凸台）、胀圈产生较大的不均匀变形。一般而言，对于胀口式固定垫片，配合锥面相对于挤压轴轴线的角度可取 30°~45°，并使垫体与芯块装配后在配合锥面上形成 1°左右的间隙；对于胀圈式固定垫片，锥面角一般取 6°~15°。二是要对芯块或胀圈设置限程，以限制芯块或胀圈的最大轴向位移，防止在挤压过程中产生过大的径向膨胀，损伤挤压筒。因此，固定垫片在组合后，芯块底面与垫体凹槽地面之间的间隙（图 10-4），或胀圈与垫体台肩之间的间隙（图 10-5）大小要合适，使得间隙消失时恰好与垫片允许的最大胀径量相一致。

胀圈式固定垫片具有受力简单，径向变形容易，报废时仅需更换弹性变形部件（胀圈）即可等特点。下面给出胀圈式固定垫片的基本设计计算方法。

由图 10-5b 所示的几何关系可知，轴向间隙 A 和外径的胀径量 B 之间有如下关系：

$$A = B\cot\alpha \tag{10-1}$$

式中，α 为胀圈的斜角。

圆柱坐标下胀圈内各点的周向应变 ε_t 的计算式为：

$$\varepsilon_t = \frac{\Delta r}{r} \tag{10-2}$$

式中，r 为点的半径坐标；Δr 为点的径向位移。按照胡克定律，ε_t 又可表达成各点应力状态的函数：

$$\varepsilon_t = \frac{\sigma_t - \mu(\sigma_r + \sigma_z)}{E} \tag{10-3}$$

式中，σ_t 为周向应力；σ_r 为径向应力；σ_z 为轴向应力；μ 为泊松系数；E 为弹性模量。

胀圈外圆周允许的径向胀径量为 B，由式（10-2）和式（10-3）得：

$$B = \frac{\sigma_t - \mu(\sigma_r + \sigma_z)}{E} r_m \tag{10-4}$$

式中，r_m 为胀圈外圆周半径。

由于胀圈在工作过程中圆周方向受拉应力作用，其余两个方向受压应力作用，因而可以认为 σ_t 是最大主应力，ε_t 是最大线应变。按照第二强度理论（最大伸长线应变理论），胀圈的强度条件为：

$$\sigma_t - \mu(\sigma_r + \sigma_z) \leqslant [\sigma] \tag{10-5}$$

式中，$[\sigma]$ 为胀圈材料在工作温度下的许用应力。因此，

$$B \leqslant \frac{[\sigma]}{E} r_m \tag{10-6}$$

$$A \leqslant \frac{[\sigma]}{E} r_m \cot\alpha \tag{10-7}$$

式（10-6）和式（10-7）给出了胀径量和轴向位移的取值范围。实际计算固定垫片的胀径量 B 时，一般需要确定作用在垫片上的轴向应力 σ_z，并计算出胀圈内各点的应力分量，然后根据式（10-4）进行计算。显然，这种计算是很复杂的。

同一台挤压机上的挤压工作条件往往是变化的。例如，在同一个挤压周期中挤压开始和结束时，作用在垫片上的轴向力是变化的；挤压力还随挤压比、挤压温度、挤压速度、合金种类等的不同而变。因此，为了使固定垫片具有较宽的使用条件范围，设计 B 的大小时，应保证在最小挤压力的条件下，仍可产生足够的胀径量，以确保挤压的顺利进行。而对于胀径量的最大值，一般通过径向位移 A 的限程来控制。当然，A 的允许最大值应满足式（10-7）的规定。

对于胀口式固定垫片，由于凸台为与垫体成一体的结构，所以凸台内的应力应变状态与胀圈相比要复杂得多，进行准确计算也更加困难。但由于凸台端面外圆周处是最危险部位，故仍可对凸台进行适当的简化（如简化成薄层圆环），参照上述方法进行近似计算。

无论是胀圈式，还是胀口式固定垫片，最好的方法是采用有限元数值计算法来进行设计。

10.2 半固态挤压

半固态挤压是一种将处于液相与固相共存状态（半固态）的坯料装入挤压筒内，通过挤压轴加压，使坯料流出挤压模并完全凝固，获得具有均一断面的长尺寸产品的加工方法，如图10-7所示[6]。

由于金属在半固态条件下具有变形抗力小、流动性好等特点，因而金属的半固态挤压具有如下特点[7,8]：

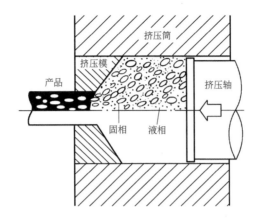

图 10-7　半固态挤压示意图[6]

（1）所需挤压力显著下降，有利于挤压设备的小型化。

（2）可以实现大断面压缩率（大挤压比）挤压，简化材料的加工工艺。

（3）可以获得晶粒细小且断面与长度方向组织性能较为均匀的产品。

（4）有利于低塑性、高强度合金，金属基复合材料等难加工材料的成形。尤其是对于金属基复合材料，有利于消除常规制备与成形过程中强化相偏析、与基体润湿差等缺陷，增强复合效果。

（5）为了实现稳定挤压，希望合金的液相与固相成分的控制比较容易，因而要求液固相共存温度（两相区温度）范围比较宽。因此，对于纯金属、液固相共存温度范围窄的合金，实现稳定半固态挤压的难度较大。

（6）对挤压筒、挤压模的温度控制要求严格。

（7）由于挤压筒、挤压模与坯料中的液相接触，其使用寿命较短。

（8）只能得到完全软化的挤压产品，为获得具有较高强度的产品，一般需要进行热处理等后加工处理。

传统意义上的金属半固态分为两种形态：一种是半凝固状态，即在凝固过程中形成的液相与固相共存的未完全凝固状态；另一种是半熔化状态，即完全凝固后的金属被重新加热到部分熔化的状态。但是，现代意义上的半固态还包括其组织形态特征，即通常所说的半固态组织，而不仅是指单纯的半凝固或半熔化状态。一般将一次相为细小球形颗粒的组织称为半固态组织。

获得半固态挤压用坯料的方法有两种[6]。一种方法是在金属凝固过程中，进行强烈的搅拌，将形成的枝晶打碎或完全抑制枝晶的生长，以获得由液相与细小等轴晶组成的糊状组织（称为半固态浆料），然后直接充填到挤压筒内进行挤压，这种方式称为流变成形（rheoforming），或笼统称为流变铸造

（rheocasting）。另一种方法是将半固态浆料快速冷却到室温，制备半固态坯料，再通过快速加热方式使坯料产生局部重熔，然后进行挤压成形，这种方式称为触变成形（thixoforming）。

　　对于挤压成形，半固态坯料的固相组分（或称固相率，定义为整个坯料中的固相体积含量百分数）是影响挤压成形操作性与稳定性的重要因素。固相组分越低，坯料的变形抗力越小，所需的挤压力也越小，如图 10-8 所示[9]。但当固相组分下降到 60% 以下时，挤压力的变化较小，同时坯料在自重作用下容易产生变形，因而输送与充填操作性差。固相组分低时还容易在挤压过程中产生液相与固相分离现象。除非对常规挤压设备进行有针对性的改造，要实现低固相组分坯料的稳定挤压变形较为困难。而当固相组分在 70% ~ 80% 以上时，坯料在外观上与普通的加热坯料几乎没有差别，具有一定的强度，不会由于自重而产生变形，适于输送与充填等操作，且在挤压过程中不易产生液相与固相分离的现象，可采用与常规挤压基本相同的工艺实现稳定成形。

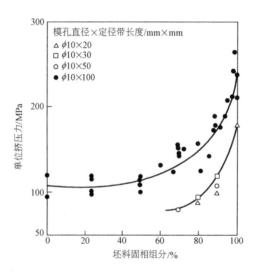

图 10-8　坯料的固相组分与单位挤压力的关系（Al-5.7% Cu 合金）[9]

　　为了实现稳定挤压，要求产品在流出模孔时达到或接近达到完全凝固状态，因此，挤压模出口温度与挤压速度的控制十分重要。对于铝及铝合金等中低熔点的合金，为了使产品有充分的时间进行凝固，可以采用较低的挤压速度进行挤压；而对于铜及铜合金、钢等高熔点的金属材料，为了减轻挤压筒、挤压模的热负担，须采用较高速度进行挤压，并需对挤压模、产品采用强制冷却措施。

　　表 10-1 为 Al-5.7% Cu 合金和 A7075 合金的固相组分与挤压模模孔尺寸对半固态挤压产品表面质量影响的实验结果[9]。所用挤压筒直径为 40mm。由表可知，挤压模模孔定径带的长度对半固态挤压的稳定性和挤压产品的表面质量具有明显影响。当产品的直径较小（6mm 以下的棒材，挤压比在 44 以上）时，定径带的长度为模孔直径的 2 倍，坯料的固相组分在 70% 时也能获得具有良好表面质量的产品。而当产品的直径较大（直径为 10mm 的棒材，或直径为 8mm、10mm 的管材）时，对于棒材，定径带的长度达到模孔直径的 5 倍左右，才能获得良好表面质量的产品；对于管材，虽然所要求的比值大大减小，但仍要求定径带的长度在管材直径的一倍以上，且壁厚越大，所要求的比值越大。

表 10-1　半固态挤压产品的表面质量[9]

产品类别	模孔尺寸		Al-5.7% Cu 合金				A7075
	直径或直径×壁厚 /mm 或 mm×mm	定径带长度/mm	固相组分 φ/%				
			100	90	80	70	88.5
棒　材	2	4		○	○	○	○
	3	6		○	○	○	
	4	8		○	○		○
	6	12	○	○	○		○
	10	10	○	×			
	10	20		×			○
	10	30		○	×		
	10	50		○	○	○	
管　材	10×2	10		△			○
	10×1.5	10		△			○
	10×1	10		○			○
	8×1.5	8		○			○
	8×1	8		○			○

　　注：1. 挤压模与坯料同时加热，Al-5.7% Cu 合金挤压时约为 520℃，A7075 挤压时约为 500℃；
　　　　2. ○：表面良好；△：局部缺陷；×：表面不良。

　　定径带的长度对产品表面质量的上述影响规律，实际上是模孔对产品的冷却能力的大小决定的。产品尺寸越小，其比表面积大，模孔对产品的冷却能力强，产品冷却凝固快，较短的定径带长度即可使产品在出模孔时达到充分的凝固。相反，当产品的尺寸（直径、壁厚）较大时，其比表面积较小，模孔对产品的冷却能力下降，产品冷却凝固较慢，要求较长的定径带长度。因此不难理解对于同样外径的棒材与管材产品，管材挤压时所需定径带的长度比棒材挤压时的小得多。

半固态挤压产品的力学性能与坯料的固相组分的关系如图 10-9 所示[9]。随着坯料固相组分的降低，产品的硬度、抗拉强度下降，伸长率有所增加。此外，当产品断面尺寸较大时，可能出现中心部位伸长率有所下降的情形，如图 10-9*b* 所示。这是因为当模孔附近冷却强度不够时，产品中心部容易形成铸造组织的缘故。

值得指出的是，迄今为止，虽然半固态挤压是受到较大重视、研究报道较多的半固态加工方法之一，但仍没有达到大规模工业实用化的程度。其中的主要问题，除了半固态挤压产品的成本因素外，半固态坯料制备、温度精确控制（包括坯料与工模具的温度控制）、耐高温工模具材料的开发等技术要素的确立，以及挤压过程中半固态坯料的凝固与流动行为等基础问题的研究等。

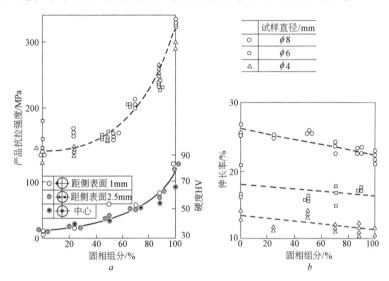

图 10-9 半固态挤压产品的力学性能

（挤压筒直径 40mm，模孔直径 10mm，定径带长度 100mm）[9]

a—抗拉强度和硬度；*b*—伸长率

10.3 多坯料挤压

10.3.1 基本原理

在传统的挤压方法中，挤压筒只有一个内孔，每次挤压操作中一般使用一个坯料，通过模具结构控制金属流动，以获得不同断面形状和尺寸的产品。为了挤压成形双金属层状复合材料，需要将两种金属制造成一个复合坯料。

多坯料挤压法不同于传统挤压的情形，根据需要在一个筒体上开设多个挤压筒孔，在各个筒孔内装入尺寸和材质相同或不同的坯料，然后同时进行挤压，使其流入带有凹腔（焊合腔）的挤压模内焊合成一体后再由模孔挤出，以获得所需形状与尺寸的产品，其基本原理如图 10-10 所示[10]。这一方法最初是著者等人针对高强度铝合金、铜及铜合金等异型空心型材，由于金属的高变形抗力或高挤压温度，无法采用常规的分流模挤压法进行挤压成形的问题而提出来的，如图 10-10a 中采用芯杆进行挤压的情形。其基本思路是，若将分流模的各分流孔视为一个挤压筒孔，则坯料在分流桥被分割成几股后经分流孔流入焊合腔，然后重新焊合，从模孔挤出的过程，实际上相当于从几个挤压筒内同时向一个带有凹腔（相当于焊合腔）的挤压模内挤压坯料的过程。严格地讲，最初的思路与之前已有的包覆电缆侧向挤压法的原理有相似之处，如图 10-10a 中采用芯材进行包覆挤压时的情形（见图 8-33），主要是出发点与目的不同。但是，如后所述，通过采用特殊结构的挤压模，控制金属的流动，挤压成形各种层状复合材料，如图 10-10a 中的双层管、图 10-10b 和图 10-10c 中所示的各种层状复合材料的情形，大大扩展了多坯料挤压法的可能应用领域，是多坯料挤压法的重要创新之处。以下介绍多坯料挤压法的几个有前景的典型应用实例。

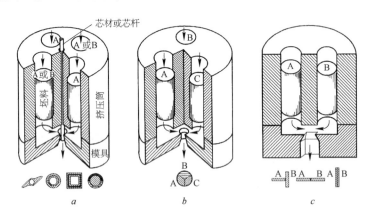

图 10-10　多坯料挤压原理图[10]

10.3.2　高强度合金空心型材

在多坯料挤压法中不存在常规分流模挤压时的坯料分流过程，挤压模的强度条件较分流模大为改善，故可采用该方法挤压成形分流模挤压法所难以乃至无法挤压成形的高强度空心型材，即在图 10-10a 所示的情形中，各挤压筒孔内充填同一种合金坯料，同时进行挤压，改变模孔与芯杆（或芯头）的形状，即可挤压成形异型空心型材。

多坯料挤压法的缺点之一，是坯料的表面容易进入焊合面。因此，采用多坯料挤压法挤压成形空心型材时，坯料表面的预处理以及坯料加热过程中的防止过氧化问题十分重要。随着热剥皮、快速加热等技术在挤压中越来越广泛地被采用，这一问题是不难解决的。

实验室的大量研究结果表明，采用多坯料挤压法可以挤压成形具有良好焊合强度的高强度铝合金（如 A5056、A7475）、铜及铜合金管材与空心型材[11~13]。图 10-11、图 10-12 所示为对多坯料挤压成形的高强度铝合金、铜及铜合金空心材进行扩口试验时，所得试样的外观照片。试样的扩口率达到甚至超过有关合金无缝管或焊接管的技术标准，可以满足工业使用要求。

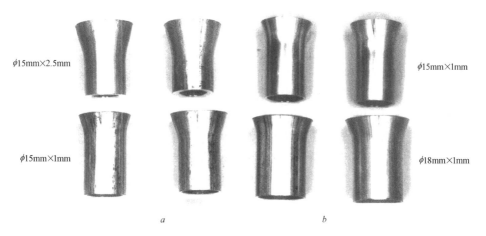

图 10-11　多坯料挤压成形 A5056、A7475 管材扩口试验结果[12]

（挤压比 7.2~16.1，挤压温度 400~500℃）

a—A5056；b—A7475

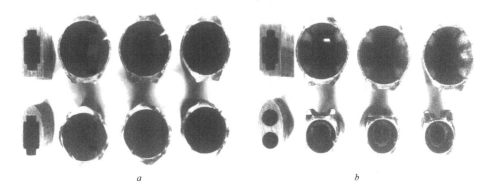

图 10-12　多坯料挤压成形纯铜、H70 黄铜空心材扩口试验结果[13]

（挤压比 7.6~11.8，挤压温度 750℃）

a—纯铜；b—H70 黄铜

10.3.3　层状复合材料

如在各个挤压筒内装入不同材料的坯料，并相应地改变挤压模的结构，便可以挤压成形如图 10-10 所示的多种层状复合材料[14~17]，而其中的一些层状复合材料是采用现有塑性加工方法难以乃至无法挤压成形的，如采用两种或多种材料构成同一包覆层（即在圆周方向由不同材料焊合成一体的包覆层）、同时进行两层以上的包覆、多层复合管或空心型材、特种层状复合材料等[18~20]。

采用多坯料挤压法挤压成形双金属管和包覆材料的基本方法参见 8.3.2 节[14,15]、8.4.1.5 节[16,20]。

如图 10-10c 所示，采用多坯料挤压法可以挤压成形左右部分（而不是厚度方向）为不同材料的复合板材、翼缘部与立股部为异种材料的复合型材[18,19]，其中翼缘部与立股部为异种材料的 T 形复合材料的挤压成形原理如图 10-13 所示。采用这种挤压复合方法，可以通过设计两种材料啮合部位的形状，实现室温挤压复合，以获得较为满意的结合强度。此外，通过控制 V_1 和 V_2 的相对大小，还可直接挤压出不同弧形的特种型材。这一类的复合材料有希望在特种导电材料（如高速列车输电线材）、特殊用途的结构材料等方面获得应用。

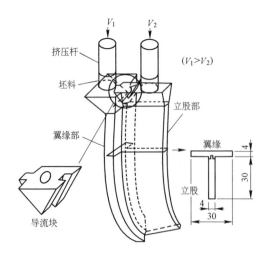

图 10-13　T 形复合型材的多坯料挤压成形原理示意图[18]

采用多坯料挤压法挤压成形特种层状复合材料，具有如下主要特点：

（1）可以直接采用圆形坯料进行挤压，省去制备复合坯料的工序，简化挤压成形工艺。

（2）包覆层的尺寸容易控制。对于内外层同时挤压成形的双金属管、包覆层与芯材一次挤压成形的层状复合材料，内外层或包覆层与芯材沿产品长度和圆周方向的尺寸均匀性好，不易产生竹节、断层、起皮等缺陷。这是常规复合坯料挤压法所难以达到，甚至无法达到的。

（3）坯料组合自由度大，即使是材料的变形抗力相差较大的两种材料的组合也能正常挤压成形。

10.3.4 W-Cu 梯度复合材料

W-Cu 梯度复合材料沿厚度方向由高钨含量（或纯钨）逐渐过渡到高铜含量（或纯铜），是一类新型热控材料，以满足某些特殊工况条件对材料性能的要求。例如，核反应堆面向等离子体的材料（plasma facing materials，PFMs），必须能承受高能热流的冲击，而 W、Mo 等高原子序数材料以其优良的耐等离子体冲刷性能被认为是最有前景的 PFMs 材料。但 PFMs 还必须和作为热沉材料的铜基材料集成为面向等离子体部件（high heat flux components，HHFC）。由于 W 和 Cu（或 Mo 和 Cu）的熔点和线膨胀系数差异大，二者直接连接会造成显著的热失配，产生较大的热应力。采用 W-Cu 梯度复合材料作为 W 与 Cu 之间的连接材料，可很好地解决这一难题，有效实现热应力缓和[21]。除此之外，W-Cu 梯度复合材料在大功率微波功率器件中作为热沉材料，在大变流器中作为触头材料也具有广泛的应用潜力[22]。

制备 W-Cu 梯度复合材料的传统方法主要有熔渗法、粉末层铺法[23]，这两种方法的本质均是分层装粉法。熔渗法分层装入粒度不同的 W 粉，经压制、烧结制备空隙成梯度分布的 W 骨架，然后熔融渗铜，获得 W-Cu 梯度复合材料；粉末层铺法则是分层铺装不同 W/Cu 比例的混合粉末，经压制、烧结获得 W-Cu 梯度复合材料。这两种方法的共同特点是制备效率很低，且熔渗法难以制备钨体积分数低于 50% 的梯度层。

将增塑挤压与多坯料挤压相结合，可以高效制备多层结构型非连续 W-Cu 梯度复合材料[24~26]。图 10-14 为三层结构梯度复合材料多坯料挤压成形示意图。在 3 个挤压筒孔内分别装入 W/Cu 粉末（体积比例不同），在混合粉末中加入了黏结剂粉末增塑体，通过正确设计挤压模及其内模的结构和尺寸以控制增塑体的流动，即可挤压成形三层结构的 W-Cu 梯度组成挤压坯，然后进行脱脂和烧结，即可获得三层结构非连续 W-Cu 梯度复合材料。

采用多坯料挤压法制备 W-Cu 梯度复合材料具有如下优点：

（1）一次直接挤压成形多层梯度结构，制备效率高。采用图 10-14 所示方法，容易挤压成形 2~5 层结构的粉末增塑坯体。

（2）各层层厚容易控制，且层厚均匀。根据需要，可以采用各层厚度均

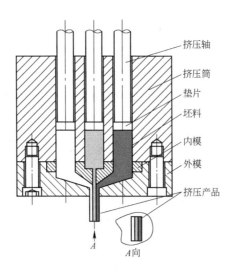

图 10-14　三层结构梯度复合材料多坯料挤压成形示意图[27]

等的结构，也可以采用不等厚度结构。

（3）制备过程中各层间结合界面不易受到污染。

（4）梯度复合材料界面形状自由度较大，既可以挤压成形截面形状为矩形的梯度复合材料，也可以挤压成形断面形状为异型、圆形、空心状的梯度复合材料。

图 10-15 是采用多坯料挤压法挤压成形坯体，经烧结固化制备的三层结构 W-Cu 梯度复合材料的组织[26,27]。

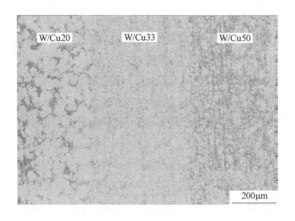

图 10-15　三层结构 W-Cu 梯度复合材料的组织

对于某种微波功率器件用 W-Cu 梯度热沉材料，设计计算表明，采用三层等厚结构，每层厚度为 0.5mm，各层成分分别为封接层 W/Cu20（Cu 含量 20%（质量分数），35%（体积分数））、中间层 W/Cu33（Cu 含量 33%（质量分数），51.6%（体积分数））和散热层 W/Cu50（Cu 含量 50%（质量分数），68.4%（体积分数））时，可以获得满足使用要求的热匹配效果[25]。根据设计结果，采用多坯料挤压-脱脂（350℃ 1h）-热压固相烧结（85MPa/1060℃ 3h）工艺，制备了近全致密三层结构 W-Cu 梯度复合材料，其物理和力学性能如表 10-2 所示[26,27]，并与层铺法制备的梯度复合材料的性能进行了比较[28]。

表 10-2 多坯料挤压和层铺法制备的三层结构 W-Cu 梯度复合材料的性能[26~28]

组 成	制备方法	密度 /g·cm⁻³	相对密度 /%	硬度 HRB	线膨胀系数/K⁻¹				备 注
					50℃	100℃	200℃	300℃	
W/Cu20	层铺法	15.42	98.6	91.6	5.71×10^{-6}	6.82×10^{-6}	7.72×10^{-6}	8.25×10^{-6}	室温下三层 W-Cu 材料热导率：层铺法 226.4W/(m·K)；多坯料挤压法 225.3W/(m·K)
	多坯料挤压	15.38	98.3	91.3	6.07×10^{-6}	6.97×10^{-6}	7.76×10^{-6}	8.23×10^{-6}	
W/Cu33	层铺法	13.81	99.1	95.6	7.22×10^{-6}	8.69×10^{-6}	9.58×10^{-6}	10.1×10^{-6}	
	多坯料挤压	13.83	99.3	93.6	7.19×10^{-6}	8.62×10^{-6}	9.60×10^{-6}	10.2×10^{-6}	
W/Cu50	层铺法	12.12	99.5	74.7	8.13×10^{-6}	10.3×10^{-6}	11.5×10^{-6}	12.0×10^{-6}	
	多坯料挤压	12.17	99.9	74.0	8.37×10^{-6}	10.2×10^{-6}	11.4×10^{-6}	12.1×10^{-6}	

由图 10-15 和表 10-2 可知，封接层、中间层和散热层各层中两相分布较为均匀，层与层的区别明显，界面位置大致可判，但不存在清晰的分层界面。除界面附近存在明显的成分扩散导致的过渡区外，各层较好地保持了最初的成分设计目标。各层的组织结构致密，相对致密度均在 98% 以上，最高为 99.9%，达到近全致密状态。

在室温（RT）至 300℃ 的温度范围内，除层铺法制备的封接层（W/Cu20）与中间层（W/Cu33）在 RT~50℃ 和 RT~100℃ 的温度下热失配率达到 26.4% 和 27.4% 之外，其余所有情况下，封接层/中间层、中间层/散热层的热失配率均小于 25%。在 RT~100℃ 的范围内，W-Cu 梯度材料封接层的平均线膨胀系数为（6.82~6.97）×10⁻⁶/K，与基板材料 BeO 的线膨胀系数（6.7×10⁻⁶/K）非常接近，可以很好地进行封装匹配。

上述结果表明，多坯料挤压法制备的 W-Cu 梯度热沉材料具有优良的封装性能。

将多坯料挤压法应用于粉末增塑挤压，还可制备其他应力缓和型层状复合材料, 如不锈钢 (316L)/陶瓷(ZrO_2)复合管材等[29,30]。

10.4   弧形型材挤压

在机械制造、汽车等领域, 常常需要对各种断面形状的棒材、管材与型材 (以下将三者统称为型材) 进行弯曲加工 (包括冷弯和温弯), 以成形具有各种角度、平面弧形或三维弧形的零部件。

采用平直的型材进行弯曲加工, 制造各种非平直的零部件时, 由于缺陷和不可避免的技术废料等原因, 导致成材率较低和成本较高等问题。弯曲加工常见的缺陷有:

(1) 横断面变形;

(2) 局部壁厚减薄;

(3) 回弹;

(4) 对于空心型材, 易出现因为局部失稳而导致的报废。

解决上述问题的有效方法之一, 是在型材挤压成形过程中, 采取特殊措施直接赋予型材所需的弧形形状。

挤压直接成形弧形型材 (或称弯曲型材) 的方法有多种, 其中具有代表性的方法有两种: 不等长定径带挤压法、附加弯曲挤压法。这两种方法已在美国、德国等国家获得实际工业应用, 生产各种高附加值弧形部件, 例如奥迪、奔驰等高档轿车的保险杠等[31]。

采用挤压直接成形弧形型材的方法, 具有无回弹、高形状精度、低残余应力、无横截面畸变、可加工性能好等一系列优点。由于弯曲 (弧形) 是在挤压过程中较高的温度下完成的, 对于某些冷弯加工困难的合金, 例如镁及镁合金, 与挤压后进行冷弯成形的方法相比, 挤压直接成形弧形型材的方法具有较为突出的优越性。

10.4.1   不等长定径带挤压法

在常规挤压中, 如何通过调整定径带的长度以改善出模孔处金属流动的均匀性, 防止挤出产品产生弯曲、扭拧等缺陷, 是模具设计的重要内容和关键技术。不等长定径带挤压法则反其道而行之, 利用定径带长度对金属流动速度的控制作用, 通过设计不等长定径带, 促进被挤压金属在模孔出口处的一侧流动快, 而相反的一侧流动慢, 型材在挤出模孔的过程中连续弯曲, 从而获得具有一定半径的弧形型材, 如图 10-16 所示[31,32]。为了改善弧形型材的形状精度, 该方法采用导辊装置控制弧形半径, 防止产生平面外的翘曲和扭拧。

由于定径带长度不同引起金属在弧形内外侧流动不均匀, 因而弧形外侧

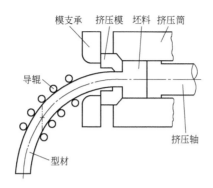

图 10-16 不等长定径带挤压弧形型材示意图

金属受到附加压缩应力作用，而弧形内侧金属受到附加拉应力作用。

不等长定径带挤压法的优点是工艺和设备简单，适合于各种实心和空心断面弧形型材的挤压直接成形。其缺点是只能挤压成形固定弧形半径的型材，且一种模具只能挤压成形一种弧形型材，同一断面、不同弧形型材需要采用不同的模具进行挤压成形。

不等长定径带挤压法已在美铝印第安那奥本工厂实现工业化生产，主要生产汽车保险杠等的弧形型材[31]。

10.4.2 附加弯曲挤压法

在挤压机前机架出口处设置专用的弯曲变形装置，对挤出型材施加强制弯曲变形生产弧形型材的方法，称为附加弯曲挤压法。对挤出型材施加强制弯曲变形的方法有多种，装置的结构形式也多种多样，但其基本原理均可用图 10-17 来表示[31]。根据强制弯曲装置的种类和控制方式的不同，附加弯曲挤压法可以挤压成形固定半径、变半径的平面弧形型材，也可以挤压成形空间三维弧形型材。

在图 10-16 所示的不等长定径带挤压法中，虽然也使用了导辊装置，但型材弧形主要是通过定径带长度控制金属流出模孔时的流速来获得的，导辊只起辅助性的导向作用，用以改善型材的弧形半径和平面精度。而在附加弯曲挤压成形法中，弯曲变形装置既对型材的移动方向起导向作用，同时也对挤出模孔后的型材施加弯曲变形，以得到所需的弧形型材。因此，附加弯曲挤压法实际上是一种挤压-弯曲联合加工法。

由图 10-17 可知，由于弯曲变形装置的作用，导致金属在出模孔处具有以下应力变形特征：

（1）沿挤压方向，型材在弧形内侧受附加压应力作用，在弧形外侧受附

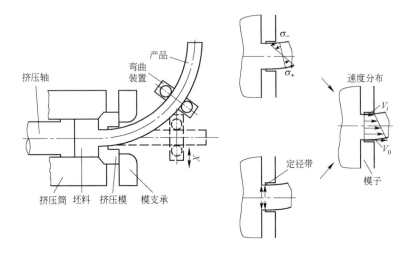

图 10-17　附加弯曲挤压成形弧形型材示意图[31]

加拉应力作用；

（2）位于弧形内侧的定径带表面所受正压力，远远大于位于弧形外侧的定径带表面所受的正压力，这一特点导致金属在模孔定径带上所受摩擦阻力的大小不同；

（3）由于上述两个特点，以及挤压成形型材为弧形的几何特点，导致弧形外侧的金属流出速度高于内侧的金属流出速度。

与图 10-16 所示的不等长定径带挤压法相比，附加弯曲挤压法的主要优点是生产柔性显著增加，采用一套挤压模，既可以生产具有不同半径的弧形型材，如图 10-18a 所示，还可以生产各种变半径的弧形型材，如图 10-18b 所示[31]，以及三维弧形型材[33]。

但是，附加弯曲挤压法的设备结构复杂，控制难度大。

a　　　　　　　　　　　　　　　　　　　b

图 10-18　附加弯曲挤压成形型材[31]
a—固定半径弧形型材；b—变半径弧形型材

此外，无论是不等长定径带挤压法，还是附加弯曲挤压法，都希望挤压机的前机架开口度大，模支承距前机架出口的距离尽可能小，以利于缩短导辊或弯曲变形装置与模支承之间的距离，生产较小半径的弧形型材，同时有利于减少型材几何废料。

参 考 文 献

[1] Laue K，Stenger H. EXTRUSION[M]. Ohio：American Society for Metals，1981.

[2] 马怀宪. 金属塑性加工学——挤压、拉拔与管材冷轧[M]. 北京：冶金工业出版社，1991.

[3] 刘静安，赵云路. 铝材生产关键技术[M]. 重庆：重庆大学出版社，1997.

[4] 赵福璋. 轻合金加工技术[J]，1989，(2)：37~41.

[5] 赵云路，刘静安. 轻合金加工技术[J]，1998，26(6)：33~37.

[6] 木内学. 塑性と加工[J]，1994，35(400)：470~477.

[7] 日本塑性加工学会编. 押出し加工[M]. 东京：コロナ社，1992.

[8] 谢水生，黄声宏. 半固态金属加工技术及其应用[M]. 北京：冶金工业出版社，1999.

[9] 木内学，杉山澄雄ほか. 塑性と加工[J]，1979，20(224)：826.

[10] 谢建新. 多素材押出し法による中空品の成形加工に関する研究[D]. 日本：日本东北大学，1991.

[11] 谢建新，村上紃，池田圭介，高桥裕男. 塑性と加工[J]，1990，31(351)：502~508.

[12] 村上紃，谢建新，高桥裕男，池田圭介，高久健一. 塑性と加工[J]，1992，33(380)：1045~1050.

[13] 谢建新，池田圭介，村上紃. 伸铜技术研究会志[J]，1995，34：237~243.

[14] 谢建新，村上紃，池田圭介，山梨涉. 塑性と加工[J]，1995，36(411)：396~401.

[15] 谢建新，池田圭介，村上紃. 轻合金加工技术[J]，1996，24(7)：25~28.

[16] 村上紃，谢建新，池田圭介，高桥裕男. 塑性と加工[J]，1993，34(388)：538~543.

[17] 沈健，谢建新，谢水生. 机械工程学报[J]，1999，35(4)：107~110.

[18] 星野伦彦. 塑性と加工[J]，1994，35(400)：482~485.

[19] 星野伦彦，木内学. 塑性と加工[J]，1995，36(410)：224~229.

[20] 谢建新，左铁镛，陈中春，池田圭介，村上紃. 材料研究学报(增刊)[J]，1995，9：652~658.

[21] Yoshiyasu I，Takahashi M，Takano H. Design of Tungsten/Copper Graded Composite for High Heat Flux Components[J]. Fusion Engineering and Design，1996，31：279~289.

[22] 陈文革，丁秉均. 钨铜基复合材料的研究及进展[J]. 粉末冶金工业，2001，11(3)：45~50.

[23] 刘彬彬，谢建新. W-Cu梯度功能材料的设计、制备与评价[J]. 粉末冶金材料科学与工程，2010，15(5)：413~420.

［24］Li S B, Xie J X. Processing and Microstructure of Functionally Graded W/Cu Composites Fabricated by Multi-billet Extrusion Using Mechanically Alloyed Powders［J］. Composites Science and Technology, 2006, 66: 2329~2336.

［25］刘彬彬, 谢建新. W-Cu 梯度热沉材料的成分与结构设计［J］. 稀有金属, 2005, 29 (5): 757~761.

［26］刘彬彬. W-Cu 梯度热沉材料的制备与性能研究［D］. 北京: 北京科技大学, 2007.

［27］刘彬彬, 谢建新, 鲁岩娜. MBE 方法制备高致密 W-Cu 梯度功能材料的研究［J］. 稀有金属材料与工程, 2008, 37(7): 1269~1272.

［28］Liu B, Xie J, Qu X. Fabrication of W-Cu Functionally Graded Materials with High Density by Particle Size Adjustment and Solid State Hot Press［J］. Composites Science and Technology, 2008, 68: 1539~1547.

［29］Zhang W, Xie J, Wang C. Fabrication of Multilayer 316L/PSZ Gradient Composite Pipes by Means of Multi-Billet Extrusion［J］. Materials Science and Engineering A, 2004, 382 (1~2): 371~377.

［30］张文泉. 热应力缓和型金属-陶瓷梯度复合管制备的研究［D］. 北京: 北京科技大学, 2003.

［31］Klaus A, Kleiner M. Developments in the Manufacture of Curved Extrusion Profiles-Past, Present, and Future［J］. Light Metal Age, 2004, 62(7): 22~32.

［32］Tiekink J J. Extrusion Method and Extrusion Apparatus: US, 5305626［P］. 1994.

［33］Becker D, Schikorra M, Tekkaya A E. Flexible Extrusion of 3-D Curved Profiles for Structural Components［C］. In: Proc 9th Inter Aluminum Extrusion Technology Seminar, 2008, 2: 531~539.